重构你的办公效率

120个Office应用技巧

沈敏捷◎著

中国电力出版社
CHINA ELECTRIC POWER PRESS

内 容 提 要

不同于传统的计算机办公软件教材，本书采用了案例问答式的手法，以最新的 Office 软件版本为基础，选取了 120 个 Office 办公软件应用中常见的问题，通过案例和技巧应用进行了系统的剖析，在很多案例中还进行了知识点的扩展，便于读者更深入地了解和学习。在本书中，笔者把长期以来积累的经验分享给读者，希望能对读者有一定的帮助。

本书可供各企事业单位办公人员、大中专院校师生学习参考。

图书在版编目（CIP）数据

重构你的办公效率：120 个 Office 应用技巧／沈敏捷著．—北京：中国电力出版社，2021.6
ISBN 978-7-5198-5431-7

Ⅰ.①重… Ⅱ.①沈… Ⅲ.①办公自动化－应用软件－问题解答 Ⅳ.① TP317.1-44

中国版本图书馆 CIP 数据核字（2021）第 037299 号

出版发行：中国电力出版社
地　　址：北京市东城区北京站西街 19 号（邮政编码 100005）
网　　址：https://www.cepp.sgcc.com.cn
责任编辑：周秋慧　（010-63412627）
责任校对：黄　蓓　李　楠
装帧设计：北京宝蕾元科技发展有限责任公司
责任印制：石　雷

印　　刷：三河市万龙印装有限公司
版　　次：2021 年 6 月第一版
印　　次：2021 年 6 月北京第一次印刷
开　　本：787 毫米 ×1092 毫米　16 开本
印　　张：14.75
字　　数：249 千字
印　　数：0001—1000 册
定　　价：72.00 元

前言

我是一名高校教师，也在高校中从事行政工作，15年的工作经历中，做了很多个Office文档，也讲授了不少Office课程，差不多上万名的高校学生和企业培训学员上过我的课。不管是在行政工作还是教学工作中，经常会遇到学员或同事们的请教，自己有时也会遇到一些Office应用的问题和困难，所以一直有个想法，能否将这么多年遇到的一些问题和技巧汇总成一本书，方便大家查阅，就是本书的初衷。

我相信很多人看过甚至买过各类的Office应用书籍，但这些书大多都是按教材的方式来编写的，并且把Office软件的每一个知识点详细地进行阐述。但生活在快节奏的时代，除了在校的学生外，很少有人能静下心来一个个知识点慢慢地学习，更多都是在使用中积累，遇到问题才会去查去问怎么解决，就如同我们买的各种家用电器一样，说明书一般都是丢在一边的。同样的道理，在软件的应用上，我们需要知道的就是怎样用，而不用知道为什么要这样用。因此，本书的编写完全没有采取传统教程那种一个个知识点的讲述，而是以在实际办公应用中经常遇到的问题和困难为导向，直接说怎样高效地解决问题和困难，并且每个技巧都准备了视频演示，方便大家跟随操作。

在软件应用的过程中，其实要达到或者呈现一种效果，是有很多种方法的，条条大路通罗马，但有的方法过于烦琐，有的方法又不一定能达到完美的效果，因此本书呈现的技巧大多是效果较好、效率较高的。当然，我也不能说我提供的技巧就是百分之百最好的，若您有更好的技巧，欢迎分享交流。

本书介绍的很多操作技巧可在不同的Office软件（甚至WPS）中复用，本书案例基于的软件版本为Microsoft 365，绝大部分技巧在Office 2010以上版本均能使用，建议使用Microsoft 365（原Office 365）或Office 2016以上版本。需要注意的是，Office 2019支持的最低操作系统版本为Windows 10。本书案例中所涉及的人名、身份证号、相关数据展示等信息均为杜撰。

如果您没有任何的Office应用基础，我建议您可以先购买Office的教材学习，而后结合本书来进行案例练习。如果您一直在使用Office软件，这本书绝对是您的案头书，能给您带来办公软件应用技能质的飞跃，而且我相信，本书一定能重构您的办公效率，升职加薪指日可待！

另外，欢迎您关注我的微信公众号“我是沈老师”，我会在该公众号上不定时分享各类软件的应用技巧，推荐各种优质资源。

最后，对为本书提供帮助的各位朋友们表示衷心的感谢！因时间仓促，本书个别地方难免有误，欢迎指正，感谢理解与支持！

沈敏捷

2021年2月

contents | **目录** |

前言

第 1 章 Word 应用技巧 // 01

第 3 章 PowerPoint 应用技巧 // 149

第 4 章 辅助 Office 应用的小工具 // 213

| 第 1 章 |

Word 应用技巧

扫一扫

1.1 突然停电或误操作，文档没保存怎样找回文件？

首先要强调，必须养成保存文件的良好习惯，随时按快捷键Ctrl+S。

如果突然停电或误操作，文档没保存文件就关闭了，怎样找回文件？

Word有自动保存的功能，按照以下设置后，后续即可找回未保存的文件（见图1.1–1）：

（1）点击“文件”选项卡，选择“选项”菜单，在弹出的“Word选项”对话框中选择“保存”选项卡。

（2）勾选“保存自动恢复信息时间间隔×分钟”和“如果我没保存就关闭，请保留上次自动恢复的版本”选项。

Tips：可将“保存自动恢复信息时间间隔”缩短，如设置为5分钟。

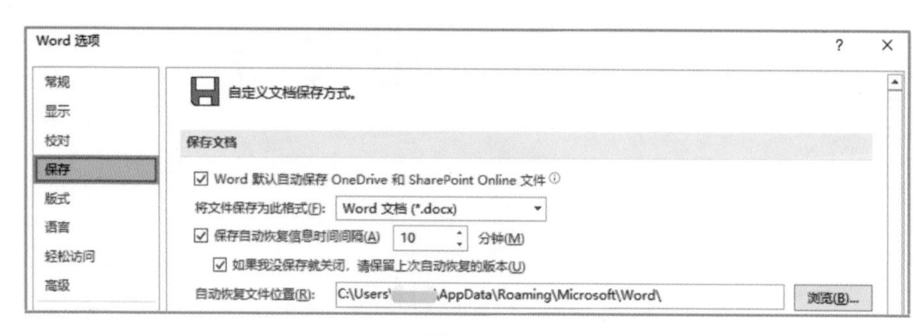

图1.1–1

情况1：遇到突然停电或是Word突然出现错误关闭

当遇到突然停电或Word突然出现错误关闭，只需再次启动Word，Word窗口左侧会有“文档恢复”面板提示，点击面板中的文档即可恢复，见图1.1–2。

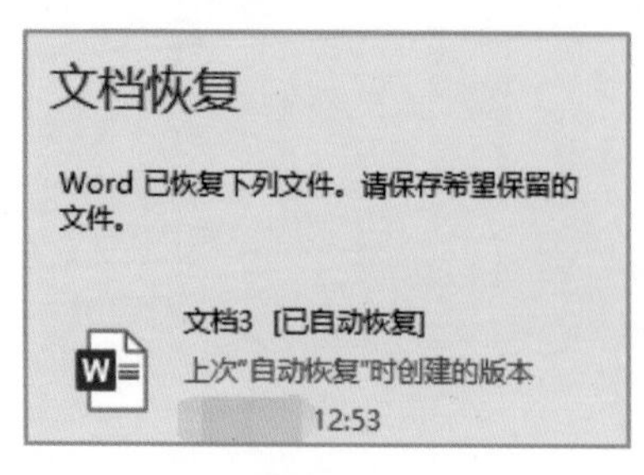

图1.1–2

情况 2：曾经保存过的文档，再次编辑后，关闭时误操作为“不保存”

如果是曾经保存过的文档，再次编辑后，在关闭时误操作为“不保存”，怎么恢复？只需重新打开先前的文档，点击“文件”选项卡，在“信息”菜单面板中，选择“管理文档”列表列举出来的文件即可恢复，如“今天 12:58（当我没保存就关闭时）”这个文档，见图 1.1–3。

图 1.1–3

情况 3：新建且从未保存过的文档，关闭时误操作为“不保存”

如果是新建且从未保存过的文档，在关闭时误操作为“不保存”，怎么恢复？打开 Word，新建一个空白文档，点击“文件”选项卡，在“信息”菜单面板中，点击“管理文档”按钮，选择“恢复未保存的文档”选项，在弹出对话框中选择对应文档即可，见图 1.1–4。

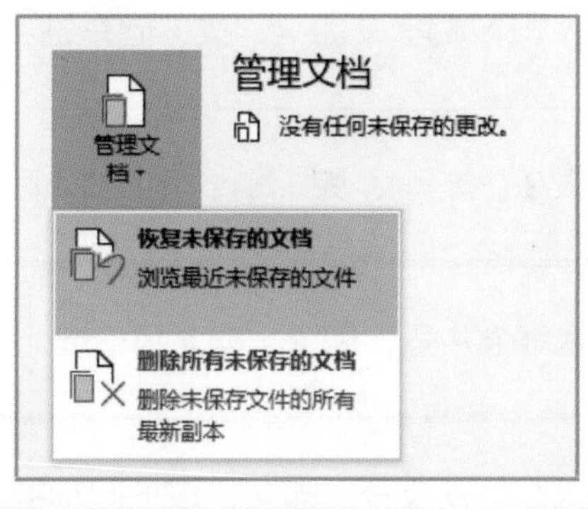

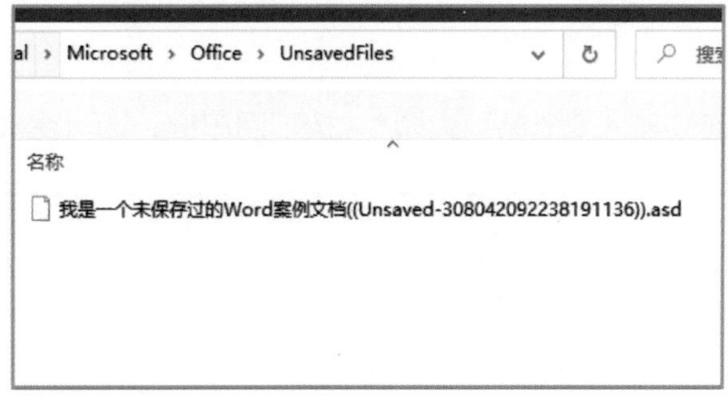

图 1.1–4

情况4：软件为Microsoft 365，可打开自动保存同步功能

如果使用的是Microsoft 365，在软件顶部左侧有“自动保存”按钮，选择开启以后只要在联网状态下，文档都会自动保存到OneDrive中，可随时调用，无需担心丢失，见图1.1–5。

图1.1–5

扫一扫

1.2 怎样快速输入横线、双横线、三横线、波浪线、虚线?

在文档中要快速输入横线、双横线、三横线、波浪线、虚线等，可以按下面操作：

（1）在光标处连续输入3个减号，即 –，按下回车键，即可生成横线。

（2）在光标处连续输入3个等号，即 = ，按下回车键，即可生成双横线。

（3）在光标处连续输入3个井号，即#，按下回车键，即可生成三横线。

（4）在光标处连续输入3个波浪号，即 ~，按下回车键，即可生成波浪线。

~~~~~~

（5）在光标处连续输入3个星号，即*，按下回车键，即可生成虚线。

- -
~~~~~~

扫一扫

1.3 怎样快速进行英汉即时互译及快速转化英文大小写？

1. 英汉互译

（1）以中译英为例，选中要翻译的中文文字，点击“审阅”选项卡，在“语言”选项组中点击“翻译”按钮，选择“翻译所选内容”选项即可，Word会自动在窗口右侧启动“翻译工具”面板进行翻译，见图1.3–1。

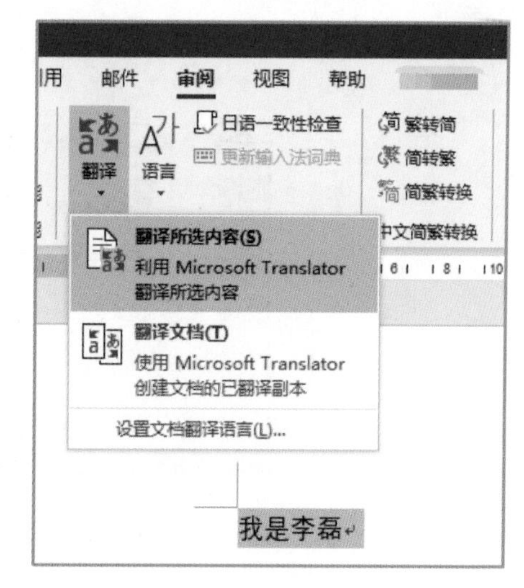

图 1.3–1

（2）点“插入”按钮，即可把翻译后的内容插入到文档中。还可以在翻译工具中修改源语言或目标语言，将翻译语言切换成其他各国的，见图1.3–2。

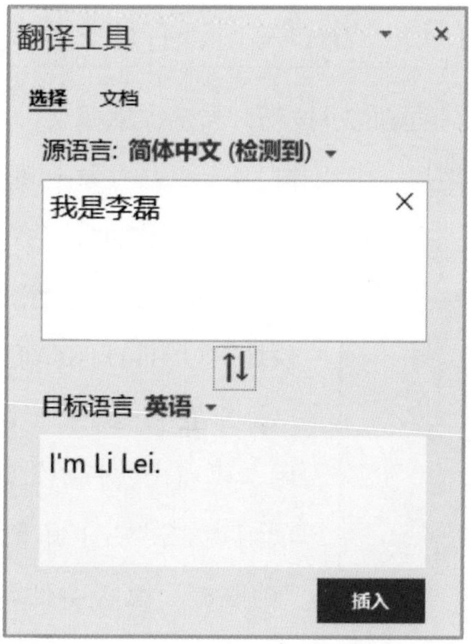

图 1.3–2

Tips：翻译工具必须在联网状态下才能使用。

2. 英文大小写转化

英文语句常有句首字母大写、每个单词首字母大写、全部大写或全部小写等情况要求，手动修改很麻烦，只需要选中要转化的英文文字，点击“开始”选项卡，在“字体”选项组中点击“更改大小写”Aa 按钮，根据实际情况选择转换方式即可完成转化，见图1.3–3。

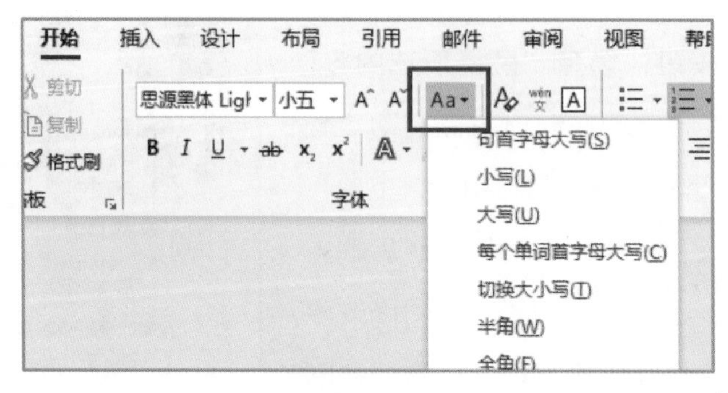

图1.3–3

1.4 复制粘贴除了Ctrl+C、Ctrl+V，还有什么快捷技巧？

扫一扫

在Word中有很多复制粘贴的小技巧，当熟练掌握后，效率会提高很多。

方法一：选择文本、图形、图片等对象后，按住Ctrl键的同时，使用鼠标左键拖动，即可复制并粘贴对象。

剪贴板
全部粘贴 全部清空
单击要粘贴的项目：
我是第四次复制的内容
我是第三次复制的内容
我是第二次复制的内容
我是第一次复制的内容

图1.4–1

方法二：选择图形、图片等对象后，按下快捷键Ctrl+D，即可复制并粘贴对象。

方法三：要将多次复制的不同内容随时调用，可点击“开始”选项卡，在“剪贴板”选项组点击“右下角箭头”，在左侧弹出的“剪贴板”面板中即可任意点击调用复制的内容，见图1.4–1。

Tips：剪贴板最多可保存24个复制对象。

方法四：Word可对样式进行复制粘贴。首先选中要复制样式的文字或图像，点击“开始”选项卡，在“剪贴板”选项组中选择“格式刷”选项，然后选择要粘贴样式的文字或图像，即可应用样式。

Tips：双击“格式刷”选项，可持续粘贴样式，再次单击“格式刷”选项或按ESC键即可取消。

方法五：常规的Ctrl+C复制后，Word还提供了多种粘贴模式，在需要粘贴的位置鼠标右键点击选择“粘贴”选项，或是Ctrl+V粘贴后，粘贴内容旁会出现 (Ctrl) 按钮，粘贴选项的图标分别是使用目标、保留源格式、合并格式、粘贴为图片、只保留文本等，可根据实际不同粘贴需求来操作。

扫一扫

1.5 网址或英文在段落中字间距过大，怎样解决？

在 Word 文档中，若一个段落里有英文或网址，段落文字中就可能会出现大量的空白区域，见图1.5–1。

调整前： Word 是微软公司的文字处理应用程序。它最初是由 Richard Brodie 为了在运行 DOS 的 IBM 计算机而在 1983 年编写的。随后的版本可运行于 Apple Macintosh (1984 年)、SCO UNIX 和 Windows (1989 年)，并成为了 Office 的一部分。微软公司的网址是 https://www.microsoft.com

图 1.5–1

上述案例的空白区域会让页面布局不好看，只需要在“段落”对话框中选择“中文版式”选项卡，勾选“允许西文在单词中间换行”选项，即可解决，见图1.5–2。

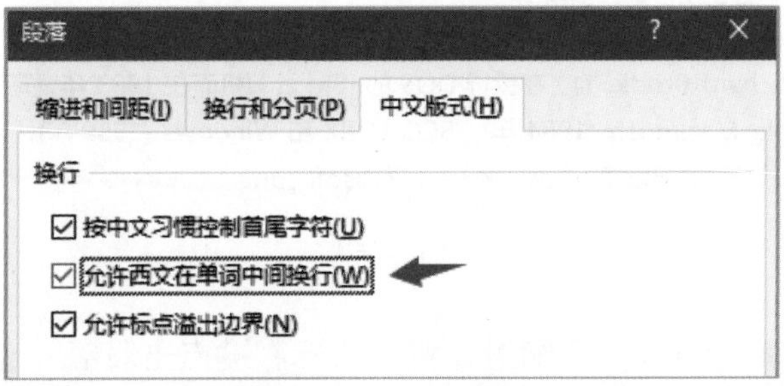

段落 ? ×

缩进和间距(I) 换行和分页(P) 中文版式(H)

换行

☑ 按中文习惯控制首尾字符(U)

☑ 允许西文在单词中间换行(W)

☑ 允许标点溢出边界(N)

调整后： Word 是微软公司的文字处理应用程序。它最初是由 Richard Brodie 为了在运行 DOS 的 IBM 计算机而在 1983 年编写的。随后的版本可运行于 Apple Macintosh (1984 年)、SCO UNIX 和 Windows (1989 年)，并成为了 Office 的一部分。微软公司的网址是 https://www.microsoft.c om

图 1.5–2

扫一扫

1.6 段落文字有出现错位的情况怎样解决?

图1.6–1的这段话是正常显示的效果。

Word 是微软公司的文字处理应用程序。

它最初是由 Richard Brodie 为了在运行 DOS 的 IBM 计算机而在 1983 年编写的。随后的版本可运行于 Apple Macintosh (1984 年)、SCO UNIX 和 Windows (1989 年)，并成为了 Office 的一部分。微软公司的网址是 https://www.microsoft.com

图1.6–1

但有时从网上复制粘贴到Word后，就会出现如图1.6–2所示的一些情况。

Word 是微软公司的文字处理应用程序。

它最初是由 Richard Brodie 为了在运行 DOS 的 IBM 计算机而在 1983 年编写的。随后的版本可运行于 Apple Macintosh (1984 年)、SCO UNIX 和 Windows (1989 年)，并成为了 Office 的一部分。微软公司的网址是 https://www.microsoft.com

图1.6–2

这种情况是因为使用了悬挂缩进，只需鼠标右键点击段落，选择“段落”选项，在“段落设置”对话框中，将“特殊”中的“悬挂缩进”改为“无”即可。

还有一种段落文字错位的情况，见图1.6–3。

Word 是微软公司的文字处理应用程序。

它最初是由 Richard Brodie 为了在运行 DOS 的 IBM 计算机而在 1983 年编写的。随后的版本可运行于 Apple Macintosh (1984 年)、SCO UNIX 和 Windows (1989 年)，并成为了 Office 的一部分。微软公司的网址是 https://www.microsoft.com

图1.6–3

这是因为第二段设置了左侧缩进，只需鼠标右键点击段落，选择“段落”选项，在“段落设置”对话框中，将“缩进”中的“左侧”改为“0”即可。

扫一扫

1.7 插入文档的图片只显示了局部，怎样解决？

某些时候，我们在文档中插入图片时，会呈现图 1.7–1 的效果。

期望的效果

插入后实际的效果

图 1.7–1

图片只显示了局部的画面，这是什么原因？

这种情况出现的原因大多是，在图片插入位置的“段落”对话框设置了“行距”为“固定值”，因此图片也就只能按照固定值高度来显示，见图 1.7–2。

段前(B):	0 行	行距(N):	设置值(A):
段后(F):	0 行	固定值	30 磅

图 1.7–2

解决的办法比较简单，只需将“段落”对话框“行距”的“固定值”修改为其他选项（单倍行距、1.5 倍行距、2 倍行距、最小值、多倍行距均可），即可解决，见图 1.7–3。

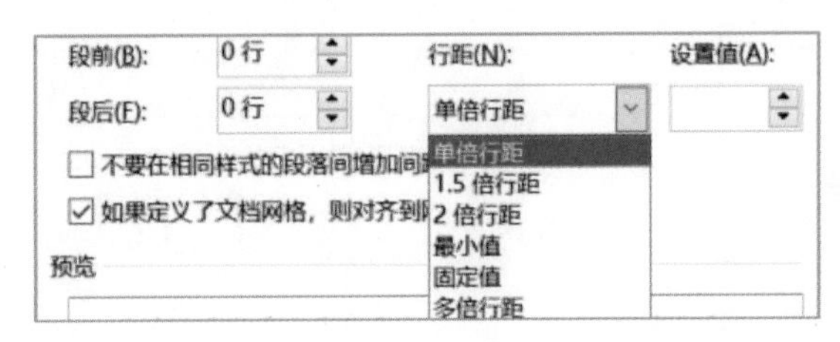

图 1.7–3

Tips：点击图片，直接按快捷键 Ctrl+1（设置为单倍行距）即可快速解决。

1.8 文档多了个空白页，无法删除怎样解决？

Word文档出现无法删除的空白页一般有几种情况，下面分别讲解怎样解决。

方法一：最常见的操作是将光标移动到空白页最前面，按Delete 键，将多余的空行或空格删除，然后按Backspace 键，空白页就删除掉。

Tips：Delete键会删除光标后面的内容，Backspace键会删除光标前面的内容。

方法二：如果方法一不行，可能是因为分页符或分节符导致的，点击“开始”选项卡，在“段落”选项组中点击“显示隐藏编辑标记”按钮，见图1.8–1。

图1.8–1

这时分节符或分页符会显示，将光标移动到其前方，按Delete 键删除掉分节或分页符，然后按Backspace 键，空白页就可以删除掉，见图1.8–2。

图1.8–2

方法三：还有一种空白页是在表格后，上述两种方法都没法处理。鼠标左键拉拽选中空白页的“段落标记”图标，鼠标右键点击选择“段落”选项，在“段落”对话框中，将“行距”设置为“固定值1磅”，空白页即可消失，见图1.8–3。

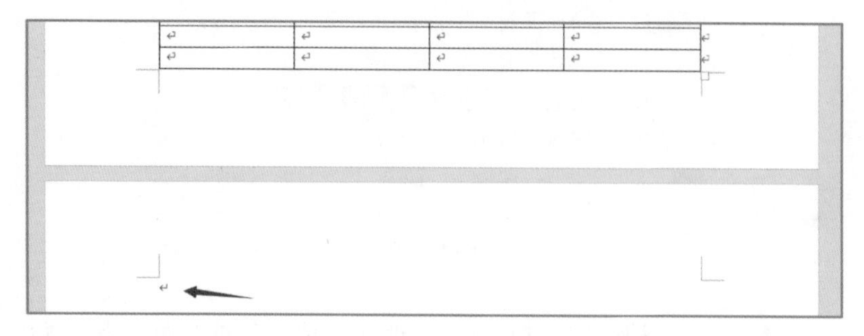

图1.8–3

1.9 怎样实现一个文档里既有横页又有竖页?

在Word排版中，常常会遇到在竖页文档里面需要放置横页，横页后又放置竖页的情况，这其实是应用到了Word的分节符。

首先简要介绍下分节和分页。一个Word文档里，可以分很多个小节，如书籍的第一章、第二章、第三章，一个章就是一个小节，每个小节里面有很多页，每个小节里面的页属性都是相同的，而小节与小节之间的属性可以是不同的，因此在一个小节里面，只能都是竖页或都是横页，即使分页多次也一样，只有新建一个小节，才能设置不同的纸张方向。

（1）插入横页前，先将光标移动到竖页最末端，点击“布局”选项卡 ，在“页面设置”选项组中，点击“分隔符”按钮，选择“分节符”中的“下一页”选项，见图1.9–1。

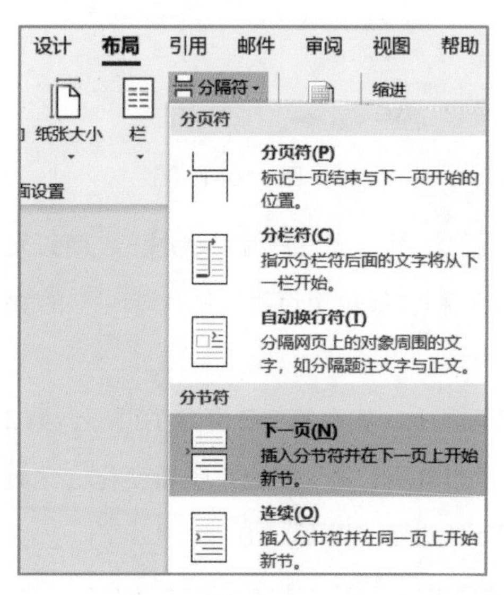

图 1.9–1

（2）在新建页面点击“布局”选项卡，在“页面设置”选项组中点击“纸张方向”按钮，选择“横向”选项。

（3）将光标移动到横页最末端，重复第1步、第2步，即可实现同一文档竖页、横页、竖页的布局。

分节符中的“下一页”和“连续”有什么区别?

（1）“下一页”：在现有页面光标处后增加一页，光标跳转到新建的页面。

（2）“连续”：将现有页面光标处添加一个分节符，该页面设置成为新的小节。

扫一扫

1.10 怎样在一个文档里不同的页面设置不同的页眉或页脚?

这个操作和1.9“怎样实现一个文档里既有横页又有竖页？”类似，也是需要分节。设置不同页眉或页脚的页面，只需分别设置不同的小节即可。但需要注意以下几点：

（1）在一个小节里面，可以分奇偶页，奇偶页的属性是独立的。点击“布局”选项卡，在“页面设置”选项组中，点击右下角图标打开“页面设置”对话框，点击“布局”选项卡，勾选“奇偶页不同”选项，见图1.10–1。

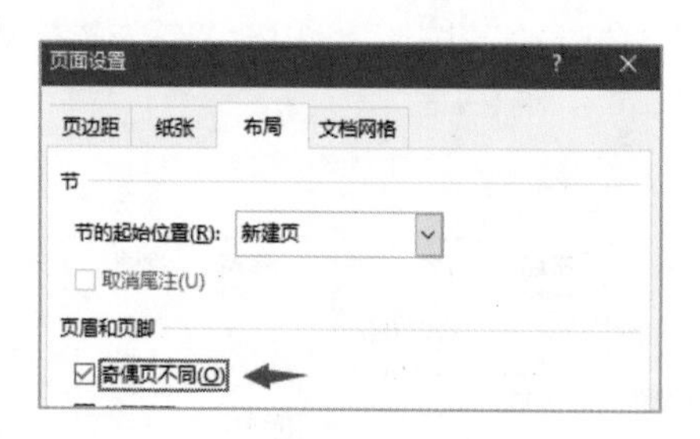

图1.10–1

设置了奇偶页不同后，在页眉或页脚编辑状态下，可以发现编辑区域左侧出现了“奇数页页脚－第 × 节－”和“偶数页页脚－第 × 节－”的提示，这样就可以分别设置不同的页眉和页脚。

（2）在页眉或页脚编辑中，如在第2节设置了页眉，第3节的页眉与第2节内容相同，如果修改了第3节的页眉，第2节也会跟着变化，这其实是因为Word默认设置打开了“链接到前一节”功能，见图1.10–2。

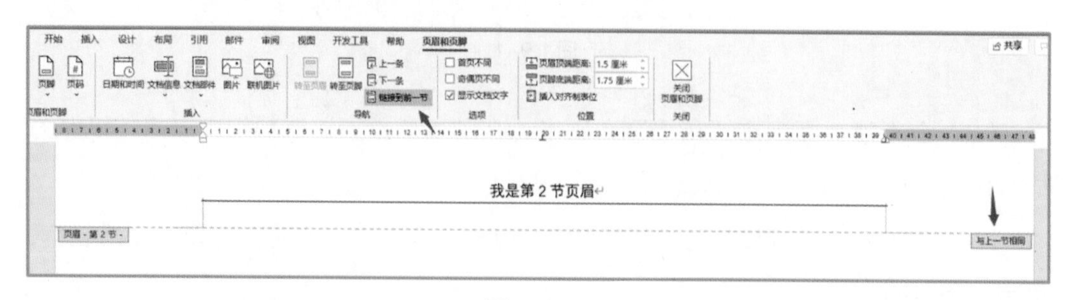

图1.10–2

在第3节页眉或页脚编辑状态下，编辑区域右侧有“与上一节相同”的提示，点击“页眉和页脚”选项卡，在“导航”选项组中选择“链接到前一节”选项，即可关闭该功能，右侧提示消失，这时修改其页眉，也不会影响到第2节，见图1.10–3。

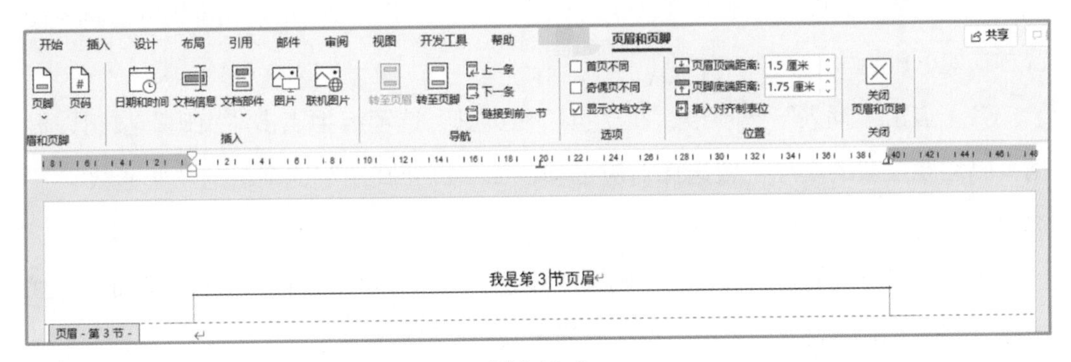

图 1.10–3

1.11 页眉下方自动出现的横线怎样去掉?

扫一扫

在编辑页眉时，Word会自动在页眉下方添加一条横线，见图1.11–1。但很多时候，版式要求却不需要这条线，怎样去掉?

图 1.11–1

（1）双击“页眉区域”，进入页眉编辑模式。

（2）鼠标“左键拖拽”选中页眉区域尾部的“段落标记”图标，点击“开始”选项卡，在“段落”选项组中点击边框按钮，选择“无框线”选项，即可去掉横线，见图1.11–2。

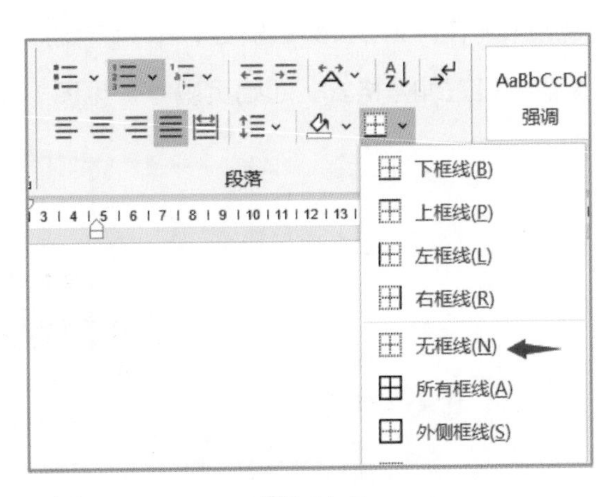

图 1.11–2

扫一扫

1.12 怎样实现一个文档里有多种不同格式的页码?

一个文档里的页码，不仅可以样式不同，页码顺序也可以是独立排列的。具体设置方式如下:

（1）点击“插入”选项卡，在“页眉和页脚”选项组中点击“页码”按钮，根据页码需要摆放的实际位置选择对应选项，如“页面底端”选项组的“普通数字 1”选项。

（2）要想设置不同的格式且页码顺序独立排列，需要先分节。小节内的页码样式一致，顺序不能独立排列；小节与小节间可以分别单独设置。

（3）在第 1 节页脚编辑区，鼠标右键点击页码，选择“设置页码格式”选项，根据需要设置编号格式、起始页码等，见图 1.12–1。

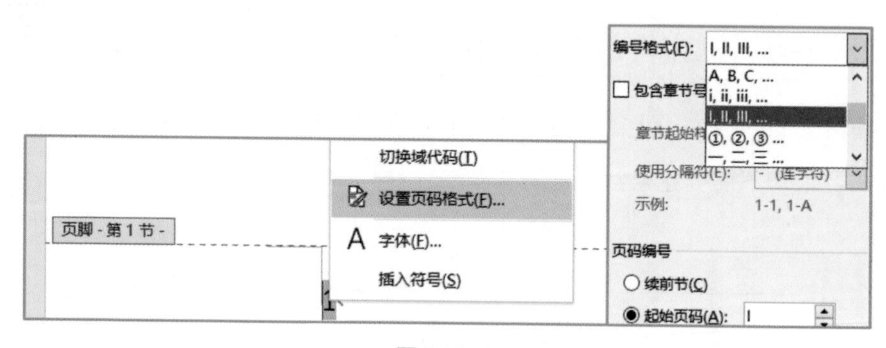

图 1.12–1

（4）在第 2 节页脚编辑区，鼠标右键点击页码，选择“设置页码格式”选项，根据需要设置编号格式、起始页码等，见图 1.12–2。

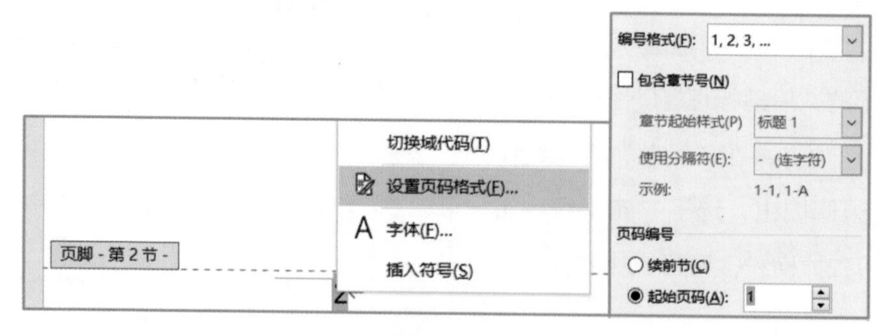

图 1.12–2

根据上述步骤，即可实现一个文档包含多种格式、各自独立排列的页码。

Tips：如果小节的页码要和上一小节页码关联，只需在“页码编号”选择“续前节”。

扫一扫

1.13 对一篇长文档怎样快速统一样式？

一篇长文档中，一般会有正文、一级标题、二级标题、三级标题、强调、要点、引用等多种结构，每种结构的样式是相对一致的。很多人在编辑文档的时候，会反复调整不同的标题、正文或是其他结构的字体格式、大小、颜色、行距等，不仅效率低下，而且很容易出现某些格式遗漏的情况。有没有快速统一样式，并且可以随时变换格式的方式？

在“开始”选项卡右侧，有一个很大面积的选项组“样式”，该工具就是快速统一样式的利器，见图1.13–1。

图1.13–1

Word已经默认设置好了常用的样式，只需要选中要设置的内容，点击样式中的选项即可。如图1.13–2所示，对选中的文字设置了“标题1”的样式。文档编辑中，只需修改样式中的格式，所有关联的对象全部会更新，这样就能实现快速统一样式和修改格式。

图1.13–2

1. 修改样式

Word自带的样式并不能符合实际需要，该怎样修改样式？

方法一：直接修改内置样式（见图1.13-3）。

以内置样式“标题1”为例，在“样式”选项组，鼠标右键点击“标题1”，选择“修改”选项，即可在“修改样式对话框”中操作修改。

点击对话框左侧下方的“格式”按钮，根据弹出的菜单，可分别设置不同类别的格式。

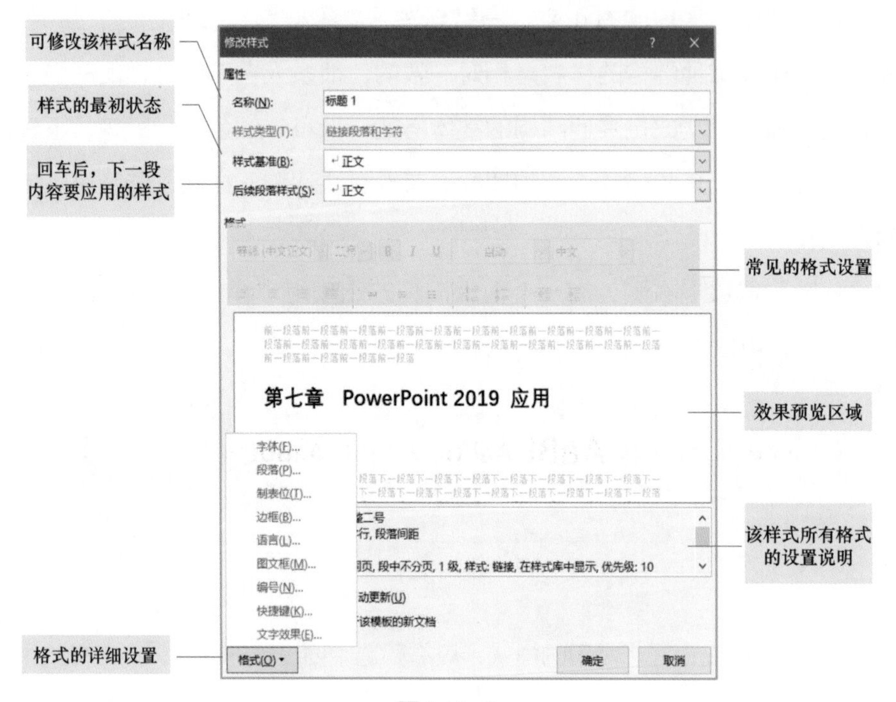

图1.13-3

方法二：更新以匹配所选内容，见图1.13-4。

仍然以“标题1”为例，先对标题设置为“标题1样式”，然后在文档中设置好该标题的格式，选中标题，鼠标右键点击“标题1”，选择“更新标题1 以匹配所选内容”即可修改。

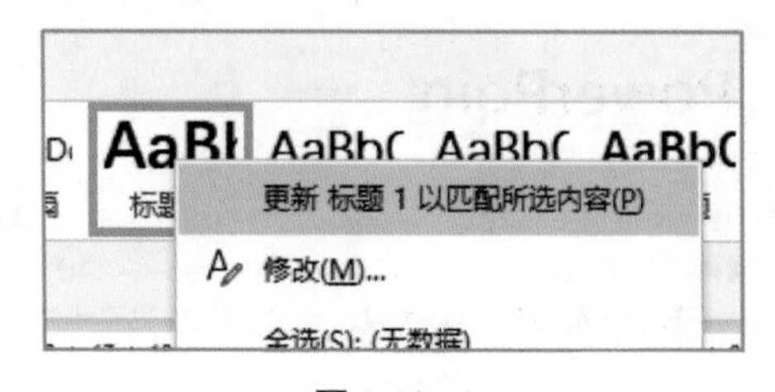

图1.13-4

2. 新建样式

除了使用Word内置样式，还可新建样式，如论文的表格、图例等。

在文档中设置好格式后，选中对象，点击“开始”选项卡，在“样式”选项组中点击右侧按钮，弹出所有样式选项，选择“创建样式”选项，见图1.13–5。

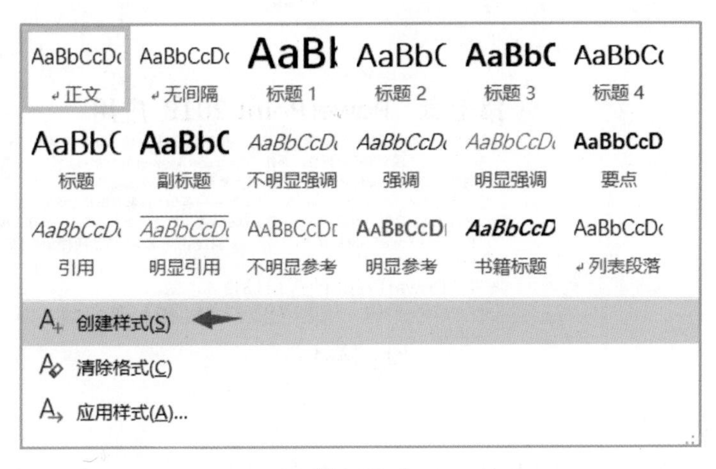

图 1.13–5

1.14 怎样制作能自动生成的目录?

作为一个自动化的文本编辑软件，Word有强大的目录制作方式，要生成目录，先要对文档大纲格式化。

1. 文档大纲格式化

方法一：利用1.13“对一篇长文档怎样快速统一样式？”的方法对文档中的一级标题、二级标题……分别设置标题1、标题2……的样式。这样，文档的大纲即可格式化完成。

Tips：样式工具中的标题1、标题2……已经对大纲级别进行了设置，也可以自定义样式的大纲级别，在“段落设置对话框”的“缩进和间距”选项卡中设置“大纲级别”即可。

方法二：点击“视图”选项卡，在“视图”选项组中点击“大纲”按钮，进入大纲视图。

将光标移动到文档相应的位置后，点击“大纲显示”选项卡，在“大纲工具”选项组中选择“大纲级别”选项，根据实际需要设置好大纲级别后，点击“关闭大纲视图”按钮即可完成文档大纲格式化，见图1.14–1。

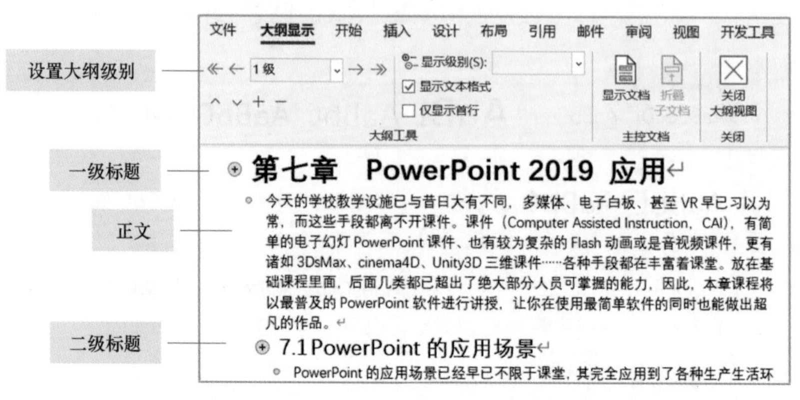

图1.14–1

2. 自动引用目录

将光标移动到需要插入目录的地方，点击“引用”选项卡，在“目录”选项组中点击“目录”按钮，选择“自动目录1”即可自动生成目录，见图1.14–2。

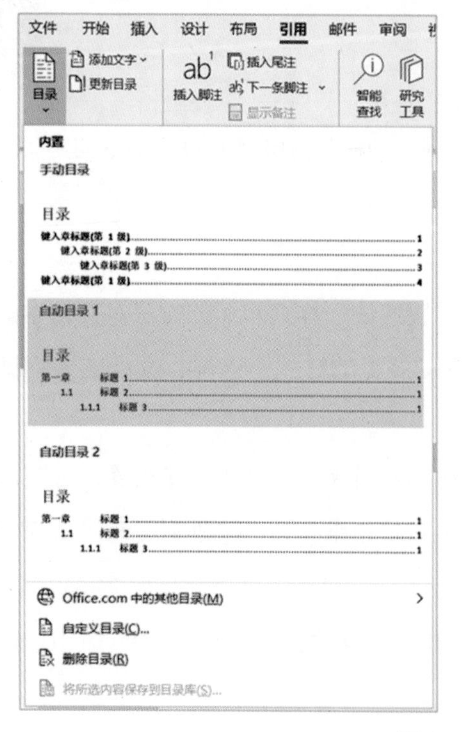

自动生成的目录

目录

第一章	计算机基础知识	6
1.1	未来生活应该是这样的	6
1.2	认识一些人和设备	6
1.2.1	影响计算机发展的重要人物	6
1.2.2	计算机分类	12
1.3	计算机系统的构成	15
1.3.1	硬件系统	16
1.3.2	软件系统	30
第二章	windows 应用	35
2.1	windows 的发展	35
2.2	win10 基本操作	35
2.2.1	windows10 的启动与退出	35
2.2.2	windows10 桌面管理	37
2.2.3	基本操作对象	41
2.2.4	文件与文件夹	46
2.2.5	字体安装	54
2.2.6	操作技巧	54
2.3	系统设置与管理	54
2.3.1	Windows 设置	55
2.3.2	显示设置	56
2.3.3	声音设置	59
2.3.4	电源管理	60
2.3.5	更改日期和时间	61
2.3.6	系统更新、重置与恢复	61
2.3.7	设备管理	62
2.3.8	磁盘管理	63
2.4	系统安全设置	66
2.4.1	账户管理与登录模式	66
2.4.2	用户账户控制	68
2.4.3	windows 防火墙	69
2.4.4	BitLocker 驱动器加密	70
2.4.5	Windows Defender	70
2.5	软件的安装与管理	71
2.5.1	windows10 操作系统的安装	71
2.5.2	分区与格式化	72
2.5.3	常用软件安装与管理	73
2.6	常用软件介绍	75
2.6.1	办公软件	75
2.6.2	图形图像软件	76
2.6.3	压缩软件	77

图1.14–2

3. 自定义目录样式

Word的自动目录能满足大部分场景，但若要自定义目录样式怎么办？如上文中的目录只显示到二级怎么操作？

点击“引用”选项卡，在“目录”选项组中点击“目录”按钮，选择“自定义目录”选项，进入“目录”对话框，见图1.14-3。

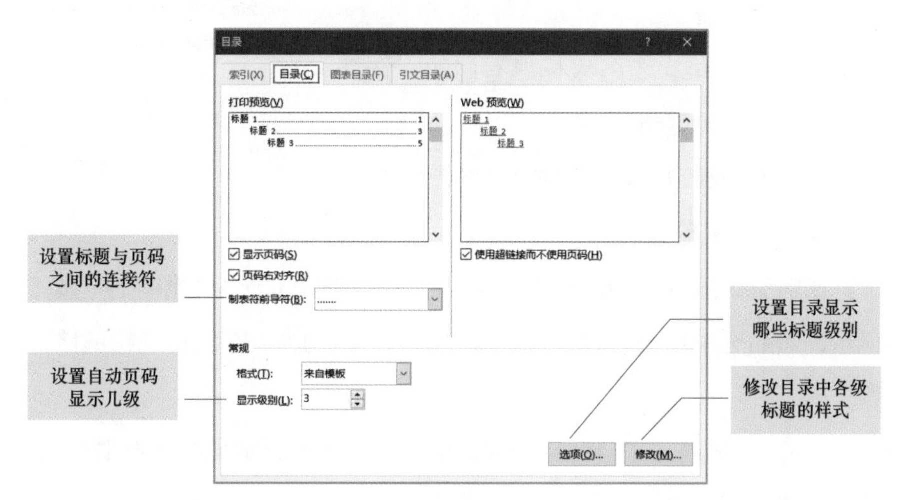

图 1.14-3

点击“目录”对话框右下角“修改”按钮，即可对目录中各级标题的样式进行修改，TOC1、TOC2……分别表示一级标题、二级标题……，选择对应项目后，点击“修改”按钮，即可根据弹出的“修改样式”对话框进行各格式的修改，见图1.14-4。完成上述步骤后，即可按照自定义的样式生成目录。

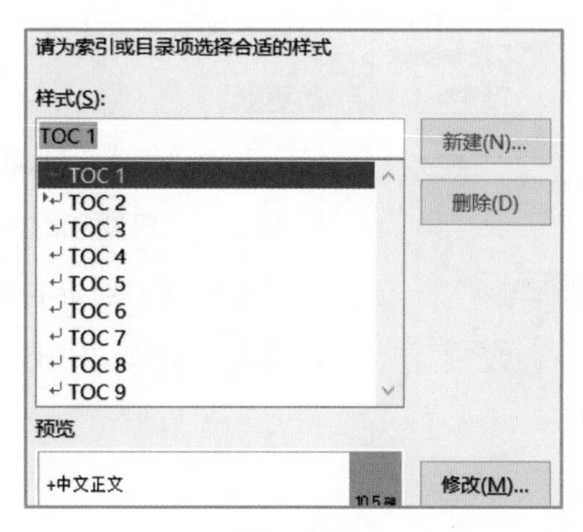

图 1.14-4

4. 目录的自动更新

当文档中的各级标题有修改或文档页数有变化时，需要对目录更新。

鼠标右键点击已生成的目录，选择“更新域”选项，会弹出设置对话框，见图1.14-5。

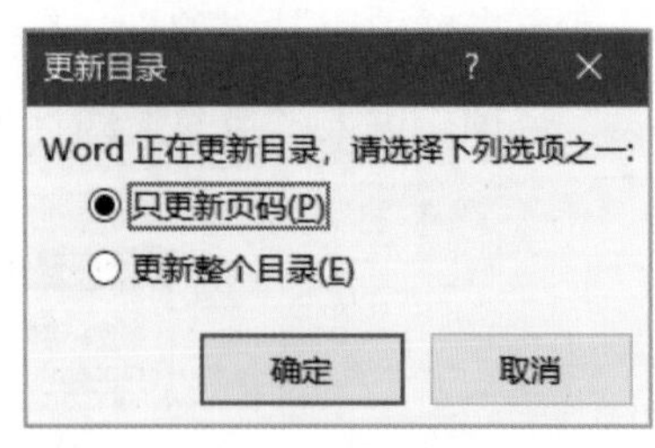

图 1.14-5

（1）只更新页码。若只是页码有变化，选择此项，目录页码随之更新。

（2）更新整个目录。若各级标题有修改，选择此项，目录所有内容将更新。

Tips：也可以直接按F9键，即可弹出更新对话框。

5. 目录应用的常见问题

（1）打印时页码显示“错误！未定义书签”。快捷键Ctrl+Z撤销上一步操作，恢复页码显示，然后选中目录内容，快捷键Ctrl+Shift+F9，取消目录超链接，即可解决此问题。

（2）“目录”二字进入了自动目录中。选中目录二字，鼠标右键点击选择“段落”选项，在“段落设置”对话框“大纲级别”中设置为“正文文本”，再次更新目录即可。

扫一扫

1.15 怎样插入日期并且自动更新日期?

有些文档在每天打开使用时，都需要将日期修改为当天日期，能否将每天的日期自动更新?

点击“插入”选项卡，在“文本”选项组中选择“日期和时间”选项，选择好需要的日期格式，勾选右侧下方的“自动更新”选项即可实现，见图1.15-1。

图 1.15-1

1.16 自动编号怎样按照想要的效果来设置?

1. 项目符号

项目编号最大的作用就是作为并列的项目，通过符号进行视觉分割，见图1.16–1。

排版时，需要注意4个原则，即：

- 对比是为了体现出层次感，突出重点内容；
- 对齐是为了让页面看起来更整齐；
- 亲密是为了让内容更有条理和逻辑；
- 平衡是为了确定页面元素的位置关系，使其和谐。

图 1.16–1

Word默认设置了7种不同图案的符号图案，若需要选择其他图案或图片作为项目符号，可点击“开始”选项卡，在“段落”选项组中点击“项目符号”按钮右侧向下箭头，在弹出菜单中选择“定义新项目符号”选项，见图1.16–2。

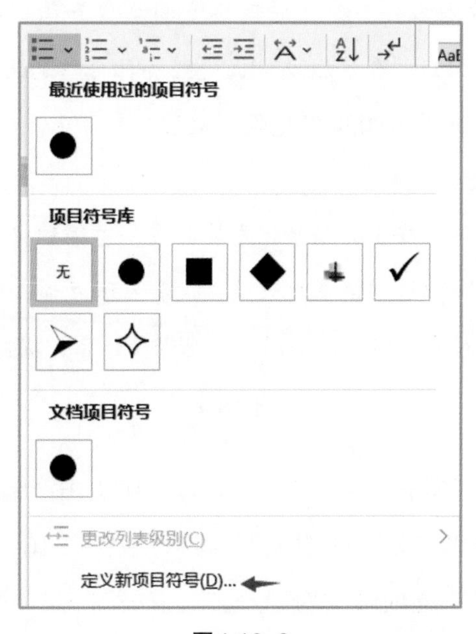

图 1.16–2

在弹出的“定义新项目符号”对话框中，“对齐方式”可设置项目符号的左、右或居中对齐，见图1.16-3。

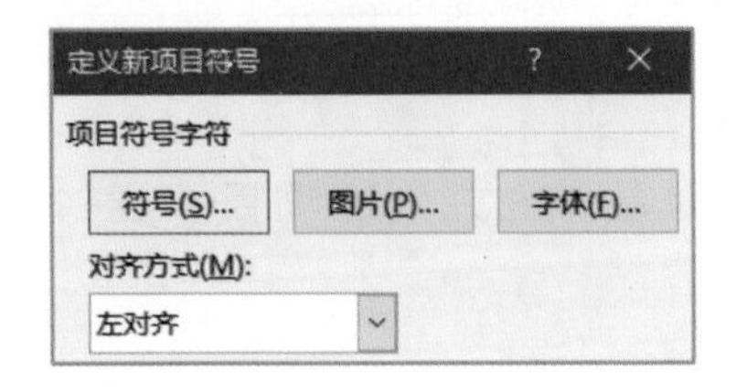

图1.16-3

（1）符号。可选择不同的项目符号图案。

（2）图片。可将图片设置为项目符号。

（3）字体。可设置项目符号的颜色、大小等格式。

2. 自动编号

自动编号与项目符号的主要区别是有条理性，能根据序号判断先后顺序，在大量的公文、试卷等中都要使用到编号。另外，自动编号中的项目位置发生移动或删除时，其他编号都能自动重新排号。

以图1.16-4为例介绍怎样自动编号。

第一条　为了保障网络安全，维护网络空间主权和国家安全、社会公共利益，保护公民、法人和其他组织的合法权益，促进经济社会信息化健康发展，制定本法。

第二条　在中华人民共和国境内建设、运营、维护和使用网络，以及网络安全的监督管理，适用本法。

第三条　国家坚持网络安全与信息化发展并重，遵循积极利用、科学发展、依法管理、确保安全的方针，推进网络基础设施建设和互联互通，鼓励网络技术创新和应用，支持培养网络安全人才，建立健全网络安全保障体系，提高网络安全保护能力。

图1.16-4

（1）点击“开始”选项卡，在“段落”选项组中点击“编号”按钮右侧向下箭头，在弹出菜单中选择“定义新编号格式”菜单，见图1.16-5。

（2）将“编号样式”选项修改为“一,二,三…”，在“编号格式”文本框中将“一”改为“第一条”，注意其中的“一”不能删除，见图1.16-6。

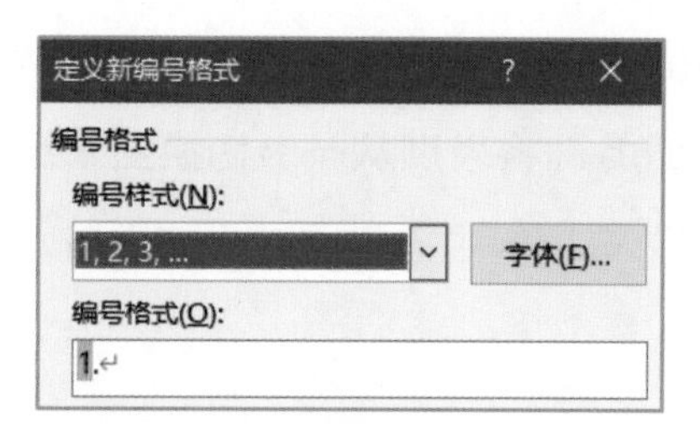

图 1.16–5

图 1.16–6

3. 多级编号的应用

在对长文档进行编辑排版时，会用到多级编号，见图 1.16–7。

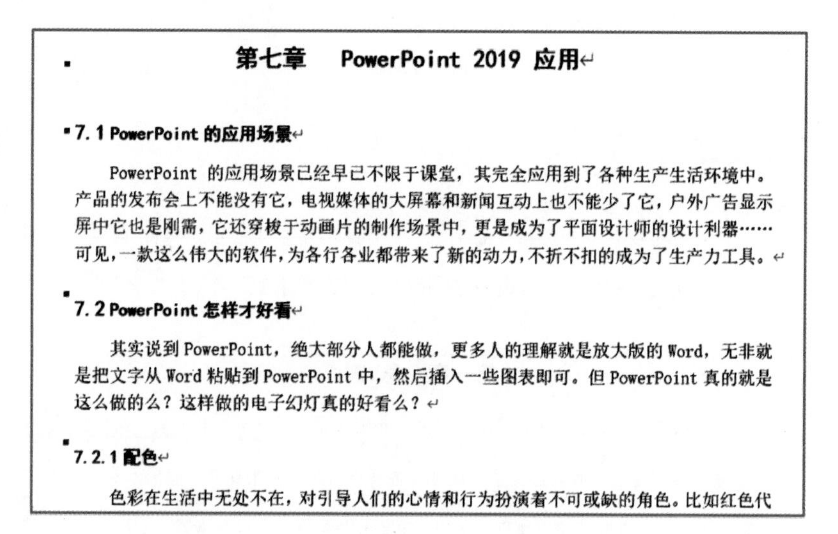

第七章　PowerPoint 2019 应用

7. 1 PowerPoint 的应用场景

PowerPoint 的应用场景已经早已不限于课堂，其完全应用到了各种生产生活环境中。产品的发布会上不能没有它，电视媒体的大屏幕和新闻互动上也不能少了它，户外广告显示屏中它也是刚需，它还穿梭于动画片的制作场景中，更是成为了平面设计师的设计利器……可见，一款这么伟大的软件，为各行各业都带来了新的动力，不折不扣的成为了生产力工具。

7. 2 PowerPoint 怎样才好看

其实说到 PowerPoint，绝大部分人都能做，更多人的理解就是放大版的 Word，无非就是把文字从 Word 粘贴到 PowerPoint 中，然后插入一些图表即可。但 PowerPoint 真的就是这么做的么？这样做的电子幻灯真的好看么？

7. 2. 1 配色

色彩在生活中无处不在，对引导人们的心情和行为扮演着不可或缺的角色。比如红色代

图 1.16–7

点击“开始”选项卡，在“段落”选项组中点击“多级列表”按钮右侧向下箭头，即可选择多级列表样式，也可点击“定义新的多级列表”选项，并点击弹出对话框左侧下方的“更多 >>”，显示完整对话框。

设置好多级编号后，就可方便地使用自定义的级别列表。

需要注意，可以通过 Tab 键将级别从一级切换到二级、三级……，也可以点击“开始”选项卡，在“段落”选项组中点击“减少缩进量 / 增加缩进量”按钮，进行级别的快速切换。

具体操作见图 1.16–8。

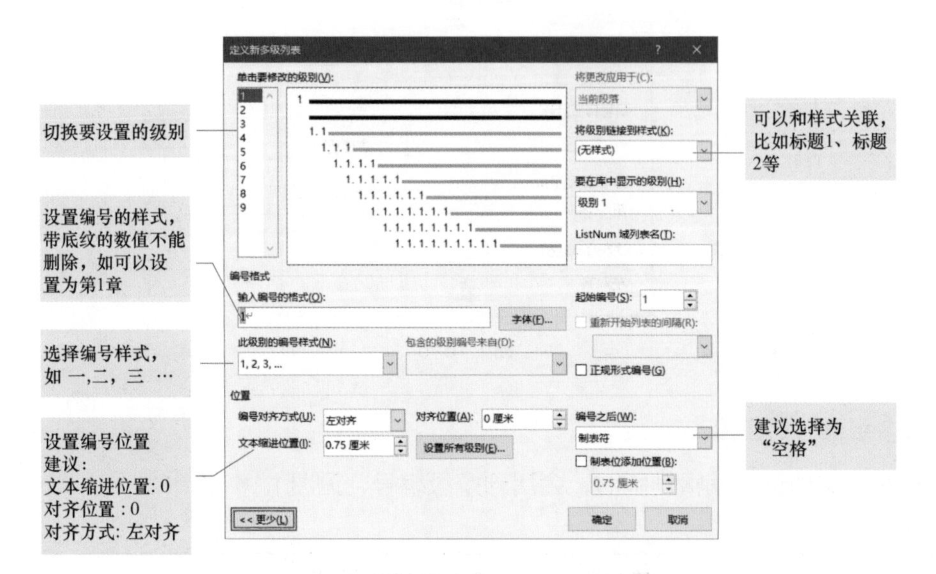

图 1.16–8

扫一扫

1.17 自动编号后，排版出现错乱怎样解决?

使用了自动编号后，有时会出现排版错乱，见图 1.17–1。

第一章　总 则

第一条 为了保障网络安全，维护网络空间主权和国家安全、社会公共利益，保护公民、法人和其他组织的合法权益，促进经济社会信息化健康发展，制定本法。

第二条 在中华人民共和国境内建设、运营、维护和使用网络，以及网络安全的监督管理，适用本法。

第三条 国家坚持网络安全与信息化发展并重，遵循积极利用、科学发展、依法管理、确保安全的方针，推进网络基础设施建设和互联互通，鼓励网络技术创新和应用，

图 1.17–1

光标选中要调整的自动编号文字内容后，鼠标右键点击选择“段落”选项，在“段落设置”对话框的“缩进和间距”选项卡中“缩进”的“特殊”改为“悬挂2字符”，见图1.17–2。

若文字换行顶格显示，可在“段落设置”对话框的“缩进和间距”选项卡中“缩进”的“特殊”改为“首行1.5字符”，见图1.17–3。

自动编号后的文字排版错位，只需调整段落的“首行缩进”或“悬挂缩进”，若仍然有错位的情况，参照1.6“段落文字有出现错位的情况怎样解决？”即可解决。

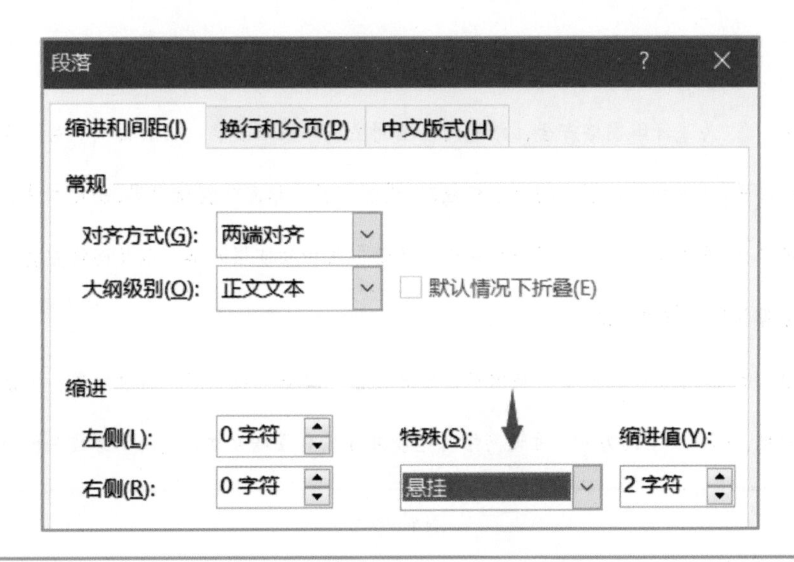

第一章　总 则

第一条 为了保障网络安全，维护网络空间主权和国家安全、社会公共利益，保护公民、法人和其他组织的合法权益，促进经济社会信息化健康发展，制定本法。

第二条 在中华人民共和国境内建设、运营、维护和使用网络，以及网络安全的监督管理，适用本法。

第三条 国家坚持网络安全与信息化发展并重，遵循积极利用、科学发展、依法管理、确保安全的方针，推进网络基础设施建设和互联互通，鼓励网络技术创新和

图1.17–2

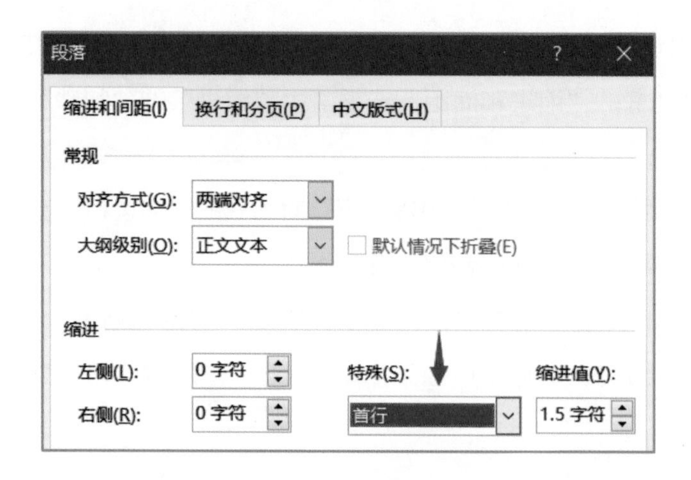

第一章　总 则

第一条 为了保障网络安全，维护网络空间主权和国家安全、社会公共利益，保护公民、法人和其他组织的合法权益，促进经济社会信息化健康发展，制定本法。

第二条 在中华人民共和国境内建设、运营、维护和使用网络，以及网络安全的监督管理，适用本法。

第三条 国家坚持网络安全与信息化发展并重，遵循积极利用、科学发展、依法管理、确保安全的方针，推进网络基础设施建设和互联互通，鼓励网络技术创新

图 1.17–3

若出现序号和文本之间有较大间距（见图 1.17–4），怎么办？

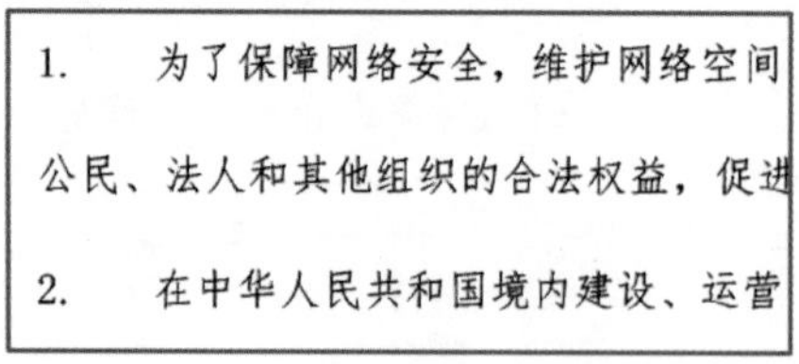

1.　　为了保障网络安全，维护网络空间

公民、法人和其他组织的合法权益，促进

2.　　在中华人民共和国境内建设、运营

图 1.17–4

方法一：检查文字前面是否有空格，删除即可。

方法二：选中要调整的序号文本，鼠标右键点击选择“调整列表缩进”选项，将“调整列表缩进”对话框中“编号之后”的选项改为“空格”，即可解决，见图 1.17–5。

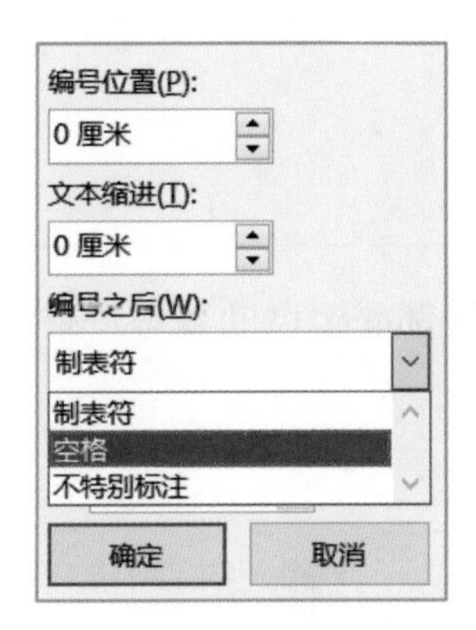

图 1.17–5

扫一扫

1.18 自动编号后，出现编号错误怎样解决？

设置了自动编号的文档，有时会出现序号不连续或没有从 1 开始编号的情况，见图 1.18–1。

图片选择标准：

1. 选真实图片，尽量不选写实图片；

2. 选高清图片，尽量别选低分辨率图片；

4. 选无水印图片，即图片上没有任何水印信息的图片；

5. 选合适的图片，图片要和内容相匹配；

6. 选有美感、有创意的图片。

缺少序号3

图片选择标准：

1. 选真实图片，尽量不选写实图片；

2. 选高清图片，尽量别选低分辨率图片。

图片排版原则：

3. 对比是为了体现出层次感，突出重点内容；

4. 对齐是为了让页面看起来更整齐。

没有从序号1开始编号

图 1.18–1

以上两种情况都是比较常见的，鼠标右键点击有误的序号，选择“重新开始于 1”“继续编号”或“设置编号值”选项即可解决上述问题，见图 1.18–2。

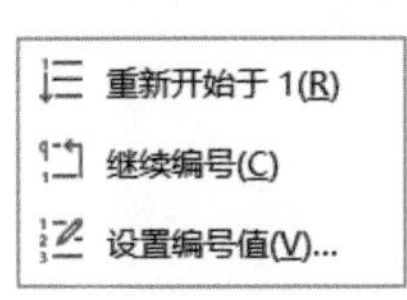

图 1.18–2

扫一扫

1.19 如何取消自动编号?

在Word中并不是什么时候都需要自动编号，有时手动输入更为方便，但Word经常会自动编号，如何取消呢?

方法一：使用快捷命令按钮。

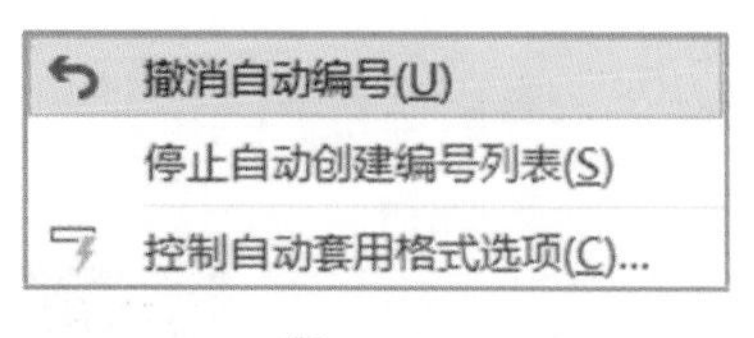

图1.19–1

当输入第一个编号内容并回车后，左上角会出现一个按钮，点击此按钮，会出现如图1.19–1所示的菜单。

（1）撤销自动编号。临时取消此处的自动编号功能。

（2）停止自动创建编号列表。在本文档中禁用该功能。

方法二：直接禁用Word的自动编号。

点击“文件”选项卡，点击“选项”按钮，在“Word选项”对话框中，选择“校对”选项卡，点击“自动更正选项”按钮，在“键入时自动套用格式”选项卡中，取消勾选“自动编号列表”选项，见图1.19–2。

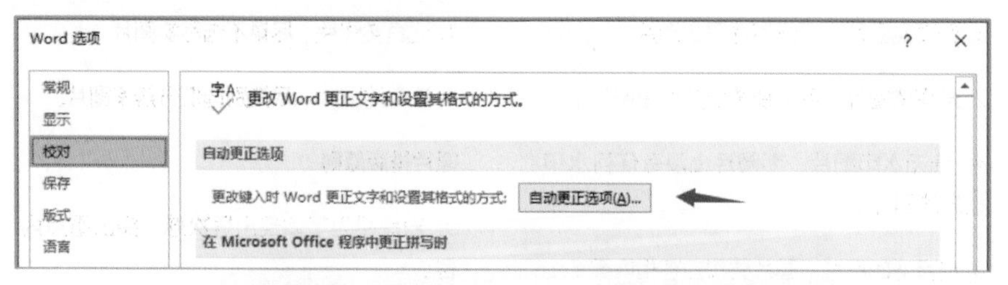

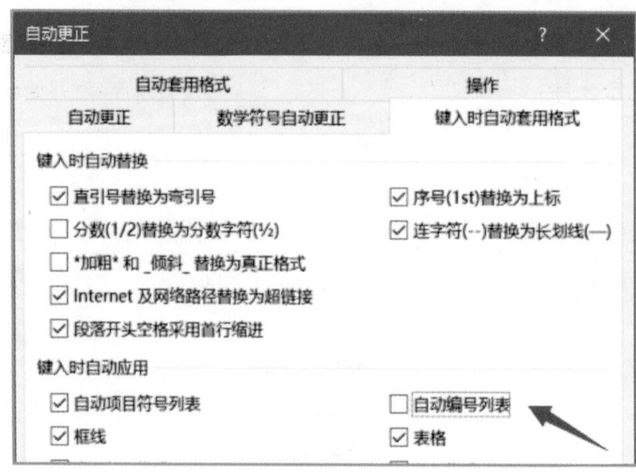

图1.19–2

1.20 如何实现图片或表格的自动编号?

在很多文档中的图片下方或表格上方有图 1.1、图 1.2、表 2.1、表 2.2 等编号，如果手动输入会很麻烦，而且如果增加或减少图或表，后续编号还要手动一个一个更改。这种类型的编号能否自动生成?

1. 手动插入题注

鼠标左键点击图片后，选择“引用”选项卡，在“题注”选项组中点击“插入题注”按钮，见图 1.20–1。

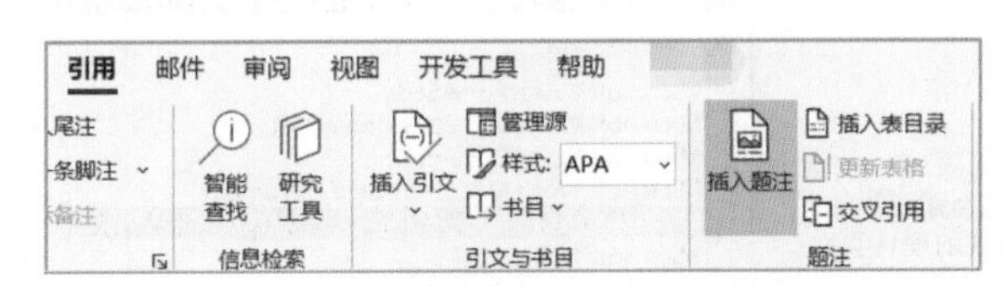

图 1.20–1

在“题注”对话框中，可新建标签“图 1.1”，见图 1.20–2。

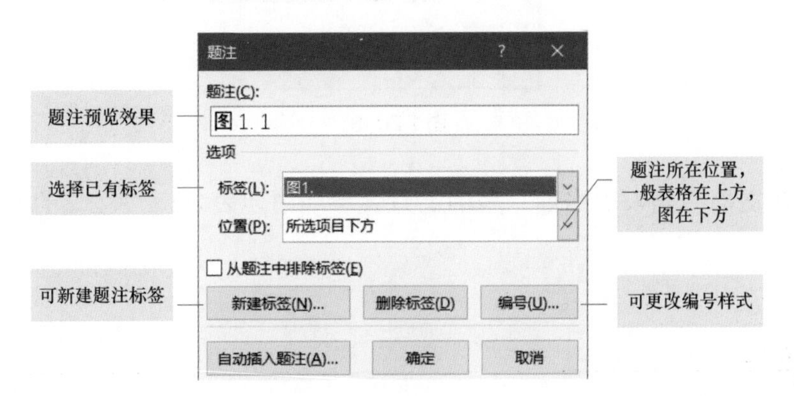

图 1.20–2

这样就可以给图片添加“图 1.1”的编号，后续图片重复前文步骤即可，序号均能自动生成，即使在“图 1.1”前增加新的图片，后续编号也会自动更新。

Tips：若删除了某个题注，后续编号没自动更新怎么解决? 只需 Ctrl+A 全选，按 F9 键即可全部更新。

2. 自动插入题注

手动插入题注对于图、表等编号已经很方便了，但如果文档中的图、表等有很多，每次都要点击“插入题注”也比较麻烦，可采用自动插入题注的方法，以表格为例，方法如下：

（1）点击“引用”选项卡，在“题注”选项组中选择“插入题注”选项，在弹出的“题注设置”对话框中点击左下角“自动插入题注”按钮。

（2）在“自动插入题注”对话框中，选择“Microsoft Word 表格”选项，标签选择“表”，位置选择“项目上方”即可完成设置，见图1.20-3。

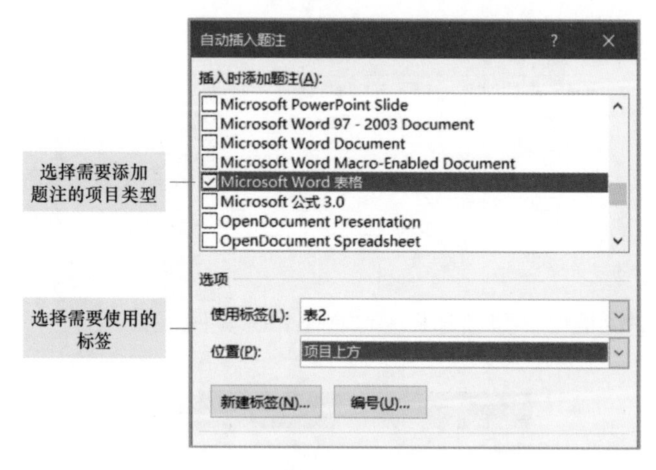

图 1.20-3

（3）在文档中插入表格后，表格上方会自动出现表2.1、表2.2的题注，见图1.20-4。

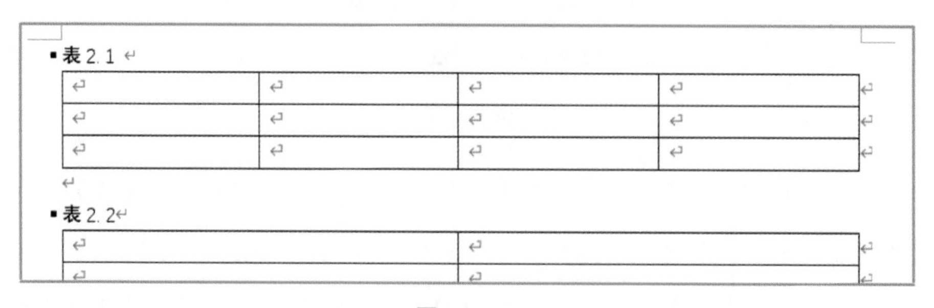

图 1.20-4

如果要为图片自动插入“图1.×”，在“自动插入题注”对话框中，Word 2003中有“Microsoft Word图片”选项，直接勾选后按前文步骤设置，只要插入图片就会自动出现题注；但Word 2007及以上版本却取消了该选项，目前只有折中方法：在“自动插入题注”对话框中添加题注的项目类型勾选为“Bitmap Image”选项后，若要每次插入图片，都必须点击“插入”选项卡，在“文本”选项组中点击“对象”按钮，在“对象”对话框中“对象类型”选择“Bitmap Image”选项并插入，在弹出的“画图”程序中，将图片粘贴后关闭，见图1.20–5。

图1.20–5

Tips：题注默认会左对齐，只需在“样式设置”中将“题注”的格式修改后即可全文自动更新。

扫一扫

1.21 封面的下划线填写文字怎样才整齐好看？

在制作文档时，有些文档的封面会设置填写项目（见图1.21–1），因填写的文字有长有短，导致每次调整下划线很费事，而且下划线还经常没法对齐，有什么办法能既填写方便，又格式整齐？

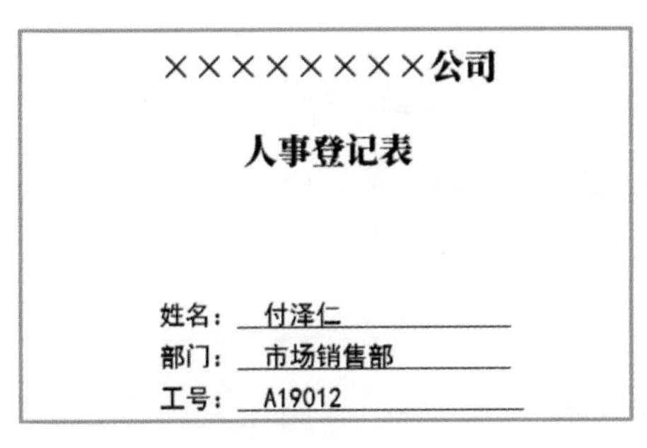

图1.21–1

（1）将光标移动到文档中部，点击“插入”选项卡，选择“表格”选项，插入一个2×4的表格，见图1.21–2。

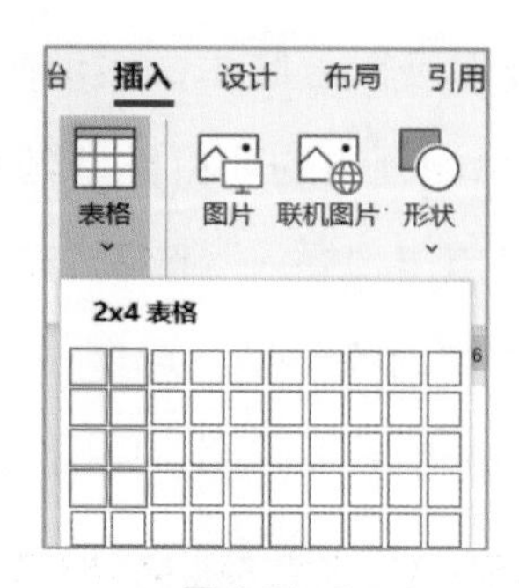

图1.21-2

（2）鼠标右键点击表格，选择“表格属性”选项，在“表格属性”对话框的“表格”选项卡中，将“指定宽度”设置为“12厘米”，对齐方式设置为“居中”，见图1.21-3。

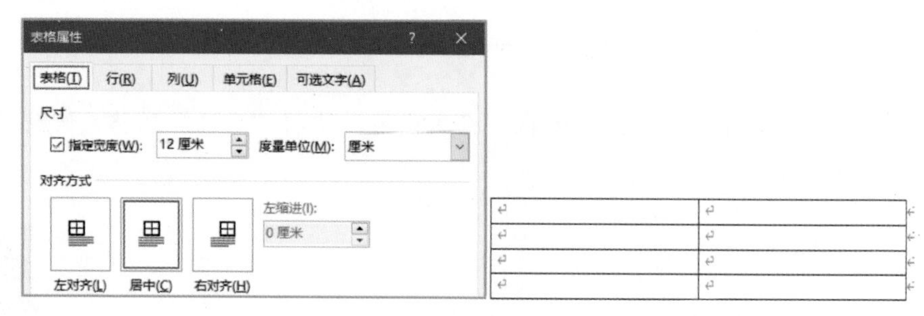

图1.21-3

（3）在表格左侧的单元格中，每列分别填写“姓名：”“部门：”“工号：”“日期：”，并将文字字体及大小调整为实际需要，文字设置为“右对齐”，见图1.21-4。

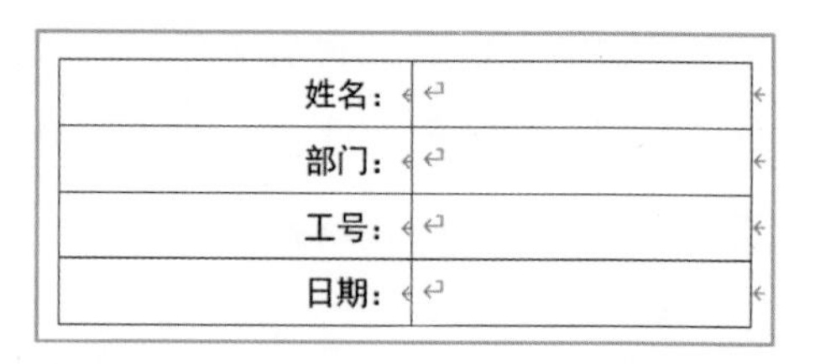

图1.21-4

（4）鼠标左键拉拽选中左侧4行单元格，点击右键，选择“表格属性”选项，见图1.21-5。

（5）在“表格属性”对话框中，选择“列”选项卡，将“指定宽度”设置为“2厘米”；点击“表格”选项卡，选择“边框和底纹”按钮，在弹出对话框中“设置”为“无”边框，见图1.21-6。

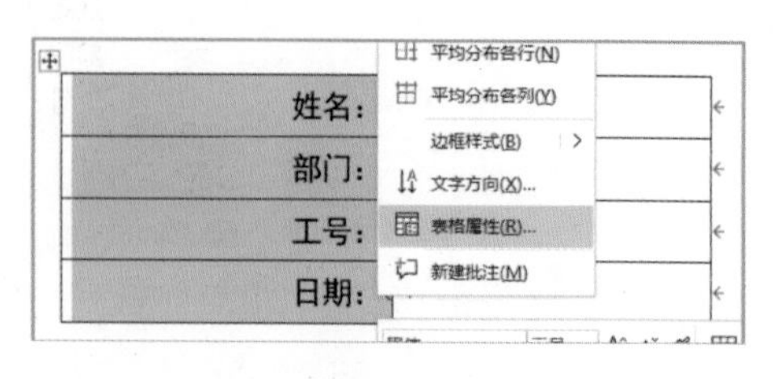

图1.21-5

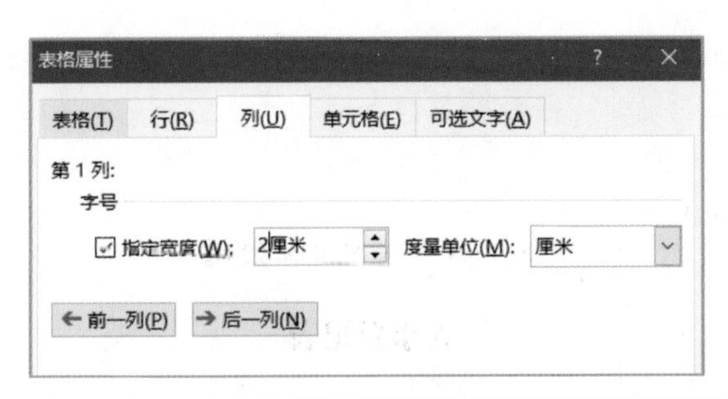

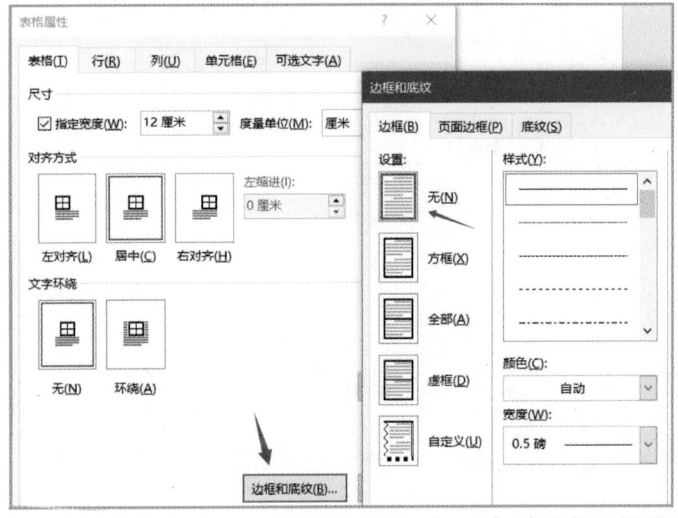

图 1.21–6

（6）鼠标左键拉拽选中右侧4行单元格，点击右键，选择“表格属性”选项，在“表格属性”对话框中，选择“表格”选项卡，选择“边框和底纹”按钮，在弹出对话框右侧将“上边框”和“右边框”取消，见图1.21–7。

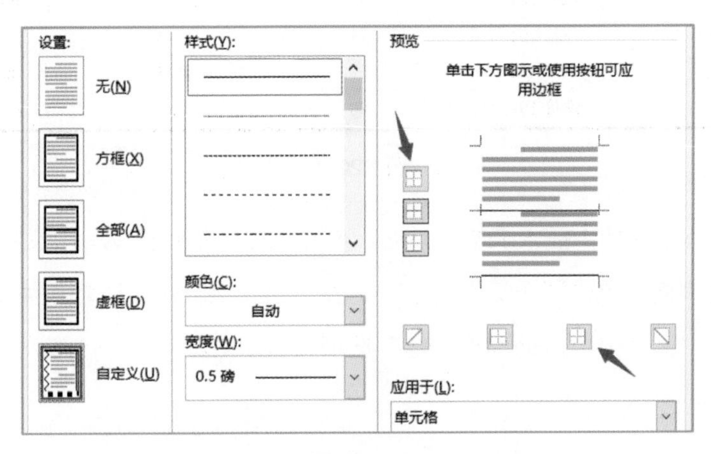

图 1.21–7

（7）最后效果即可呈现，这样不管填写的文字有多少，下划线的长短都不会变化了，见图 1.21–8。

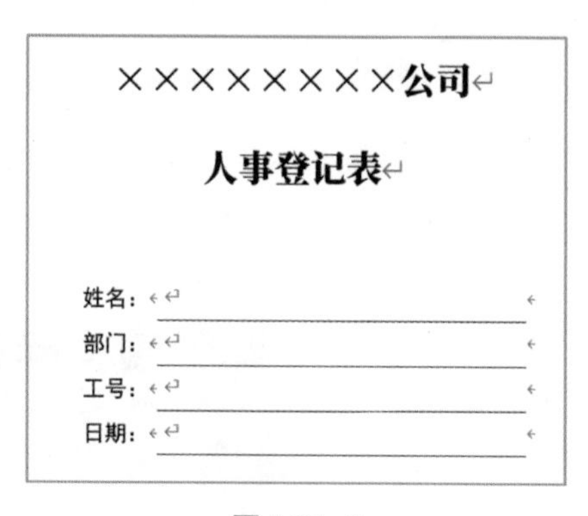

××××××××公司

人事登记表

姓名：

部门：

工号：

日期：

图 1.21–8

扫一扫

1.22 文档中常见的三线表是怎样制作的?

在文档中常常会使用到三线表（见图 1.22–1），是怎么制作的?

院系	班级	应完成人/天	实际完成人/天	按时完成率
电气系	发电 191	50	49.28	98.56%
电气系	继保 191	52	50.77	97.63%
电气系	输电 191	59	56.95	96.53%
电气系	用电 191	66	63.14	95.67%
动力系	机电 191	66	65	98.48%
动力系	水动 191	58	55.95	96.47%
建筑系	建筑 191	48	47.6	99.18%
建筑系	水工 191	62	61.7	99.51%
建筑系	造价 191	66	65.81	99.72%

图 1.22–1

（1）在 Word 文档中插入表格或从 Excel 文档复制粘贴到 Word 文档中。

（2）全选表格，点击“布局”选项卡，在“单元格大小”选项组中选择“自动调整”按钮中的“根据窗口自动调整表格”选项，见图 1.22–2。

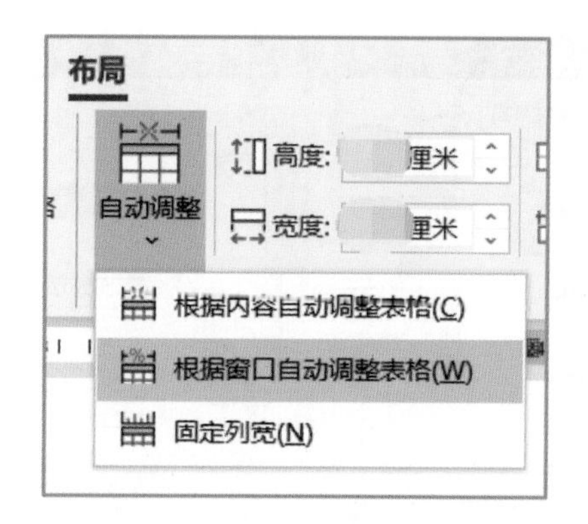

院系	班级	应完成人/天	实际完成人/天	按时完成率
电气系	发电 191	50	49.28	98.56%
电气系	继保 191	52	50.77	97.63%
电气系	输电 191	59	56.95	96.53%
电气系	用电 191	66	63.14	95.67%
动力系	机电 191	66	65	98.48%
动力系	水动 191	58	55.95	96.47%
建筑系	建筑 191	48	47.6	99.18%
建筑系	水工 191	62	61.7	99.51%
建筑系	造价 191	66	65.81	99.72%

图 1.22-2

（3）鼠标右键点击表格，选择“表格属性”选项，在“表格属性”对话框的“表格”选项卡中选择“边框和底纹”按钮，进入“边框和底纹”对话框，见图 1.22-3。

1）点击“边框”，设置为“无”。

2）点击“宽度”，设置为“1.5 磅”。

3）点击打开右侧“预览”中的“上边框”。

4）点击打开右侧“预览”中的“下边框”。

5）将“应用于”选项设置为“表格”。

院系	班级	应完成人/天	实际完成人/天	按时完成率
电气系	发电 191	50	49.28	98.56%
电气系	继保 191	52	50.77	97.63%
电气系	输电 191	59	56.95	96.53%
电气系	用电 191	66	63.14	95.67%
动力系	机电 191	66	65	98.48%
动力系	水动 191	58	55.95	96.47%
建筑系	建筑 191	48	47.6	99.18%
建筑系	水工 191	62	61.7	99.51%
建筑系	造价 191	66	65.81	99.72%

图 1.22-3

（4）选中第一行所有单元格，鼠标右键点击选择“表格属性”选项，在“表格属性”对话框的“表格”选项卡中选择“边框和底纹”按钮，进入“边框和底纹”设置对话框，参照类似上一步的操作方法，只需将“宽度”调整为“0.5 磅”，在右侧预览点击打开“下边框”，应用于“单元格”即可。

（5）将第一行文字全部选中，快捷键 Ctrl+B 文字加粗。

Tips：如果表格中的信息量不多，可以将所有列平均分布，全选表格后，选择“布局”选项卡，在“单元格大小”选项组中选择“分布列”即可均分所有列。

1.23 调小了单元格的高度值，但并没有任何效果怎样解决？

在有些表格中，涉及有很多行，并且会有大量合并单元格，为了显示紧凑，会将不少单元格高度值调小，见图 1.23–1。

序号	任务事项	时间进度控制					
		3 月			4 月	5 月	6 月
			15 日	30 日			
1	服务器上架安装						
2	服务器环境部署						
3	软件测试						

图 1.23–1

但有时单元格高度不管是拉拽还是修改其高度值，都没任何效果。

常见原因有：

（1）设置了段落间距，取消后即可。全选表格后，点击“开始”选项卡，在“段落”选项组中选择右下角图标，在“段落”对话框中，将“段前间距”“段后间距”调整为“0”，“行距”调整为“单倍行距”，见图 1.23–2。

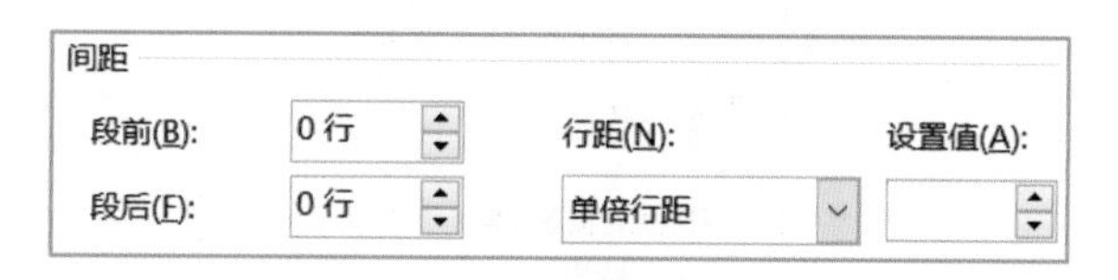

图 1.23–2

（2）文字字体的原因。有些字体默认的单倍间距较宽，把单元格撑大了，如“微软雅黑”字体，可更换字体解决，如果不能更换字体，可根据前文操作，在“段落”对话框中，取消“如果定义了文档网格，则对齐到网格”勾选，见图 1.23–3。

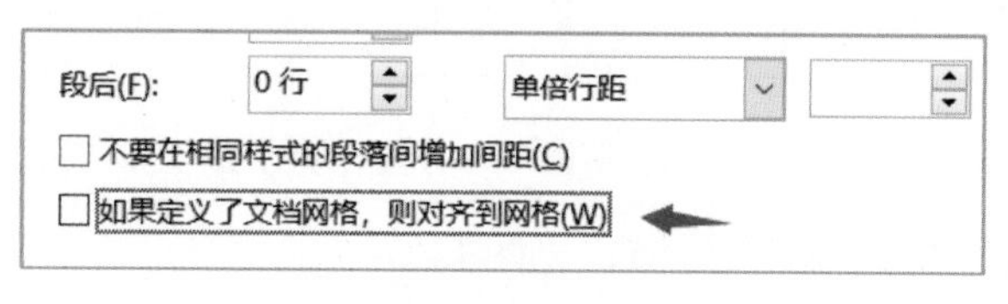

图 1.23–3

（3）文字大小的原因。虽然表格里面没有文字，但表格本身有字体和文字大小样式，只需全选表格后，将文字大小调小，即可调整单元格高度值。

扫一扫

1.24 表格太宽显示不完整怎样解决?

从Excel或是其他文档复制的表格粘贴到Word后，有时会出现表格太宽显示不完整的情况（见图1.24-1），怎样解决?

专业名称	2016			2017			2
	招生计划	报到数	报到率	招生计划	报到数	报到率	招生计划
发电厂及电力系统	164	153	93.29%	201	192	95.52%	360
电力系统继电保护与自动化技术	50	45	90.00%	69	61	88.41%	153
供用电技术	58	51	87.93%	55	45	81.82%	202
高压输电线路施工运行与维护	45	32	71.11%	55	42	76.36%	103
合计	**317**	**281**	**88.64%**	**380**	**340**	**89.47%**	**818**

图1.24-1

点击表格后，选择“布局”选项卡，在“单元格大小”选项组中点击“自动调整”按钮，选择“根据窗口自动调整表格”选项，而后再根据实际需要调整表格文字大小及单元格大小，见图1.24-2。

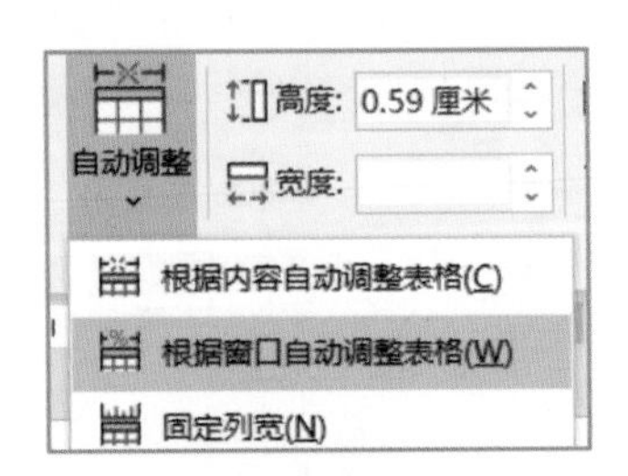

图1.24-2

扫一扫

1.25 表格跨页后出现大量空白怎样解决?

表格填写内容较多时，单元格没有断行，但出现了跨页，整段内容调转到了下一页，上一页就出现了大量的空白区域，见图1.25-1。

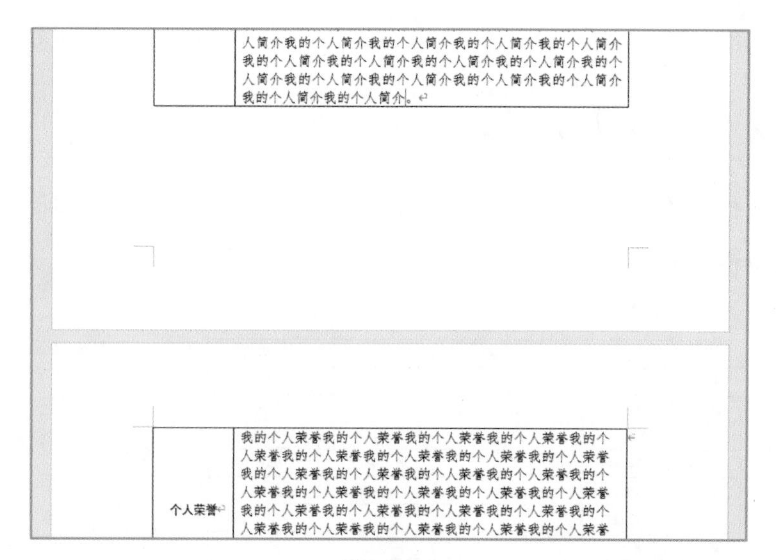

图 1.25-1

将光标移动到跨页的单元格内，点击鼠标右键，选择“表格属性”选项，在“表格属性”对话框中，选择“行”选项卡，勾选“允许跨页断行”选项，见图 1.25-2。

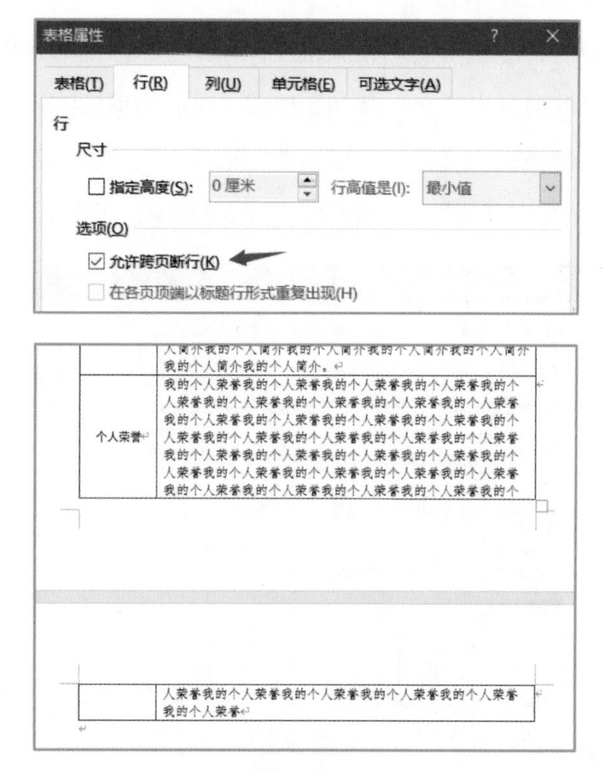

图 1.25-2

1.26 部分文字在表格右侧出现，怎样解决？

在制作既有表格又有文字的文档时，有时会出现文本跑到表格右侧的情况（见图 1.26–1），怎样解决？

院系	班级	应完成人/天	实际完成人/天	按时完成率
电气系	发电 191	50	49.28	98.56%
电气系	继保 191	52	50.77	97.63%
电气系	输电 191	59	56.95	96.53%
电气系	用电 191	66	63.14	95.67%
动力系	机电 191	66	65	98.48%
动力系	水动 191	58	55.95	96.47%
建筑系	建筑 191	48	47.6	99.18%
建筑系	水工 191	62	61.7	99.51%
建筑系	造价 191	66	65.81	99.72%

我是一段测试用的文档，我是一段测试用的文档，我是一段测试用的文档，我是一段测试用的文档，我是一段测试用的文档，我是一段测试用的文档，我是一段测试用的文档，我是一段测试用的文档，我是一段测试用的文档，我是一段测试用的文档，我是一段测试用的文档，我是一段测试用的文档，我是一段测试用的文档，我是一段测试用的文档，我是一段测试用的文档，我是一段测试用的文档。

图 1.26–1

在移动表格位置时，尽量不要点击表格左上角的⊞图标拖动表格，因为一旦点击此图标拖动后，表格就会开启“文本环绕”模式，可使用剪切的方式移动表格位置。

只需鼠标右键点击表格，选择“表格属性”选项，在“表格属性”对话框中选择“表格”选项卡，将“文字环绕”设置为“无”即可解决，见图 1.26–2。

图 1.26–2

1.27 单元格中文字较多，单元格底部的部分文字显示不完全，怎样解决？

在有些Word文档中，若单元格中文字较多，单元格底部的部分文字显示不完全，见图1.27–1。

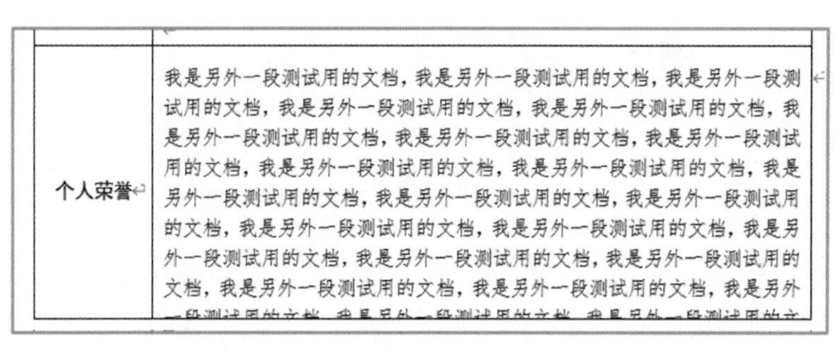

图 1.27–1

解决这个问题很简单，鼠标右键点击该单元格，选择“表格属性”选项，在“表格属性”对话框中，选择“行”选项卡，取消勾选“指定高度”选项，见图1.27–2。

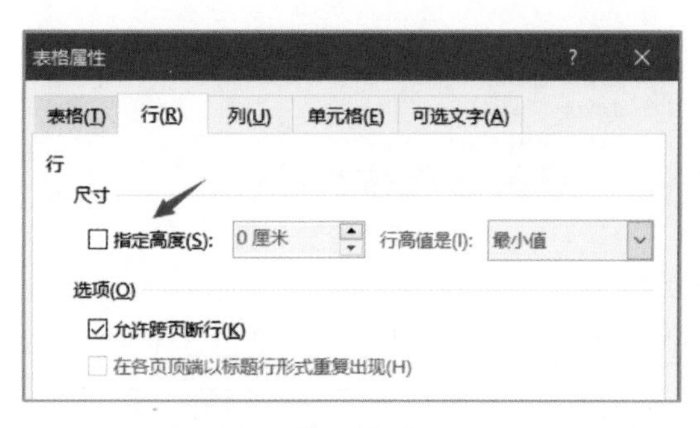

图 1.27–2

扫一扫

1.28 跨页的表格怎样让每页都能显示标题行？

较长的表格需要跨页，跨页后，第二页的表格没有标题行，这样会影响表格字段的判断，见图1.28–1。

班级	学号	姓名	性别	身份证号	备注
发电 171	170107	陶丹	男	451422199909169031	
发电 171	170132	华淑芬	男	310118200006156259	
发电 171	170141	韩琰	男	130705200003199859	
发电 171	170139	陶春竹	女	440604200103092064	
发电 171	170140	尤晓磊	男	321081199910036032	
发电 171	170115	姜乐萱	女	621122200110058825	
发电 171	170106	张文倩	女	512022199909255285	
发电 171	170129	华梓涵	女	410381199911015740	

第一页

机电 171	171217	张晶	男	230306200003151853	
机电 171	171202	亓官黛	男	522701200101152199	
机电 171	171208	吕莱玲	女	150922199901248048	
机电 171	171214	[illegible]	女	650106200004082965	

第二页

图 1.28–1

实际操作很简单，鼠标左键选中表格的“标题行”，点击鼠标右键，选择“表格属性”选项，在“表格属性”对话框中点击“行”选项卡，勾选“在各页顶端以标题行形式重复出现”选项，见图 1.28–2。

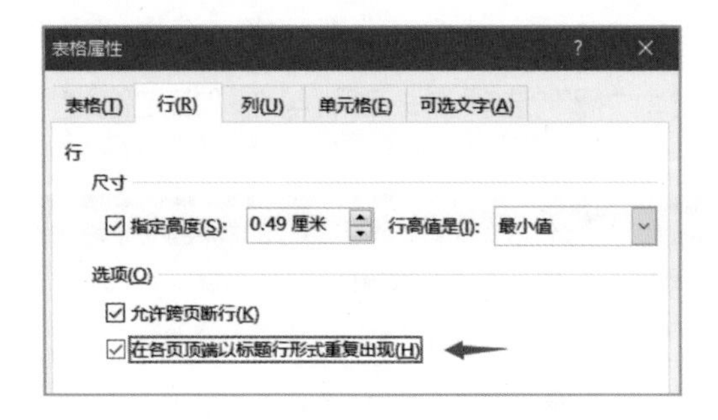

班级	学号	姓名	性别	身份证号	备注
发电 171	170107	陶丹	男	451422199909169031	
发电 171	170132	华淑芬	男	310118200006156259	
发电 171	170141	韩琰	男	130705200003199859	
发电 171	170139	陶春竹	女	440604200103092064	
发电 171	170140	尤晓磊	男	321081199910036032	
发电 171	170115	姜乐萱	女	621122200110058825	
发电 171	170106	张文倩	女	512022199909255285	
发电 171	170129	华梓涵	女	410381199911015740	

第一页

班级	学号	姓名	性别	身份证号	备注
机电 171	171217	张晶	男	230306200003151853	
机电 171	171202	亓官黛	男	522701200101152199	
机电 171	171208	吕莱玲	女	150922199901248048	

第二页

图 1.28–2

Tips：若设置后无效，请将“表格属性对话框”中的“文本环绕”方式调整为“无”。

1.29 表格中只要插入图片，表格就变形，怎样解决？

很多时候需要在Word文档的表格中插入图片，但插入图片后会导致表格变形（见图1.29–1），怎样解决这个问题？

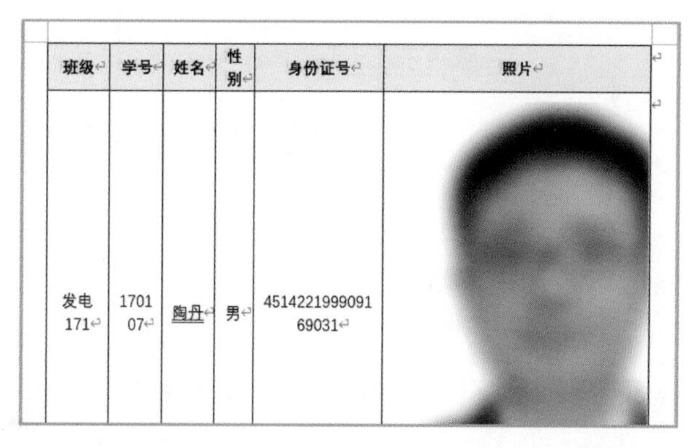

班级	学号	姓名	性别	身份证号	照片
发电171	170107	陶丹	男	451422199909169031	

图1.29–1

（1）在插入图片前，鼠标右键点击表格，选择“表格属性”选项，在“表格属性”对话框中，点击“表格”选项卡右下角的“选项”按钮，见图1.29–2。

图1.29–2

（2）在“表格选项”对话框中，取消勾选“自动重调尺寸以适应内容”选项，见图 1.29–3。

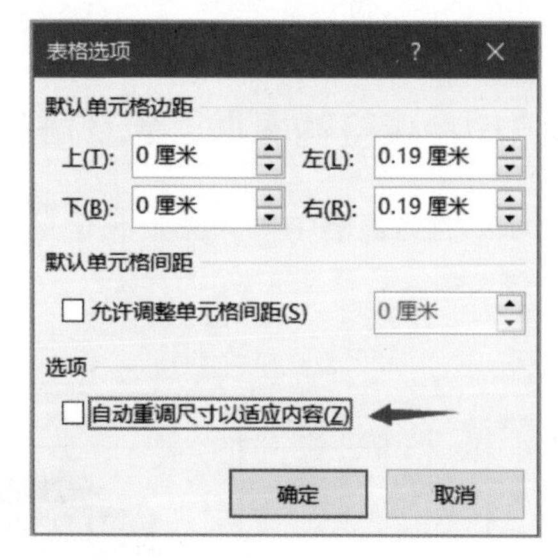

图 1.29–3

（3）在表格中插入图片，表格就不会变形了，见图 1.9–4。

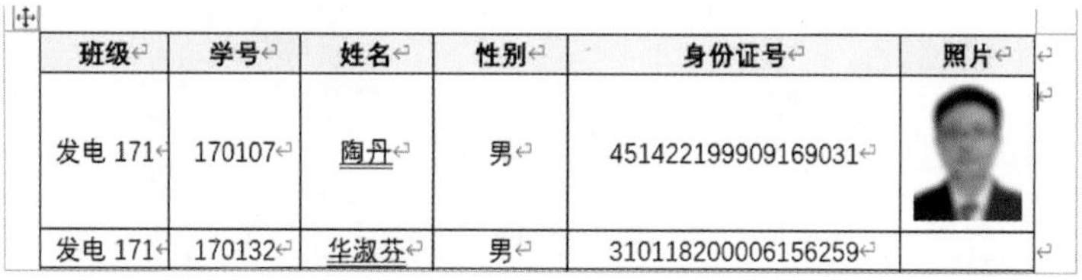

班级	学号	姓名	性别	身份证号	照片
发电 171	170107	陶丹	男	451422199909169031	
发电 171	170132	华淑芬	男	310118200006156259	

图 1.29–4

1.30 公文的红头是怎样制作的?

很多企事业单位都会应用到公文的制作，目前我国按照GB/T 9704—2012《党政机关公文格式》的标准制作公文。公文的要求比较多，比较麻烦的是红头的制作，示例见图 1.30–1。

四川敏捷科技有限公司文件

川敏捷〔2020〕1 号

图 1.30–1

问题 1：红头的文件名称太长，一行放不下怎样解决？

将红头的文件名称全部选中，点击“开始”选项卡，选择“字体”选项组右下方的图标（快捷键 Ctrl+D），在“字体”对话框中选择“高级”选项卡，将“字符间距缩放”调整到适当的参数，实现一行完整显示红头，见图 1.30–2。

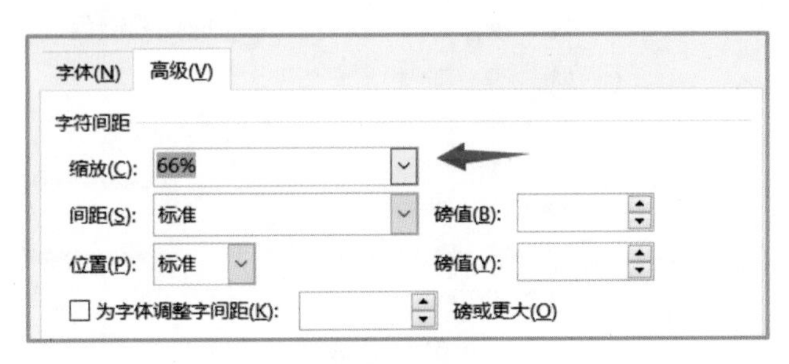

图 1.30–2

问题 2：红色分割线怎样制作？

分割线的制作方法有很多种，此处介绍一种排版更工整的做法。在文档中插入 1×1 表格。将表格的上边框、左边框、右边框均设置为“无”，将下边框设置为“红色”，见图 1.30–3。

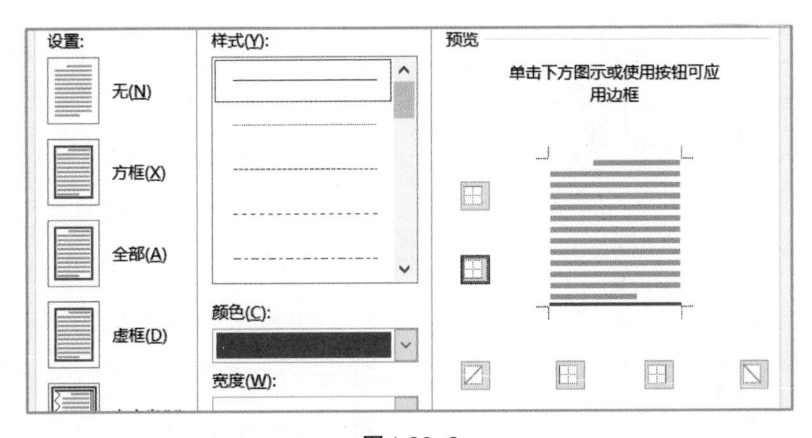

图 1.30–3

问题 3：文号中年份的六角括号〔 〕怎样输入？

六角括号是一种特殊的标点符号，可以通过“插入”选项卡中“文本”选项组的“符号”选项中找到。以搜狗输入法为例可以直接点击输入法对话框右键，选择“软键盘”选项，点击“标点符号”选项，键盘 a 和 s 按键即可分别输入“〔 和 〕”，输入完成后，关闭软键盘，见图 1.30–4。

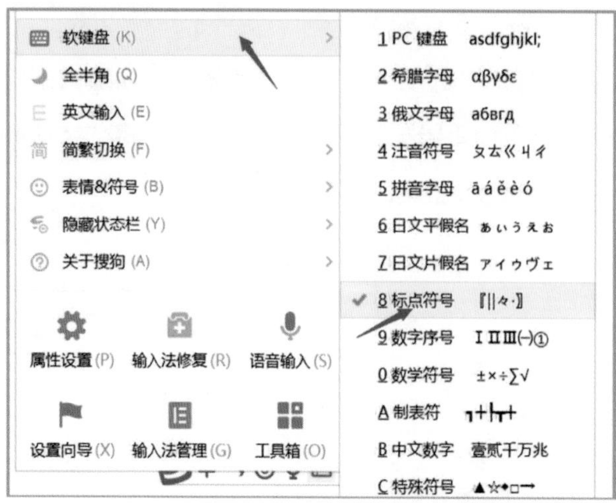

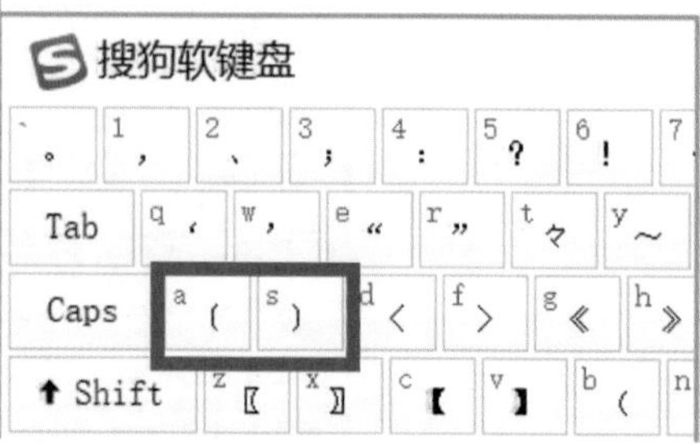

图 1.30–4

1.31 怎样快速制作证书?

扫一扫

荣誉证书

付泽仁同志：

你在 2019 年度工作中表现突出，成绩优异，被评为：

先进工作者

××××× 公司
2020 年 1 月 5 日

图 1.31–1

	A	B
1	姓名	荣誉名称
2	付泽仁	先进工作者
3	孔丽红	先进工作者
4	王雪萍	先进工作者
5	张雁	先进工作者
6	戚缘双	先进工作者
7	魏夜白	先进工作者
8	华清怡	劳动模范
9	陈淇	劳动模范
10	吕雪倩	劳动模范

图 1.31–2

（1）在 Word 中将荣誉证书的版式制作完成，见图 1.31–1。

（2）打开 Excel，制作获奖名单并保存，见图 1.31–2。

（3）点击“邮件”选项卡，在“开始邮件合并”选项组中点击“选择收件人”按钮，选择“使用现有列表”按钮，在弹出对话框中选择刚才制作的“Excel 文档”，在弹出的“选择表格”对话框中选择“Excel 中的工作表”并勾选“数据首行包含列标题”后确定，见图 1.31–3。

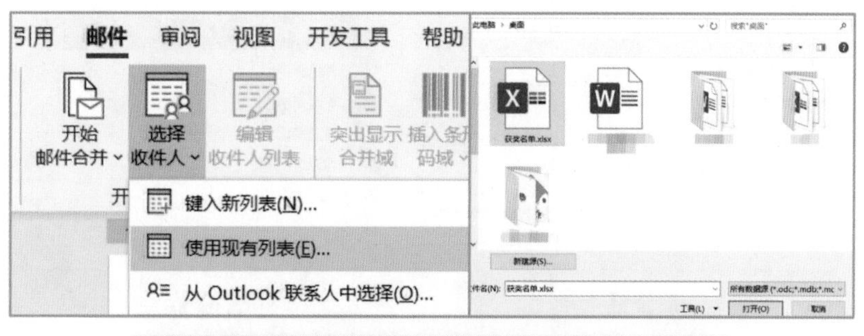

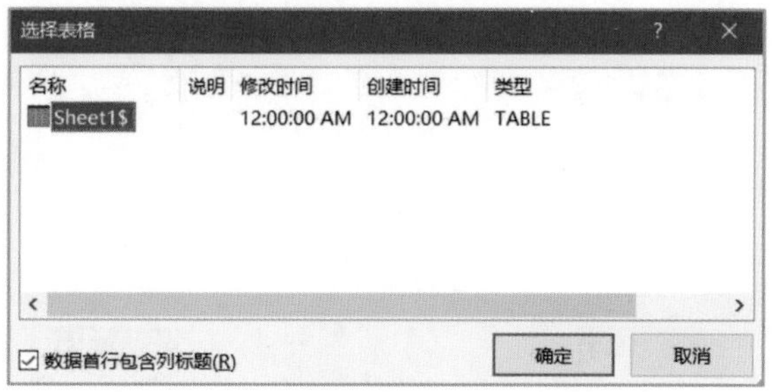

图 1.31–3

（4）用鼠标左键拖选“付泽仁”文字后，点击“邮件”选项卡，在“编写和插入域”选项组中选择“插入合并域”按钮，点击“姓名”选项；同样操作将“先进工作者”调整为“荣誉名称”选项，调整完成后，在文档中会变成 <<姓名>><<荣誉名称>>，需要注意的是，这是域标签 ，不能随意修改，见图 1.31–4。

调整前　　　　调整后

图 1.31–4

（5）点击“邮件”选项卡，在“完成”选项组中选择“完成并合并”按钮，根据实际情况选择相应选项：编辑单个文档、打印文档或发送电子邮件，即可将所有证书或指定页数的证书完整显示或打印，见图 1.31–5。

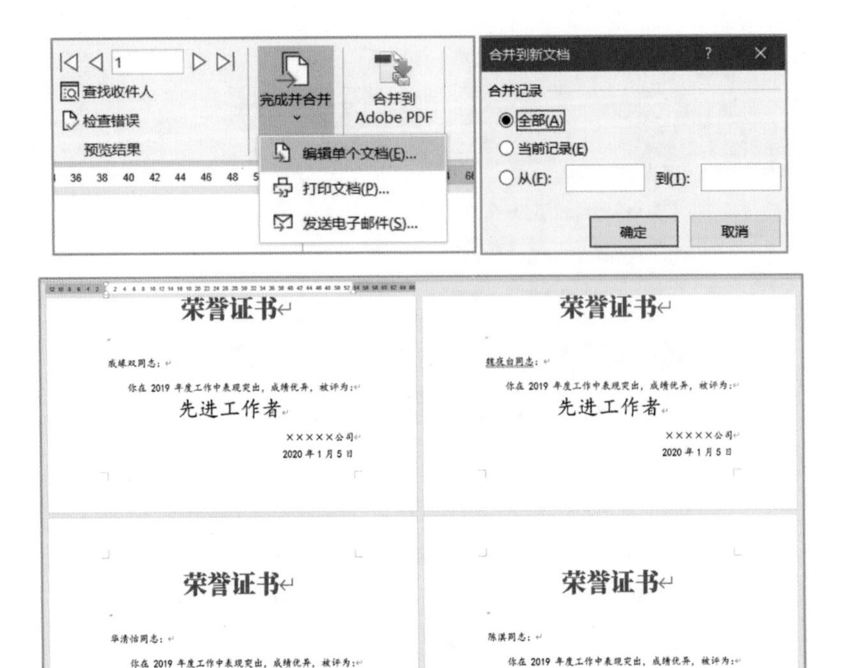

图1.31-5

扫一扫

1.32 怎样快速制作带照片的准考证?

准考证的制作和 1.31“怎样快速制作证书？”类似，也使用到了邮件合并，此处不再重复阐述，该案例的难点有以下几点：

1. 怎样通过邮件合并插入不同考生的照片？

（1）将所有考生照片放到同一文件夹，照片文件名以考生身份证号或准考证号命名（此处以准考证号为例），照片文件夹放到D盘，见图1.32-1。

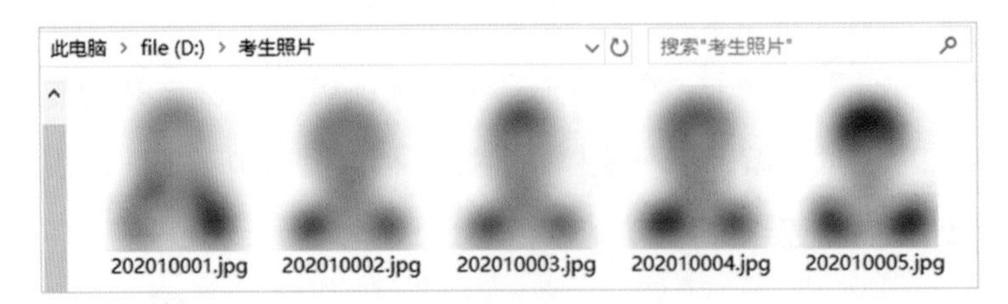

图1.32-1

（2）用Excel制作考生名单，其中需要增加一个照片字段，内容填写为照片的路径：D:\\考生照片\\准考证号.jpg。注意，一定要使用双斜杠，见图1.32–2。

1	姓名	准考证号	身份证号	考场	考试时间	照片
2	钱柔	202010001	510105200007185233	第一教学楼-3楼-301	上午9:00~11:00	D:\\考生照片\\202010001.jpg
3	卫晓云	202010002	510105200001021131	第一教学楼-3楼-301	上午9:00~11:00	D:\\考生照片\\202010002.jpg
4	何倩	202010003	510105200008038120	第一教学楼-3楼-301	上午9:00~11:00	D:\\考生照片\\202010003.jpg
5	卫蓉	202010004	510105200101219241	第一教学楼-3楼-301	上午9:00~11:00	D:\\考生照片\\202010004.jpg
6	杨琦	202010005	510105200108138890	第一教学楼-3楼-301	上午9:00~11:00	D:\\考生照片\\202010005.jpg

图1.32–2

Tips：照片字段F2单元格的公式可以写为："D:\\考生照片\\"&B2&".jpg"。

（3）在Word中制作好准考证样式，并使用"邮件合并"工具导入"考生名单.xlsx"，分别将"合并域"插入到指定位置，如图1.32–3。

2020年×××××××考试准考证

姓　　名	«姓名»	
身份证号	«身份证号»	
准考证号	«准考证号»	
考场位置	«考场»	
考试时间	«考试时间»	

图1.32–3

（4）将光标移动到照片所在单元格，点击"插入"选项卡，选择"文本"选项组"文档部件"按钮，选择"域"选项，在"域设置"对话框中，选择"域名"为"IncludePicture"，域属性文件名或URL填写为"照片"，见图1.32–4。

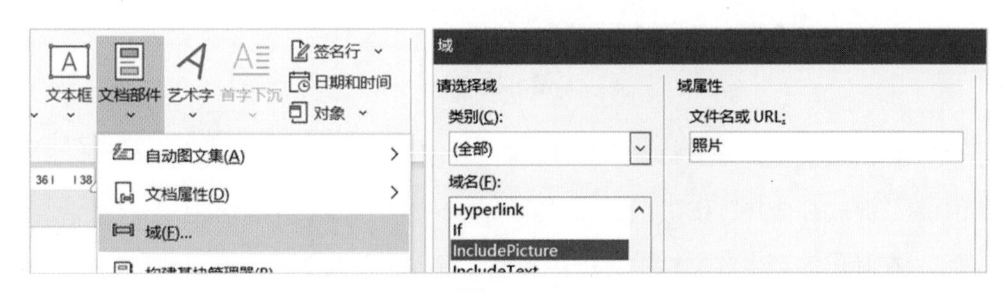

图1.32–4

设置后，准考证样式见图1.32–5。

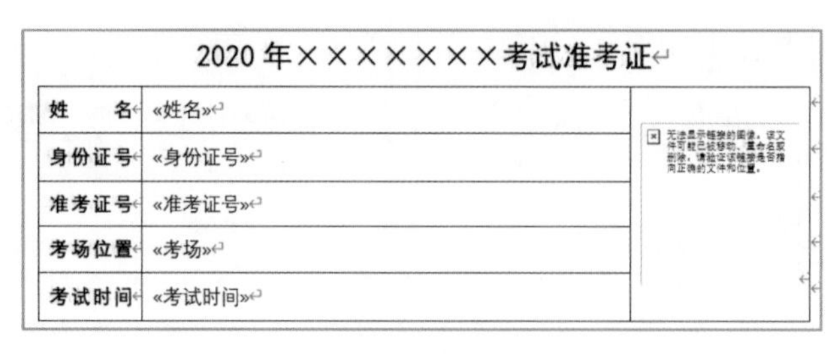
2020 年×××××××考试准考证

姓　　名	«姓名»	
身份证号	«身份证号»	
准考证号	«准考证号»	
考场位置	«考场»	
考试时间	«考试时间»	

图 1.32-5

（5）按快捷键 Alt+F9，所有的“域标签”都发生了变化，图片也变成了一段代码，鼠标左键拉拽选中“照片”二字，见图 1.32-6。

姓　　名	{ MERGEFIELD 姓名 }	{ INCLUDEPICTURE "照片" * MERGEFORMAT }
身份证号	{ MERGEFIELD 身份证号 }	
准考证号	{ MERGEFIELD 准考证号 }	
考场位置	{ MERGEFIELD 考场 }	
考试时间	{ MERGEFIELD 考试时间 }	

图 1.32-6

（6）点击“邮件”选项卡，在“编写和插入域”选项组中选择“插入合并域”按钮，点击“照片”选项，照片代码发生变化，见图 1.32-7。

姓　　名	{ MERGEFIELD 姓名 }	{ INCLUDEPICTURE "{ MERGEFIELD 照片 }" * MERGEFORMAT }
身份证号	{ MERGEFIELD 身份证号 }	
准考证号	{ MERGEFIELD 准考证号 }	
考场位置	{ MERGEFIELD 考场 }	
考试时间	{ MERGEFIELD 考试时间 }	

图 1.32-7

（7）再次按快捷键 Alt+F9，恢复页面，点击“邮件”选项卡，选择“完成”选项组中的“完成并合并”按钮，选择“编辑单个文档”选项并确定。

（8）在弹出的新生成文档中，按快捷键 Ctrl+A 全选文档，点击 F9 键刷新页面，所有准考证照片即可显示出来。

2. 一张 A4 纸怎么排列多个准考证?

在已经制作好的文档中，点击“邮件”选项卡，在“开始邮件合并”选项组中选择“开始邮件合并”按钮，选择“目录”选项即可，在“完成并合并”时，准考证会多个排列到新生成的文档中，见图 1.32-8。

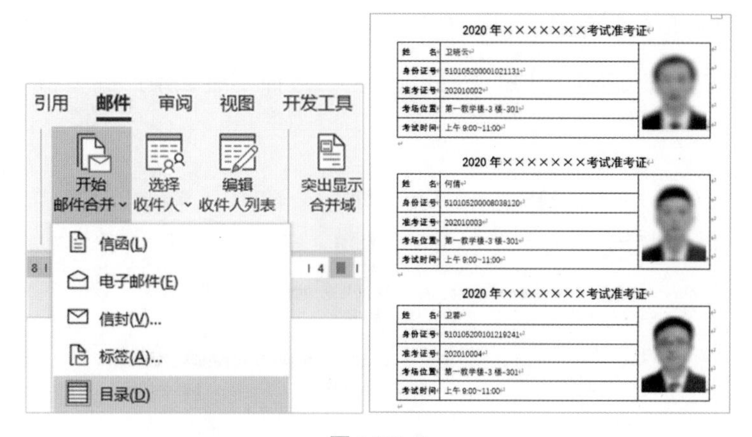

图 1.32–8

1.33 怎样批量生成二维码？

扫一扫

（1）Windows操作系统必须先安装日本语语言包，以Windows 10为例，点击“开始”菜单，选择“设置”，点击“时间和语言”按钮，选择“语言”选项卡，点击“添加首选的语言”按钮，输入“日本”后选择安装即可，见图1.33–1。

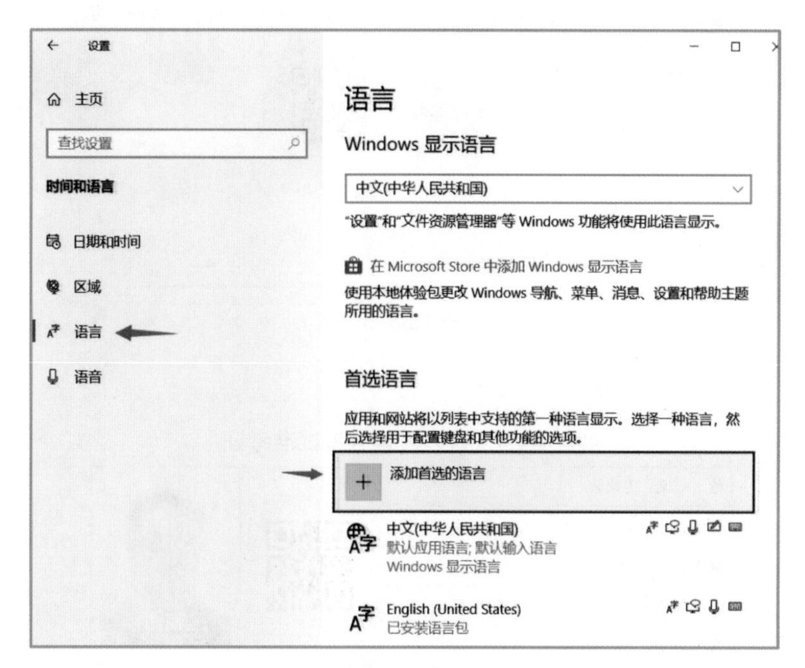

图 1.33–1

（2）在需要插入二维码区域的位置点击“邮件”选项卡，选择“编辑和插入域”选项组中的“插入条形码域”按钮，点击“选择字段和条形码类型”选项，见图 1.33–2。

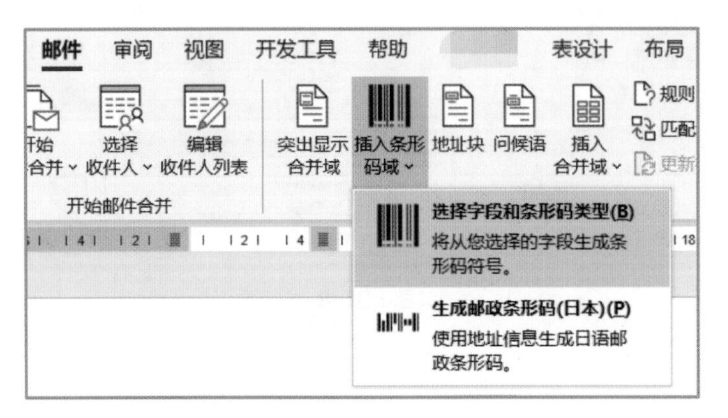

图 1.33–2

（3）选择要转化为二维码的字段，“条形码类型”选择“QR 代码”后即可插入二维码，见图 1.33–3。

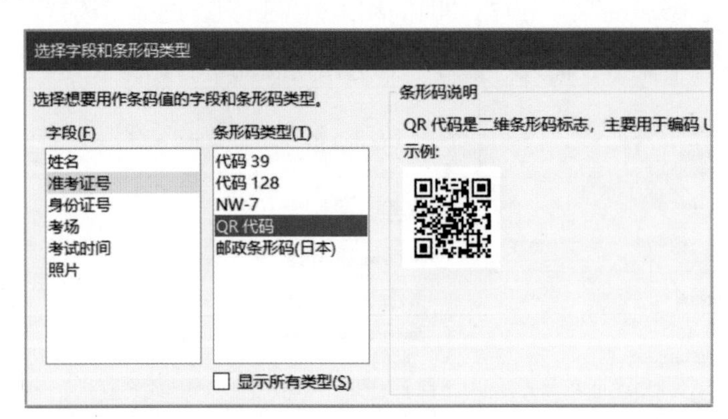

图 1.33–3

生成二维码的准考证见图 1.33–4。

2020 年××××××考试准考证

姓　　名	卫晓云
身份证号	510105200101219241
准考证号	202010004
考场位置	第一教学楼-3 楼-301
考试时间	上午 9:00-11:00

图 1.33–4

1.34 怎样快速将一个文档中要查找的关键词全部用红色表示?

要将图 1.34–1 文档中所有“PowerPoint”文字快速改为红色，怎样操作?

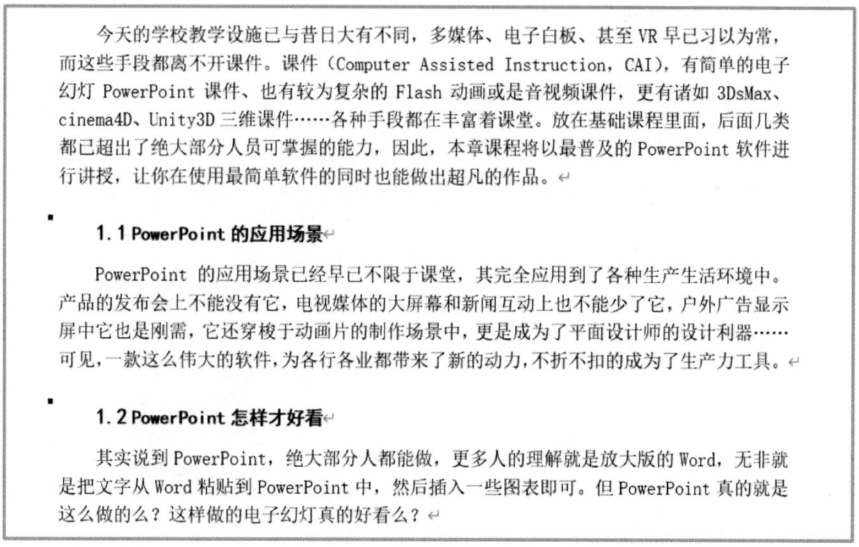

今天的学校教学设施已与昔日大有不同，多媒体、电子白板、甚至 VR 早已习以为常，而这些手段都离不开课件。课件（Computer Assisted Instruction，CAI），有简单的电子幻灯 PowerPoint 课件、也有较为复杂的 Flash 动画或是音视频课件，更有诸如 3DsMax、cinema4D、Unity3D 三维课件……各种手段都在丰富着课堂。放在基础课程里面，后面几类都已超出了绝大部分人员可掌握的能力，因此，本章课程将以最普及的 PowerPoint 软件进行讲授，让你在使用最简单软件的同时也能做出超凡的作品。

1.1 PowerPoint 的应用场景

PowerPoint 的应用场景已经早已不限于课堂，其完全应用到了各种生产生活环境中。产品的发布会上不能没有它，电视媒体的大屏幕和新闻互动上也不能少了它，户外广告显示屏中它也是刚需，它还穿梭于动画片的制作场景中，更是成为了平面设计师的设计利器……可见，一款这么伟大的软件，为各行各业都带来了新的动力，不折不扣的成为了生产力工具。

1.2 PowerPoint 怎样才好看

其实说到 PowerPoint，绝大部分人都能做，更多人的理解就是放大版的 Word，无非就是把文字从 Word 粘贴到 PowerPoint 中，然后插入一些图表即可。但 PowerPoint 真的就是这么做的么？这样做的电子幻灯真的好看么？

图 1.34–1

（1）点击“开始”选项卡，点击“编辑”选项组替换按钮（快捷键 Ctrl+H），弹出“查找和替换”对话框，见图 1.34–2。

查找(D) 替换(P) 定位(G)

查找内容(N):

选项: 区分全/半角

替换为(I):

更多(M) >> 替换(R) 全部替换(A) 查找下一处(F) 取消

图 1.34–2

（2）点击“查找和替换”对话框左下方的“更多”按钮，在“查找内容”单元格中填写“PowerPoint”，在“替换为”单元格中填写“PowerPoint”，光标停留在

“替换为”单元格，点击对话框左下方的“格式”按钮，选择“字体”选项，将“字体颜色”设置为“红色”，见图 1.34–3。

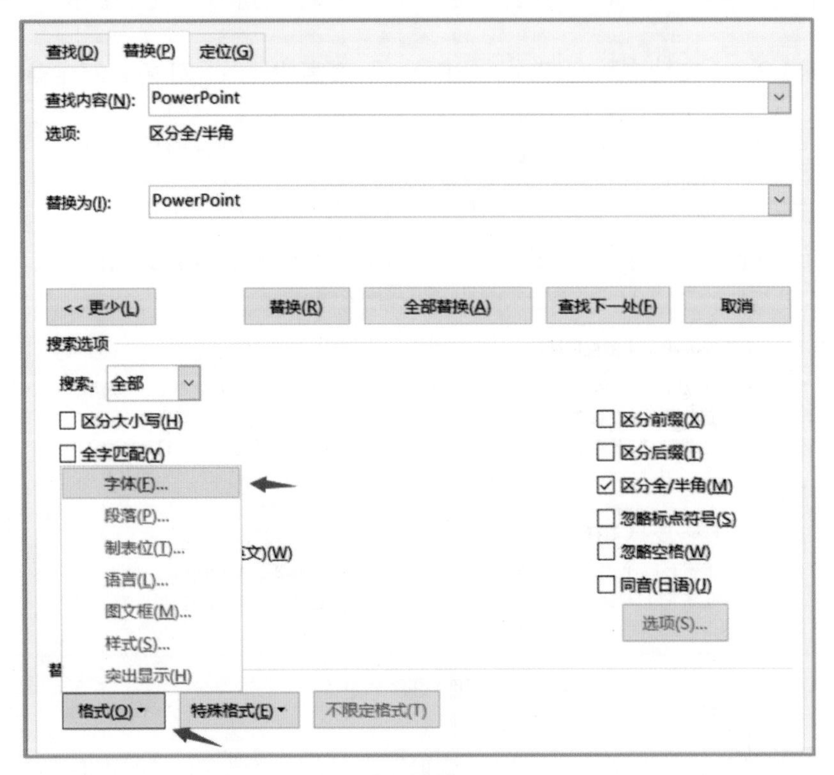

图 1.34–3

（3）在“替换为”文本框下方有了提示内容“字体颜色：红色”，见图 1.34–4。

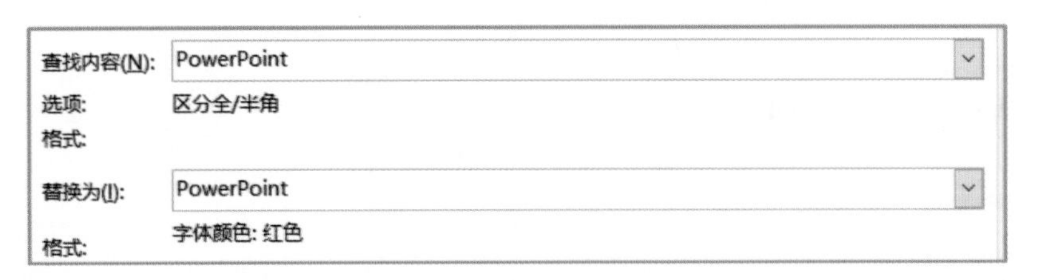

图 1.34–4

（4）点击“全部替换”按钮，文档中所有“PowerPoint”文字全部变为红色，见图 1.34–5。

今天的学校教学设施已与昔日大有不同，多媒体、电子白板、甚至 VR 早已习以为常，而这些手段都离不开课件。课件（Computer Assisted Instruction，CAI），有简单的电子幻灯 PowerPoint 课件、也有较为复杂的 Flash 动画或是音视频课件，更有诸如 3DsMax、cinema4D、Unity3D 三维课件……各种手段都在丰富着课堂。放在基础课程里面，后面几类都已超出了绝大部分人员可掌握的能力，因此，本章课程将以最普及的 PowerPoint 软件进行讲授，让你在使用最简单软件的同时也能做出超凡的作品。

1.1 PowerPoint 的应用场景

PowerPoint 的应用场景已经早已不限于课堂，其完全应用到了各种生产生活环境中。产品的发布会上不能没有它，电视媒体的大屏幕和新闻互动上也不能少了它，户外广告显示屏中它也是刚需，它还穿梭于动画片的制作场景中，更是成为了平面设计师的设计利器……可见，一款这么伟大的软件，为各行各业都带来了新的动力，不折不扣的成为了生产力工具。

1.2 PowerPoint 怎样才好看

其实说到 PowerPoint，绝大部分人都能做，更多人的理解就是放大版的 Word，无非就是把文字从 Word 粘贴到 PowerPoint 中，然后插入一些图表即可。但 PowerPoint 真的就是这么做的么？这样做的电子幻灯真的好看么？

图 1.34–5

1.35 网上复制的文稿中有很多空格和换行，怎样快速去掉?

扫一扫

在网上复制的文稿，常常会出现很多空格和换行（见图 1.35–1），导致版式很乱，怎样才能快速去掉?

1946 年 2 月 14 日，世界上第一台电子数字计算机 Eniac 诞生于 美国 宾夕 法尼亚大学，从此开启了计 算机技术的缤 纷发展史。

自 Eniac 诞生 至今，
计算 机经历了几代 的发展，不论是体积、性能还 是其应 用范围，都发 生了翻天 覆地的变化。 几十年前 ，计算机对人类的影响还局限于
科学研究和数学计算等少数人可 接触的层面。通 过短短几 十年的发展，
计算机已迅速发展成为人类工 作和生活 中必不可少的工具。

图 1.35–1

1. 去掉所有的空格

（1）使用快捷键 Ctrl+H 打开“查找和替换”对话框，将光标停留到“查找内容”单元格，点击最下方的“特殊格式”按钮，选择“空白区域”选项。

（2）“替换为”单元格不用填写任何内容。

（3）取消勾选“区分全 / 半角”选项。

（4）点击“全部替换”按钮即可。

操作界面见图 1.35–2。

图 1.35-2

2. 去掉多余的换行

（1）再次打开“查找和替换”对话框，将光标停留到“查找内容”单元格，点击最下方的“特殊格式”按钮，选择“手动换行符”选项。

（2）“替换为”单元格不用填写任何内容。

（3）点击“全部替换”按钮即可。

Tips：（1）文档中↓图标为手动换行符，↵图标为段落标记，可根据图标判断替换项目。

（2）如果要保留正确的换行（或换段），只是去掉重复换行（或换段），可在“查找内容”单元格中点击两次手动换行符（或段落标记）选项，“替换为”单元格中点击一次手动换行符（或段落标记）选项。

1.36 怎样才能看出对方在我的文档里修改的情况？

自己的文档发给对方修改后，由于没有打开“修订模式”，对方也没有使用“批注”工具，如何查找被修改的位置？

（1）点击“审阅”选项卡，选择“比较”选项组中的“比较”按钮，见图1.36-1。

图 1.36-1

（2）在“比较文档”对话框中，“原文档”选择原始的文档，“修订的文档”选择对方修改过的文档，然后点击“确定”，见图1.36-2。

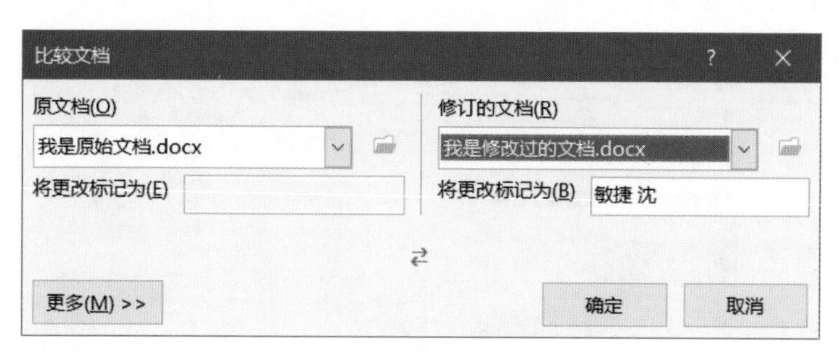

图 1.36-2

（3）生成了一个新的文档，以“修订模式”将所有修改过的情况都展示出来，见图1.36-3。

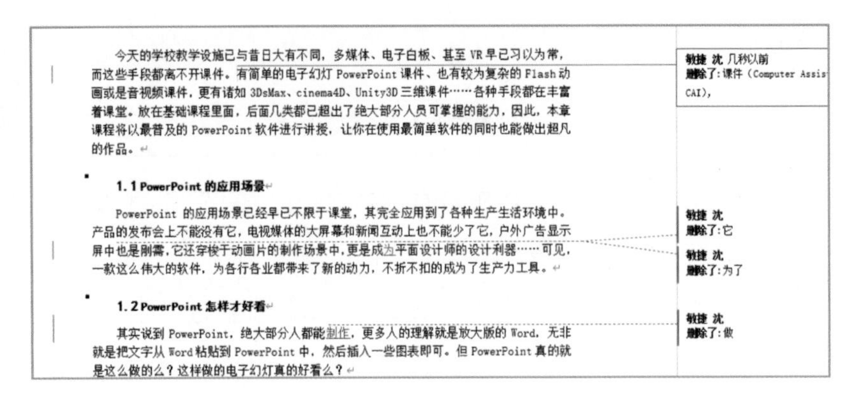

图 1.36–3

1.37 合同文档怎样实现局部地方可编辑修改？

扫一扫

作为公司标准的合同模板，很多格式条款已经是法律专家审核过的，但发给对方后，总会出现有些条款被修改的情况，能否对合同文档设置限定，只能局部地方可编辑修改？

（1）点击“审阅”选项卡，选择“保护”选项组的“限制编辑”按钮。

（2）按住 Ctrl 键，鼠标左键拖选允许编辑的文字区域，通过鼠标滚轮可换页。

（3）在右侧“限制编辑”对话框勾选“仅允许在文档中进行此类型的编辑”，下拉菜单选择“不允许任何更改（只读）”，“例外项”勾选“每个人”，点击“是，启动强制保护”按钮，见图 1.37–1。

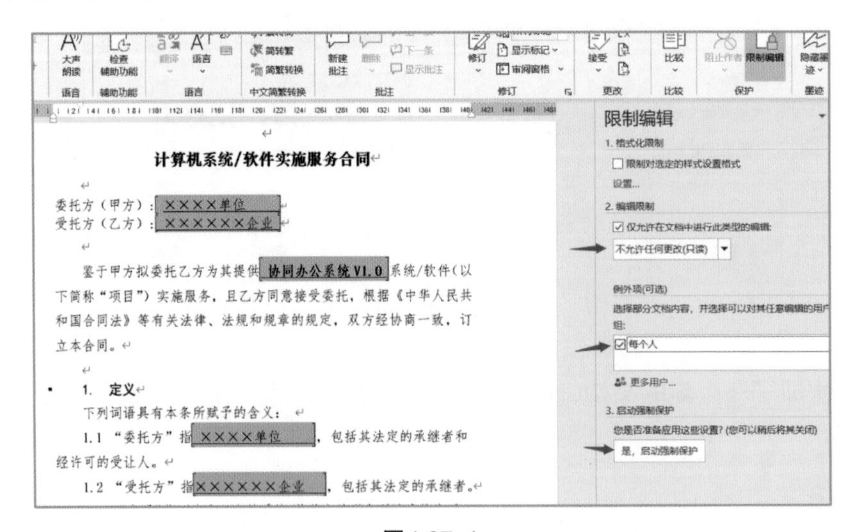

图 1.37–1

（4）在弹出的“启动强制保护”对话框中，设置“密码”后确定，见图1.37-2。

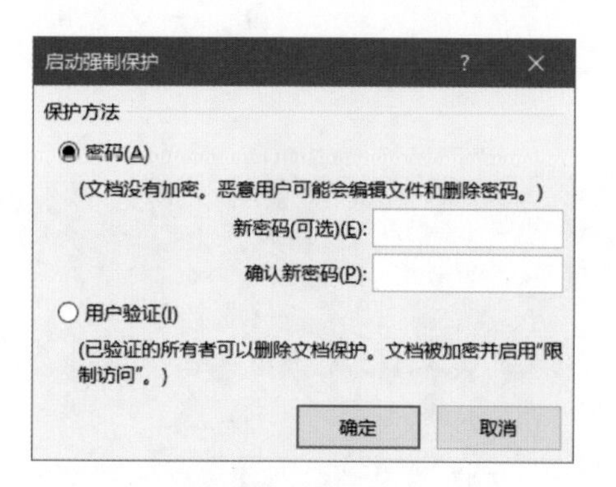

图1.37-2

（5）此时文档会发生变化，浅黄色区域为可编辑区域，其他区域无法编辑，除非在“限制编辑”中，设置“停止保护”，才能修改文档所有区域，见图1.37-3。

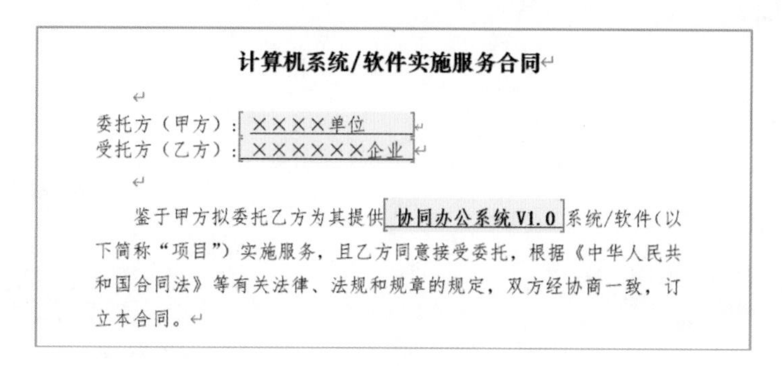

计算机系统/软件实施服务合同

委托方（甲方）：××××单位

受托方（乙方）：××××××企业

鉴于甲方拟委托乙方为其提供**协同办公系统V1.0**系统/软件（以下简称“项目”）实施服务，且乙方同意接受委托，根据《中华人民共和国合同法》等有关法律、法规和规章的规定，双方经协商一致，订立本合同。

图1.37-3

1.38 文档设置了页面背景颜色或背景图，为什么打印不出来？

扫一扫

点击“设计”选项卡，在“页面背景”选项组中，点击“页面颜色”按钮可以对Word页面设置背景颜色或背景图，但打印的时候却没法打印出来，见图1.38-1，怎样解决？

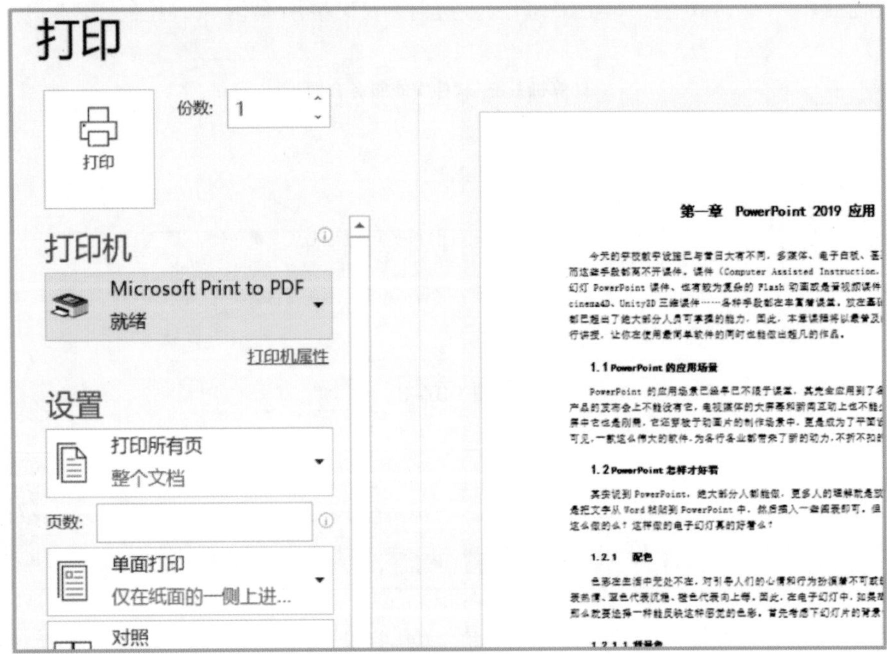

图 1.38-1

（1）点击“文件”选项卡，选择“选项”按钮，在弹出的“Word选项”对话框中，点击“显示”选项卡。

（2）在右侧“打印选项”中勾选“打印背景色和图像”即可打印，见图 1.38-2。

图 1.38–2

扫一扫

1.39 怎样打印才能节约纸张?

有时打印文档只是为了看看排版效果或校对文字，除了双面打印外，还有什么办法可以节约纸张?

点击“文件”选项卡，选择“打印”选项，在弹出的“打印设置对话框”中，点击“每版打印 1 页”按钮，可根据实际需要，选择“每版打印 2 页”或其他选项，见图 1.39–1。这样，就可以在一页纸上打印多页文档内容了。

图 1.39–1

1.40 怎样将Word中的图片快速保存出来?

很多时候，需要将Word文档中的图片单独保存，一张一张的点击“另存为”很麻烦，有什么快速的方法?

（1）复制该文档，将该文档的扩展名“.docx”改为“.zip”，见图1.40–1。

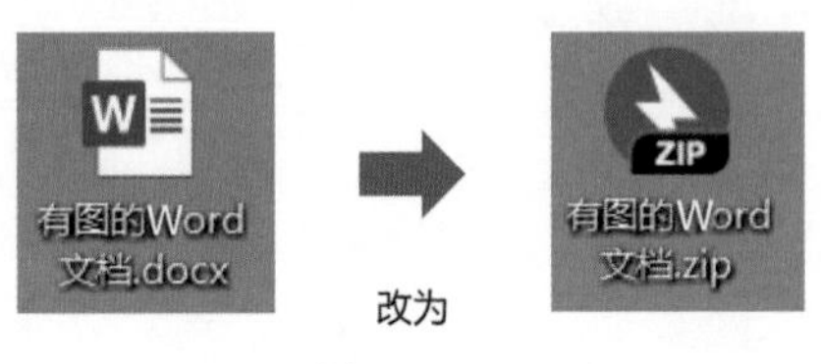

图1.40–1

（2）将该zip文档解压，打开解压文件夹中的Word文件夹，在其中的media文件夹里就是Word文档中所有的图片，见图1.40–2。

图1.40–2

Tips：若是低版本文档（扩展名.doc），需先将文档另存为高版本（扩展名.docx）后才能操作，本方法也同样适用于PowerPoint。

|第 2 章|

Excel 应用技巧

扫一扫

2.1 双击Excel文件图标，文档无法显示怎样解决?

有时会出现双击Excel文件图标，Excel启动后，文件并没有打开，只是显示了Excel窗口的情况（见图2.1–1），必须通过“文件”选项卡的“打开”选项才能打开文件，或是将文件图标拖拽进灰色窗口才能打开，有什么办法解决?

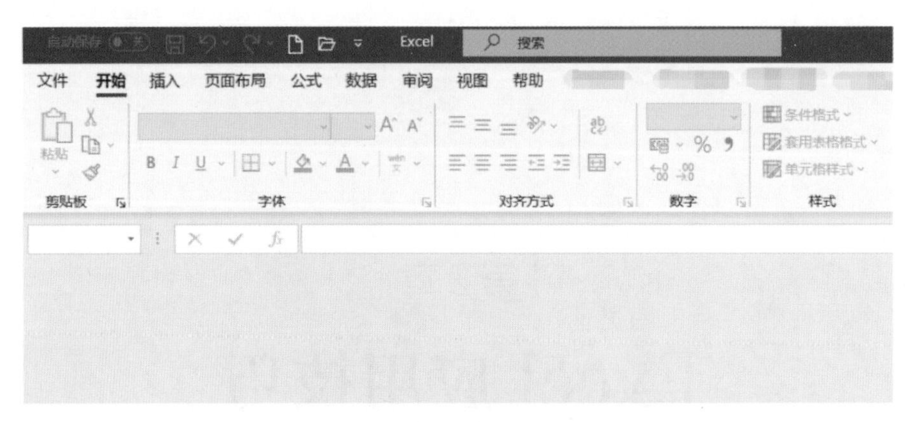

图2.1–1

（1）按快捷键 Win+R，打开“运行”对话框，输入“regedit”后点击“确定”按钮，见图2.1–2。

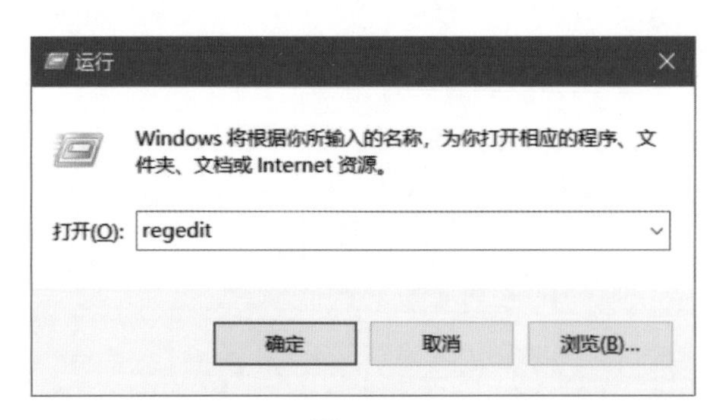

图2.1–2

（2）在打开的“注册表编辑器”对话框中，点击展开“HKEY_CLASSES_ROOT”，见图2.1–3。

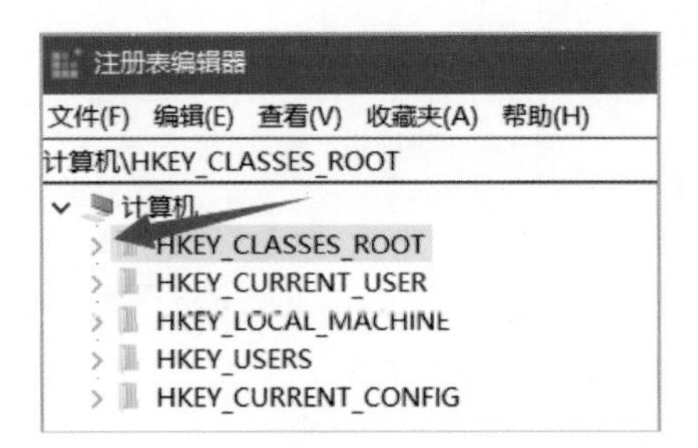

图2.1-3

（3）找到“HKEY_CLASSES_ROOT\Excel.Sheet.12”并展开，见图2.1-4。

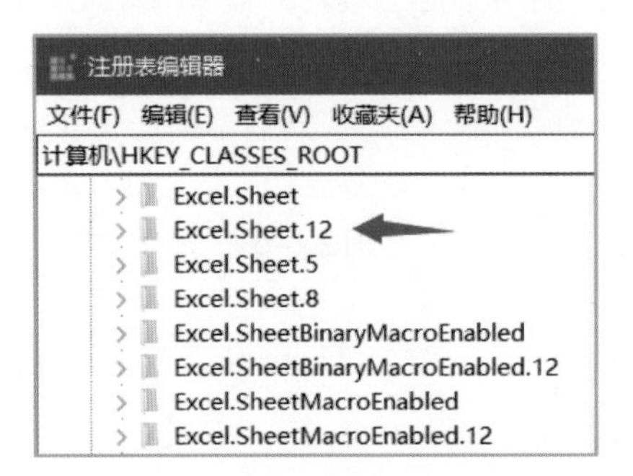

图2.1-4

（4）依次进入“Excel.Sheet.12\shell\Open\command ”目录下，双击右侧的“默认”键值，见图2.1-5。

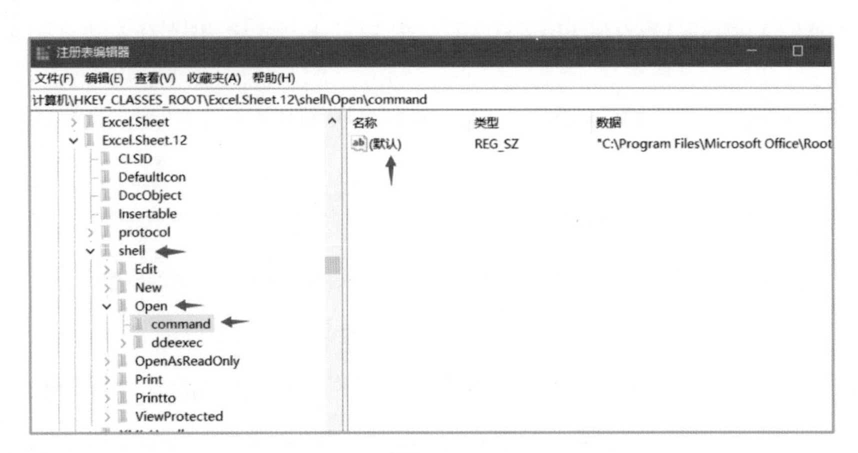

图2.1-5

（5）在弹出的“编辑字符串”对话框中，把"C:\Program Files\……\EXCEL.EXE" /dde中的后缀/dde 改为"%1"后，点击“确定”即可解决，见图2.1-6。

数值名称(N):

(默认)

数值数据(V):

"C:\Program Files\Microsoft Office\Root\Office16\EXCEL.EXE" /dde

确定 取消

修改前

数值名称(N):

(默认)

数值数据(V):

"C:\Program Files\Microsoft Office\Root\Office16\EXCEL.EXE" "%1"

确定 取消

修改后

图2.1-6

（6）若遇到通过QQ或微信中接收的Excel文档直接点击打不开的情况时，可按照上述方法，将Excel.Sheet.8\shell\Open\command中右侧“默认”键值的"C:\Program Files\……\EXCEL.EXE" /dde中的后缀/dde 改为"%1"后，点击“确定”即可解决。

扫一扫

2.2怎样提取身份证号中的地区代码、生日、性别并计算年龄?

我国的身份证号中包含了多种信息，以510105199011178997为例，具体编码规则为：

（1）510105：第1~6位为行政区划代码，51是省、01是市、05是区县。

（2）19901117：第7~14位为出生年月日，采用YYYYMMDD格式。

（3）899：第15~17位为顺序码，表示在同一地址码所标识的区域范围内，对同年、同月、同日出生的人编订的顺序号，其中第17位的奇数分配给男性，偶数分配给女性。

（4）7：最后1位为校验码，采用ISO 7064：1983，MOD 11-2校验字符系统生成，用来检验身份证的正确性，值是0~10，其中10用X表示。

Tips：Excel单元格要输入身份证号，需先将单元格格式改为文本，或是在身份证号前加一个英文单引号'，否则身份证号将会显示为科学计数法。

通过上述身份证号编码规则，可以通过Excel提取出相应信息（见图2.2−1），具体操作如下：

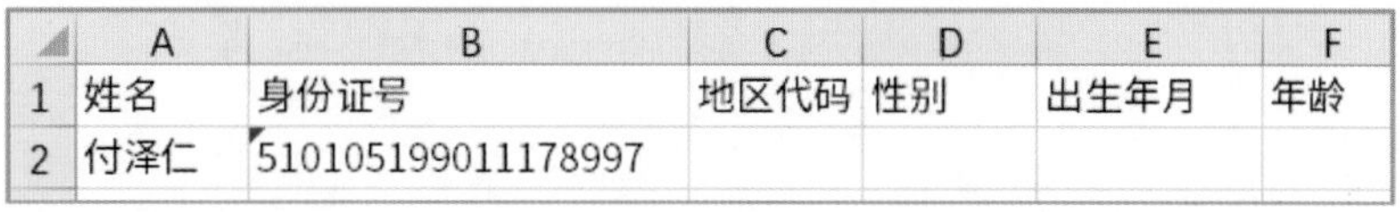

A
B
C
D
E
F
1 姓名
身份证号
地区代码
性别
出生年月
年龄
2 付泽仁
510105199011178997

图2.2−1

1. 提取地区代码

C2单元格输入：=LEFT（B2,6），见图2.2−2。

C2
=LEFT(B2,6)
A
B
C
D
1 姓名
身份证号
地区代码
性别
2 付泽仁
510105199011178997
510105

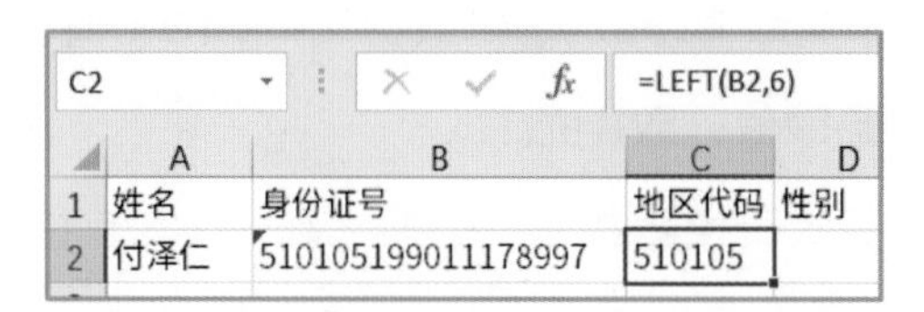

图2.2−2

LEFT函数（从最左取值函数）。函数含义：LEFT（值，从最左取几位）从B2单元格值的最左边取值到第6位。

2. 性别

D2单元格输入：=IF（MOD（MID（B2,17,1）,2）,"男","女"），见图2.2−3。

D2
=IF(MOD(MID(B2,17,1),2),"男","女")
A
B
C
D
E
1 姓名
身份证号
地区代码
性别
出生年月
2 付泽仁
510105199011178997
510105
男

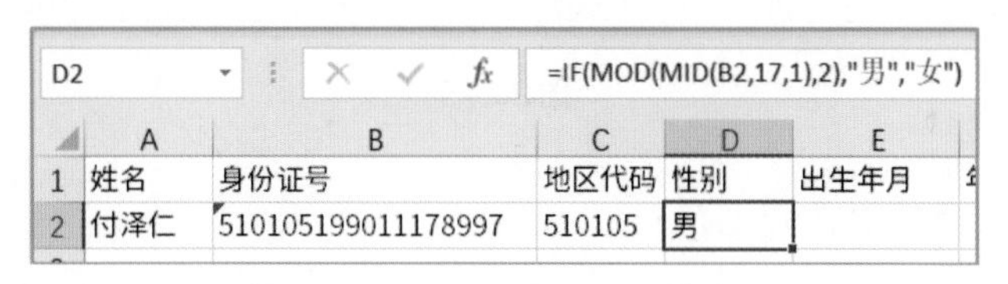

图2.2−3

此处用到了3个函数，分别是：

（1）MID函数（从中间取值函数）。函数含义：MID（值，第几位开始，取几位）从B2单元格值第17位开始取值，取1位。

（2）MOD函数（求余函数）。函数含义：MOD（值，与值相除的数）求值和2做除法运算后的余数。

（3）IF函数（条件判断函数）。函数含义：IF（条件，满足，不满足）如果有余数，则返回值“男”，否则返回值“女”。

3. 出生年月

E2单元格输入：=TEXT（MID（B2,7,8）,"0-00-00"），见图2.2-4。

E2　=TEXT(MID(B2,7,8),"0-00-00")

	A	B	C	D	E
1	姓名	身份证号	地区代码	性别	出生年月
2	付泽仁	510105199011178997	510105	男	1990-11-17

图2.2-4

此处用到了2个函数，分别是：

（1）MID函数（从中间取值函数）。函数含义：MID（值，第几位开始，取几位）从B2单元格值第7位开始取值，取8位。

（2）TEXT函数（格式转换函数）。函数含义：TEXT（值，转化的格式）将获取到的数值19901117转换成标准的1990-11-17日期格式。

4. 年龄

F2单元格输入：=DATEDIF（E2,TODAY（）,"Y"），见图2.2-5。

F2　=DATEDIF(E2,TODAY(),"Y")

	A	B	C	D	E	F
1	姓名	身份证号	地区代码	性别	出生年月	年龄
2	付泽仁	510105199011178997	510105	男	1990-11-17	29

图2.2-5

此处用到了2个函数，分别是：

（1）TODAY函数（当前日期函数）。函数含义：TODAY（）获取当前日期。

（2）DATEDIF函数（日期比较函数）。函数含义：DATEDIF（日期1，日期2，比较方式）将E2的日期与当前日期比较，计算年数差。

Tips：“Y”表示计算年数差，若改为“M”表示计算月数差，“D”表示计算天数差。

2.3 怎样将身份证号的地区代码转化为汉字?

在 2.2 "怎样提取身份证号中的地区代码、生日、性别并计算年龄?"案例中，能将地区代码提取出来，但怎样才能转化为汉字?

(1) 将行政区划代码表以 Excel 文档保存，见图 2.3-1。

	A	B	C
1	代码	名称	地区类型
2	510100	四川省成都市	省会城市
3	510101	四川省成都市市辖区	省会城市
4	510104	四川省成都市锦江区	省会城市
5	510105	四川省成都市青羊区	省会城市
6	510106	四川省成都市金牛区	省会城市
7	510107	四川省成都市武侯区	省会城市
8	510108	四川省成都市成华区	省会城市
9	510112	四川省成都市龙泉驿区	省会城市
10	510113	四川省成都市青白江区	省会城市
11	510114	四川省成都市新都区	省会城市
12	510115	四川省成都市温江区	省会城市
13	510116	四川省成都市双流区	省会城市
14	510117	四川省成都市郫都区	省会城市
15	510121	四川省金堂县	县

名单　行政区划代码表

图 2.3-1

(2) 在"名单"表中，增加一列，命名为"地区"，见图 2.3-2。

	A	B	C	D	E	F	G
1	姓名	身份证号	地区代码	性别	出生年月	年龄	地区
2	付泽仁	510105199011178997	510105	男	1990-11-17	29	

图 2.3-2

(3) G2 单元格输入：=VLOOKUP(C2,行政区划代码表!A:C,2,FALSE)，见图 2.3-3。

G2　=VLOOKUP(C2,行政区划代码表!A:C,2,FALSE)

	A	B	C	D	E	F	G
1	姓名	身份证号	地区代码	性别	出生年月	年龄	地区
2	付泽仁	510105199011178997	510105	男	1990-11-17	29	四川省成都市青羊区

图 2.3-3

VLOOKUP函数（查找函数）。函数含义：VLOOKUP（值，查找范围，返回第几列值，是否精确查询）在行政区划代码表的A～C列所有数据中，精确查找本表C2单元格的数据，返回第2列的值（TRUE为近似匹配，TALSE为精确匹配；也可以用1或0，0表示精确匹配）。

2.4 VLOOKUP公式写法无误，但出现“#N/A”报错怎样解决?

扫一扫

以2.3“怎样将身份证号的地区代码转化为汉字？”为例，“地区”单元格中VLOOKUP公式无误，但没有正确显示汉字，而是出现“#N/A”报错，见图2.4-1。

G2　=VLOOKUP(C2,行政区划代码表!A:C,2,FALSE)

	A	B	C	D	E	F	G
1	姓名	身份证号	地区代码	性别	出生年月	年龄	地区
2	付泽仁	510105199011178997	510105	男	1990-11-17	9	#N/A

图2.4-1

出现这种情况，一般是两种原因，一是查询表中没有匹配的数据，二是单元格格式的问题。

身份证号的单元格格式是文本格式，因此提取的地区代码会自动转化为文本格式，若行政区划代码表中的“代码”字段值是常规格式，使用VLOOKUP时，就没法正确提取值，而是出现“#N/A”的报错，见图2.4-2。

图2.4-2

此时，只需将行政区划代码表中“代码”字段值的“单元格格式”改为“文本”即可。

需要注意的是，因单元格内容是数值，即使将单元格格式从常规改为文本，也不会自动转化，必须双击单元格后才能生效。若想批量解决，可采取以下方法：

（1）以上述案例为例，点击A，全选A列，设置单元格格式为“文本”。

（2）点击A，全选A列，快捷键Ctrl+C复制内容。

（3）打开记事本程序，快捷键Ctrl+V粘贴内容。

（4）回到Excel文档，点击A，全选A列，按 Delete键，删除A列所有内容。

（5）回到记事本程序，快捷键Ctrl+A全选内容，Ctrl+C复制内容。

（6）回到Excel文档，点击A1单元格，快捷键Ctrl+V粘贴内容，这样A列的数值可全部批量转化为文本格式。

2.5 怎样根据成绩排出名次?

如图2.5–1所示，要根据总分将成绩表的排名列出来，怎样操作?

（1）RANK函数（排序函数）。

I2单元格输入：=RANK（H2,H2:H11,0）

函数含义：RANK（值，所在范围，排序方式）。H2在H2～H11范围中的排名，0为降序，1为升序，升降序可不填写，默认为降序。

	A	B	C	D	E	F	G	H	I
1	序号	学号	姓名	班级	语文	数学	英语	总分	排名
2	1	12001	张三	发电191	85	78	82	245	
3	2	12002	李四	发电191	92	98	86	276	
4	3	12003	王五	发电191	88	82	76	246	
5	4	12004	小明	发电191	89	88	93	270	
6	5	12005	小黄	发电191	89	76	92	257	
7	6	12006	小红	发电191	98	86	87	271	
8	7	12007	小李	发电191	78	82	82	242	
9	8	12008	小张	发电191	82	81	87	250	
10	9	12009	小周	发电191	95	89	86	270	
11	10	12010	小文	发电191	88	83	60	231	

图2.5–1

（2）将该公式改为：=RANK（H2,H$2:H$11）

H$2是混合引用，$是锁定行或列的符号，在行号或列号前面，在单元格填充向下拉拽的时候，H2：H11不会根据行号的变化而发生变化，见图2.5-2。

	A	B	C	D	E	F	G	H	I
1	序号	学号	姓名	班级	语文	数学	英语	总分	排名
2	1	12001	张三	发电191	85	78	82	245	8
3	2	12002	李四	发电191	92	98	86	276	1
4	3	12003	王五	发电191	88	82	76	246	7
5	4	12004	小明	发电191	89	88	93	270	3
6	5	12005	小黄	发电191	89	76	92	257	5
7	6	12006	小红	发电191	98	86	87	271	2
8	7	12007	小李	发电191	78	82	82	242	9
9	8	12008	小张	发电191	82	81	87	250	6
10	9	12009	小周	发电191	95	89	86	270	3
11	10	12010	小文	发电191	88	83	60	231	10

图2.5-2

（3）一般出现分数并列的情况时，后续应该继续排序，而使用上述方法会使排名出现缺失，可以使用以下公式：

=SUMPRODUCT（（H$2:H$11>=H2）/COUNTIF（H$2:H$11,H$2:H$11））

该公式比较复杂，就不专门解释了，只需要将H$2：H$11替换为实际排序的范围，将>=H2替换为实际需要判断的单元格编号。

（4）就算是相同分数，也不能排名一致，要根据Excel表格行自上而下的顺序来，同分排前的排名就靠前，可以使用以下公式：

=RANK（H2,H$2:H$11）+COUNTIF（H$2:H2,H2）-1

扫一扫

2.6怎样根据成绩判断出获奖等级？

需根据平均分来判断等级时（见图2.6-1），90分及以上：一等奖；85分到89分：二等奖；80分到84分：三等奖；75到79分：优秀奖；75分以下：继续努力。

	A	B	C	D	E	F	G	H	I	J	K
1	序号	学号	姓名	班级	语文	数学	英语	总分	平均分	排名	等级
2	1	12001	张三	发电191	85	78	82	245	81.67	8	
3	2	12002	李四	发电191	92	98	86	276	92.00	1	
4	3	12003	王五	发电191	88	82	76	246	82.00	7	
5	4	12004	小明	发电191	89	88	93	270	90.00	3	
6	5	12005	小黄	发电191	89	76	92	257	85.67	5	
7	6	12006	小红	发电191	98	86	87	271	90.33	2	
8	7	12007	小李	发电191	78	82	82	242	80.67	9	
9	8	12008	小张	发电191	82	81	87	250	83.33	6	
10	9	12009	小周	发电191	95	89	86	270	90.00	3	
11	10	12010	小文	发电191	88	83	60	231	77.00	10	

图2.6-1

此处会用到条件函数，常见的有两种方法：

1. IF函数（条件函数）

K2单元格输入：=IF（I2>=90,"一等奖",IF（I2>=85,"二等奖",IF（I2>=80,"三等奖",IF（I2>=75,"优秀奖","继续努力"）））），见图2.6-2。

K2 =IF(I2>=90,"一等奖",IF(I2>=85,"二等奖",IF(I2>=80,"三等奖",IF(I2>=75,"优秀奖","继续努力"))))

	A	B	C	D	E	F	G	H	I	J	K	O	P	Q	R
1	序号	学号	姓名	班级	语文	数学	英语	总分	平均分	排名	等级				
2	1	12001	张三	发电191	85	78	82	245	81.67	8	三等奖				
3	2	12002	李四	发电191	92	98	86	276	92.00	1	一等奖				

图2.6-2

函数含义：IF（条件，满足，不满足）如果I2大于等于90，则显示一等奖，否则如果I2大于等于85，则显示二等奖……。

2. IFS函数（条件函数）

K2单元格输入：=IFS（I2>=90,"一等奖",I2>=85,"二等奖",I2>=80,"三等奖",I2>=75,"优秀奖",I2<75,"继续努力"），见图2.6-3。

K2 =IFS(I2>=90,"一等奖",I2>=85,"二等奖",I2>=80,"三等奖",I2>=75,"优秀奖",I2<75,"继续努力")

	A	B	C	D	E	F	G	H	I	J	K	O	P	Q	R
1	序号	学号	姓名	班级	语文	数学	英语	总分	平均分	排名	等级				
2	1	12001	张三	发电191	85	78	82	245	81.67	8	三等奖				
3	2	12002	李四	发电191	92	98	86	276	92.00	1	一等奖				

图2.6-3

当条件较多时，IF函数嵌套太多层，而使用IFS函数会减少大量代码量。

函数含义：IFS（条件1，满足1，条件2，满足2……）。如果I2大于等于90，则显示一等奖，如果I2大于等于85，则显示二等奖……。

Tips：Office 2016及以上版本才支持IFS函数。

扫一扫

2.7 若各科目成绩均要60分以上才认定为合格，应怎样判断?

若成绩表中设定了“是否合格”的项目，语文、数学、英语均要60分及以上才算合格，见图2.7-1，怎样判断?

序号	学号	姓名	班级	语文	数学	英语	总分	平均分	是否合格
1	12001	张三	发电191	85	78	82	245	81.67	
2	12002	李四	发电191	92	98	86	276	92.00	
3	12003	王五	发电191	88	82	76	246	82.00	
4	12004	小明	发电191	89	88	93	270	90.00	
5	12005	小黄	发电191	89	76	92	257	85.67	
6	12006	小红	发电191	98	86	87	271	90.33	
7	12007	小李	发电191	78	82	82	242	80.67	
8	12008	小张	发电191	82	81	87	250	83.33	
9	12009	小周	发电191	95	89	86	270	90.00	
10	12010	小文	发电191	88	83	60	231	77.00	

图2.7-1

1. IF函数和AND函数

J2单元格输入：=IF（AND（E2>=60,F2>=60,G2>=60），"合格"，"不合格"），见图2.7-2。

J2　=IF(AND(E2>=60,F2>=60,G2>=60),"合格","不合格")

序号	学号	姓名	班级	语文	数学	英语	总分	平均分	是否合格
1	12001	张三	发电191	85	78	82	245	81.67	合格
2	12002	李四	发电191	92	98	59	249	83.00	不合格

图2.7-2

函数含义：IF（AND（条件1，条件2……），满足，不满足）。所有条件都满足，那么显示合格，否则显示不合格。

2. IF 函数和 OR 函数

如果此处改为语文、数学、英语任意一科 60 分及以上都算合格，那么只需使用 OR 函数即可。

J2 单元格输入：=IF（OR（E2>=60,F2>=60,G2>=60）,"合格","不合格"），见图 2.7–3。

J2　=IF(OR(E2>=60,F2>=60,G2>=60),"合格","不合格")

	A	B	C	D	E	F	G	H	I	J	R
1	序号	学号	姓名	班级	语文	数学	英语	总分	平均分	是否合格	
2	1	12001	张三	发电191	85	78	59	222	74.00	合格	
3	2	12002	李四	发电191	60	34	59	153	51.00	合格	

图 2.7–3

函数含义：IF（OR（条件1，条件2……），满足，不满足）。所有条件只要满足一个，那么显示合格，否则显示不合格。

扫一扫

2.8 怎样快速统计月度考勤表中的出勤情况？

怎样在图 2.8–1 的月度考勤表中快速统计出勤情况？

	A	B	C	D	E	F	G	H	I	J	K	L	M	N	O	P	Q	R	S	T	U	V	W	X	Y	Z	AA	AB	AC	AD	AE	AF	AG	AH	AI	AJ
1	××××××××××公司考勤登记表																																			
2	姓名	2020年3月																															考勤汇总			
3		1	2	3	4	5	6	7	8	9	10	11	12	13	14	15	16	17	18	19	20	21	22	23	24	25	26	27	28	29	30	31	正常	迟到	早退	旷工
4	尤娇娇	√	√	√	√	√	√	√	√	√	√	√	√	√	√	√	√	√	√	√	√	√	√	√	√	√	√	√	√	√	√	√				
5	吴丹珍	√	√	√	●	√	√	√	√	√	√	▲	√	√	√	√	√	√	√	√	√	√	√	√	×	√	√	√	√	√	√	√				
6	吴琼	√	√	√	√	√	√	√	√	√	√	√	√	√	●	√	√	√	√	√	√	√	√	√	√	√	▲	√	√	√	√	√				
7	周欣	√	√	√	√	√	√	√	●	√	√	√	√	√	√	√	√	√	√	√	●	√	√	√	√	√	√	√	√	●	√	√				
8	周梦娇	√	√	√	√	√	√	√	√	√	×	√	√	√	√	√	√	√	√	√	√	√	√	√	●	√	√	√	√	√	√	√				
9	吴夏青	√	√	√	√	√	√	√	√	√	√	√	√	√	√	▲	×	√	√	√	√	√	√	√	√	√	√	√	√	√	√	√				
10	戚琳	√	√	√	√	√	√	√	●	√	√	√	√	√	√	√	√	√	√	√	√	√	√	√	√	√	√	√	√	▲	√	√				
11	曹显	√	√	●	√	√	√	√	●	√	√	√	√	√	√	√	√	√	√	√	√	●	√	√	√	√	●	√	√	√	√	√				
12	李欣悦	√	√	√	√	√	√	√	√	√	√	√	√	●	√	√	√	√	√	√	√	●	√	√	√	√	√	√	√	√	√	√				
13	备注	√：正常　●：迟到　▲：早退　×：旷工																																		

图 2.8–1

1. 使用 COUNTIF 函数（计数函数）

在 AG4 单元格输入：=COUNTIF（B4:AF4,"√"），见图 2.8–2。

AG4 =COUNTIF(B4:AF4,"√")

A	B	C	D	E	F	G	H	I	J	K	L	M	N	O	P	Q	R	S	T	U	V	W	X	Y	Z	AA	AB	AC	AD	AE	AF	AG	AH	AI	AJ
××××××××××公司考勤登记表																																			
姓名	2020年3月																															考勤汇总			
	1	2	3	4	5	6	7	8	9	10	11	12	13	14	15	16	17	18	19	20	21	22	23	24	25	26	27	28	29	30	31	正常	迟到	早退	旷工
尤娇娇	√	√	√	√	√	√	√	√	√	√	√	√	√	√	√	√	√	√	√	√	√	√	√	√	√	√	√	√	√	√	√	31	0	0	0
吴丹珍	√	√	√	●	√	√	√	√	√	√	▲	√	√	√	√	√	√	√	√	√	√	√	√	×	√	√	√	√	√	√	√	28	1	1	1
吴琼	√	√	√	√	√	√	√	√	√	√	√	√	√	●	√	√	√	√	√	√	√	√	√	√	√	▲	√	√	√	√	√	29	1	1	0
周欣	√	√	√	√	√	√	√	●	√	√	√	√	√	√	√	√	√	√	√	●	√	√	√	√	√	√	√	√	●	√	√	28	3	0	0
周梦娇	√	√	√	√	√	√	√	√	√	×	√	√	√	√	√	√	√	√	√	√	√	√	√	●	√	√	√	√	√	√	√	29	1	0	1
吴夏青	√	√	√	√	√	√	√	√	√	√	√	√	√	√	▲	×	√	√	√	√	√	√	√	√	√	√	√	√	√	√	√	29	0	1	1
戚琳	√	√	√	√	√	√	√	●	√	√	√	√	√	√	√	√	√	√	√	√	√	√	√	√	√	√	√	√	▲	√	√	29	1	1	0
曹显	√	√	●	√	√	√	√	●	√	√	√	√	√	√	√	√	√	√	√	√	●	√	√	√	√	●	√	√	√	√	√	27	4	0	0
李欣悦	√	√	√	√	√	√	√	√	√	√	√	√	●	√	√	√	√	√	√	√	●	√	√	√	√	√	√	√	√	√	√	29	2	0	0
备注	√：正常 ●：迟到 ▲：早退 ×：旷工																																		

图2.8-2

函数含义：COUNTIF（范围，值）。在B4到AF4的范围中有多少个√。

2. 有多种考勤情况（见图2.8-3）的解决方法

A	B	C	D	E	F	G	H	I	J	K	L	M	N	O	P	Q	R	S	T	U	V	W	X	Y	Z	AA	AB	AC	AD	AE	AF	AG	AH	AI	AJ
××××××××××公司考勤登记表																																			
姓名	2020年3月																															考勤汇总			
	1	2	3	4	5	6	7	8	9	10	11	12	13	14	15	16	17	18	19	20	21	22	23	24	25	26	27	28	29	30	31	正常	迟到	早退	旷工
尤娇娇	√	√	√	√	√	√	√	√	√	√	√	√	√	√	√	√	√	√	√	√	√	√	√	√	√	√	√	√	√	√	√				
吴丹珍	√	√	√	●	√	√	√	√	√	√	▲	√	√	√	√	√	√	√	√	√	√	√	√	×	√	√	√	√	√	√	√				
吴琼	√	√	√	√	√	√	√	√	√	√	√	√	√	●▲	√	√	√	√	√	√	√	√	√	√	√	▲	√	√	√	√	√				
周欣	√	√	√	√	√	√	√	●▲	√	√	√	√	√	√	√	√	√	√	√	●	√	√	√	√	√	√	√	√	●	√	√				
周梦娇	√	√	√	√	√	√	√	√	√	×	√	√	√	√	√	√	√	√	√	√	√	√	√	●	√	√	√	√	√	√	√				
吴夏青	√	√	√	√	√	√	√	√	√	√	√	√	√	√	▲	×	√	√	√	√	√	√	√	√	√	√	√	√	√	√	√				
戚琳	√	√	√	√	√	√	√	●	√	√	√	√	√	√	√	√	√	√	√	√	√	√	√	√	√	√	√	√	▲	√	√				
曹显	√	√	●	√	√	√	√	●	√	√	√	√	√	√	√	√	√	√	√	√	●	√	√	√	√	●	√	√	√	√	√				
李欣悦	√	√	√	√	√	√	√	√	√	√	√	√	●	√	√	√	√	√	√	√	●	√	√	√	√	√	√	√	√	√	√				
备注	√：正常 ●：迟到 ▲：早退 ×：旷工																																		

图2.8-3

只需在AH4单元格输入：=COUNTIF（B4:AF4,"*●*"），见图2.8-4。

AH4 =COUNTIF(B4:AF4,"*●*")

A	B	C	D	E	F	G	H	I	J	K	L	M	N	O	P	Q	R	S	T	U	V	W	X	Y	Z	AA	AB	AC	AD	AE	AF	AG	AH	AI	AJ
××××××××××公司考勤登记表																																			
姓名	2020年3月																															考勤汇总			
	1	2	3	4	5	6	7	8	9	10	11	12	13	14	15	16	17	18	19	20	21	22	23	24	25	26	27	28	29	30	31	正常	迟到	早退	旷工
尤娇娇	√	√	√	√	√	√	√	√	√	√	√	√	√	√	√	√	√	√	√	√	√	√	√	√	√	√	√	√	√	√	√	31	0	0	0
吴丹珍	√	√	√	●	√	√	√	√	√	√	▲	√	√	√	√	√	√	√	√	√	√	√	√	×	√	√	√	√	√	√	√	28	1	1	1
吴琼	√	√	√	√	√	√	√	√	√	√	√	√	√	●▲	√	√	√	√	√	√	√	√	√	√	√	▲	√	√	√	√	√	29	1	2	0
周欣	√	√	√	√	√	√	√	●▲	√	√	√	√	√	√	√	√	√	√	√	●	√	√	√	√	√	√	√	√	●	√	√	28	3	1	0
周梦娇	√	√	√	√	√	√	√	√	√	×	√	√	√	√	√	√	√	√	√	√	√	√	√	●	√	√	√	√	√	√	√	29	1	0	1
吴夏青	√	√	√	√	√	√	√	√	√	√	√	√	√	√	▲	×	√	√	√	√	√	√	√	√	√	√	√	√	√	√	√	29	0	1	1
戚琳	√	√	√	√	√	√	√	●	√	√	√	√	√	√	√	√	√	√	√	√	√	√	√	√	√	√	√	√	▲	√	√	29	1	1	0
曹显	√	√	●	√	√	√	√	●	√	√	√	√	√	√	√	√	√	√	√	√	●	√	√	√	√	●	√	√	√	√	√	27	4	0	0
李欣悦	√	√	√	√	√	√	√	√	√	√	√	√	●	√	√	√	√	√	√	√	●	√	√	√	√	√	√	√	√	√	√	29	2	0	0
备注	√：正常 ●：迟到 ▲：早退 ×：旷工																																		

图2.8-4

函数含义：COUNTIF（范围，值）。在B4到AF4的范围中有多少个●。

Tips：在要计数的值前后分别加了*，代表模糊匹配。此方法可应用在当单元格中有多个内容时也能计数。

2.9 如何对数值四舍五入？

Excel虽然可以设置显示小数点几位，但实际上只解决了显示的问题，如果计算仍然会使用完整数据，而在实际中，对于数值的四舍五入会有多种情况：

1. 根据保留小数点几位的情况，四舍五入

ROUND函数（四舍五入函数）：

B2单元格输入：=ROUND（A1,2），见图2.9-1。

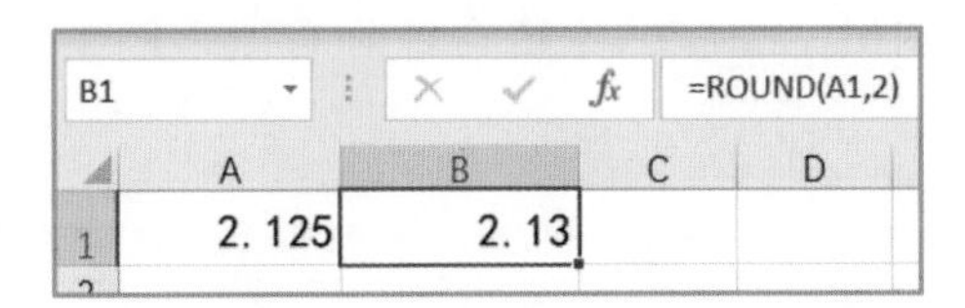

图2.9-1

函数含义：ROUND（值，小数点后保留几位）。保留A1小数点2位，四舍五入。

2. 根据保留小数点几位的情况，只入不舍

ROUNDUP函数（向上取整函数）：

B2单元格输入：=ROUNDUP（A1,2），见图2.9-2。

B1 =ROUNDUP(A1,2)

	A	B	C	D
1	2. 122	2. 13		
2	2. 120	2. 12		

图2.9-2

函数含义：ROUNDUP（值，小数点后保留几位）。保留A1小数点2位，只要2位后还有值就进1位。

3. 根据保留小数点几位的情况，只舍不入

ROUNDDOWN函数（向下取整函数）：

B2单元格输入：=ROUNDDOWN（A1,2），见图2.9-3。

B1 =ROUNDDOWN(A1,2)

	A	B	C	D	E
1	2.125	2.12			
2	2.120	2.12			

图2.9-3

函数含义：ROUNDDOWN（值，小数点后保留几位）。保留A1小数点2位，不管2位后是否还有值都舍掉。

2.10怎样从明细表中快速汇总各员工季度总收入（条件求和）?

扫一扫

要将左侧明细表中的员工季度的工资合计到右侧表格中，见图2.10-1，如何快速操作?

	A	B	C	D	E	F	G	H
1	姓名	月份	工资	绩效	合计		姓名	季度合计
2	窦寒	2020年1月	1800	572	2372		窦寒	
3	尤韵	2020年1月	1800	625	2425		尤韵	
4	严光琴	2020年1月	1800	568	2368		严光琴	
5	赵计香	2020年1月	1800	502	2302		赵计香	
6	窦寒	2020年2月	1800	500	2300			
7	尤韵	2020年2月	1800	425	2225			
8	严光琴	2020年2月	1800	385	2185			
9	赵计香	2020年2月	1800	285	2085			
10	窦寒	2020年3月	1800	642	2442			
11	尤韵	2020年3月	1800	564	2364			
12	严光琴	2020年3月	1800	625	2425			
13	赵计香	2020年3月	1800	752	2552			

图2.10-1

SUMIF函数（条件求和函数）：

在H2单元格中输入：=SUMIF（A$2:A$13,G2,E$2:E$13），见图2.10-2。

H2 =SUMIF(A$2:A$13,G2,E$2:E$13)

	A	B	C	D	E	F	G	H
1	姓名	月份	工资	绩效	合计		姓名	季度合计
2	窦寒	2020年1月	1800	572	2372		窦寒	7114
3	尤韵	2020年1月	1800	515	2315		尤韵	6904
4	严光琴	2020年1月	1800	568	2368		严光琴	6978
5	赵计香	2020年1月	1800	502	2302		赵计香	6939
6	窦寒	2020年2月	1800	500	2300			
7	尤韵	2020年2月	1800	425	2225			
8	严光琴	2020年2月	1800	385	2185			
9	赵计香	2020年2月	1800	285	2085			
10	窦寒	2020年3月	1800	642	2442			
11	尤韵	2020年3月	1800	564	2364			
12	严光琴	2020年3月	1800	625	2425			
13	赵计香	2020年3月	1800	752	2552			

图2.10–2

函数含义：SUMIF（条件范围，值，求和范围）。找出G2在A2～A13中出现的行，将其在E2～E13中的值求和。

扫一扫

2.11 怎样实现不同部门指定月份的收入合计（多条件求和）？

在2.10“怎样从明细表中快速汇总各员工季度总收入（条件求和）？”案例中可以用条件求和函数，但该案例只是一个条件，若要满足多个条件的值求和怎样操作？

输入不同的月份，各部门的收入会根据左侧明细表自动合计，见图2.11–1，如何快速操作？

	A	B	C	D	E	F	G	H	I
1								月份：	2020年2月
2	姓名	部门	月份	工资	绩效	合计		部门	收入合计
3	窦寒	销售部	2020年1月	1800	572	2372		技术部	
4	尤韵	销售部	2020年1月	1800	515	2315		销售部	
5	严光琴	技术部	2020年1月	1800	568	2368			
6	赵计香	技术部	2020年1月	1800	502	2302			
7	窦寒	销售部	2020年2月	1800	500	2300			
8	尤韵	销售部	2020年2月	1800	425	2225			
9	严光琴	技术部	2020年2月	1800	385	2185			
10	赵计香	技术部	2020年2月	1800	285	2085			
11	窦寒	销售部	2020年3月	1800	642	2442			
12	尤韵	销售部	2020年3月	1800	564	2364			
13	严光琴	技术部	2020年3月	1800	625	2425			
14	赵计香	技术部	2020年3月	1800	752	2552			

图2.11–1

SUMIFS函数（多条件求和函数）：

在I2单元格中输入：=SUMIFS（F$3:F$14,B$3:B$14,H3,C$3:C$14,I$1），见图2.11-2。

I3 =SUMIFS(F$3:F$14,B$3:B$14,H3,C$3:C$14,I$1)

	A	B	C	D	E	F	G	H	I
1								月份：	2020年2月
2	姓名	部门	月份	工资	绩效	合计		部门	收入合计
3	窦寒	销售部	2020年1月	1800	572	2372		技术部	4270
4	尤韵	销售部	2020年1月	1800	515	2315		销售部	4525
5	严光琴	技术部	2020年1月	1800	568	2368			
6	赵计香	技术部	2020年1月	1800	502	2302			

图2.11-2

函数含义：SUMIFS（求和范围，查找范围1，值1，查找范围2，值2…）条件1：找出B3值在B3～B14的范围中出现的行；条件2：找出I1值在C3～C14范围中出现的行；执行同时满足条件1和条件2的行在F3～F14范围中的值求和。

只需修改I2的值，各部门的月度收入合计会自动变化。

扫一扫

2.12单元格中出现的错误提示代码是什么含义?

Excel中使用公式后有时会出现一些错误提示的代码，如#N/A、#DIV/0!、#REF！等，这些代码是什么含义？

1 .#DIV/0 !

除数所在单元格为空或包含零值，见图2.12-1。

C1 =A1/B1

	A	B	C	D
1	15		#DIV/0!	
2	22	0	#DIV/0!	

图2.12-1

2. #N/A

在公式中引用的一些数据不可用，如查无数据或数据格式不对，见图2.12-2。

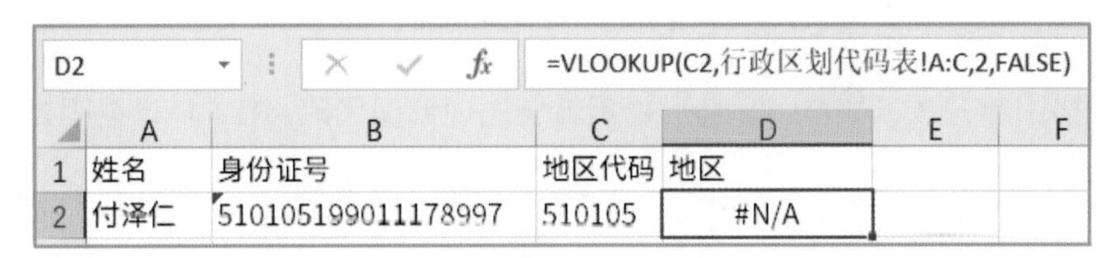

图2.12-2

3. #VALUE!

在公式中引用的一些数据非数值，无法计算，或当使用错误的参数或运算对象类型时，或者当公式自动更正功能不能更正公式时，如B1的值不是数值，见图2.12-3。

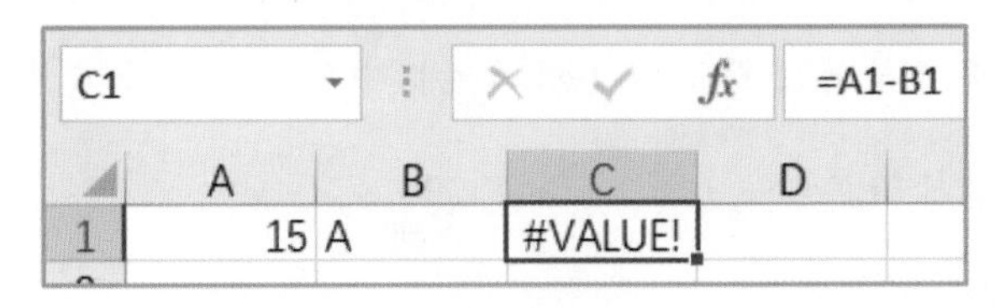

图2.12-3

4. #NUM!

无效或不匹配的参数，如求A1的平方根，但A1数值是负数，所以报错，见图2.12-4。

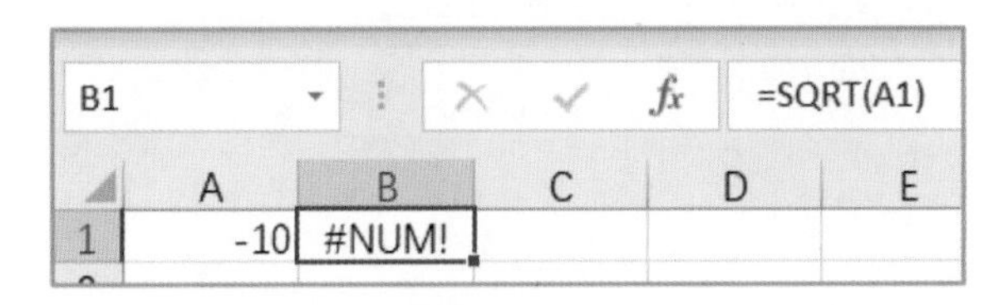

图2.12-4

5. #NAME?

公式函数拼写有误或使用了Excel不能识别的文本，或是在公式中输入文本时没有使用英文双引号，如求和应为SUM，但写成了SUN，见图2.12-5。

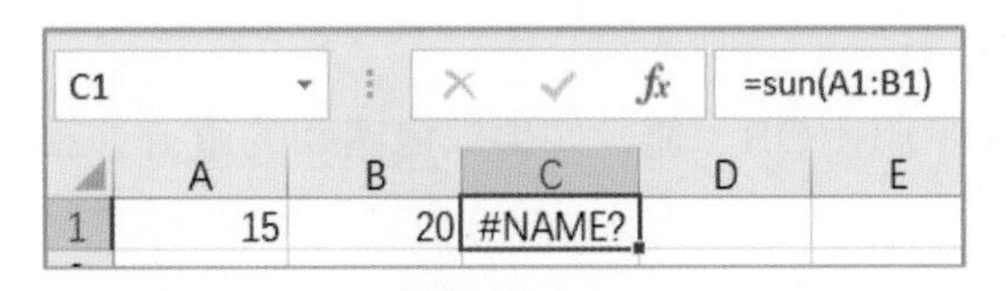

图2.12-5

6. #REF!

单元格引用无效，如C1复制到B2后就会出现错误代码#REF！，见图2.12-6。

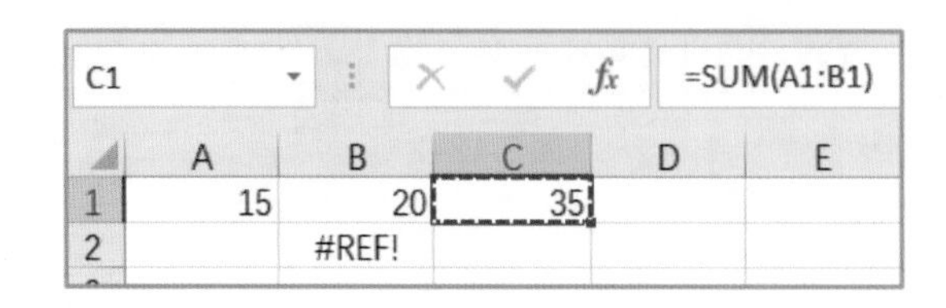

图2.12-6

Tips：复制了有公式的单元格，在粘贴时经常都会出现#REF！报错，而实际上大多数情况只是为了粘贴该复制单元格中的值，因此只需点击鼠标右键，粘贴选项选择值按钮 粘贴选项: 即可。

7. #####!

单元格所含的数字、日期或时间比单元格宽，或者单元格的日期时间公式产生了一个负值，就会产生#####！错误，见图2.12-7。

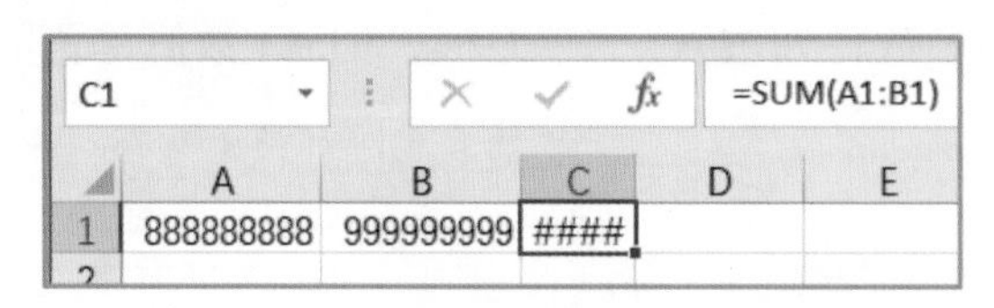

图2.12-7

2.13 怎样屏蔽Excel中#N/A等错误提示？

扫一扫

在2.12“单元格中出现的错误提示代码是什么含义？”中，介绍了常见的一些错误提示，但有时有些提示并不希望显示出来，如在使用VLOOKUP后，如果没有查询到值的单元格也会显示#N/A，可否直接就为空或是自定义提示？

IFERROR函数：

公式格式为：=IFFERROR（值，如果报错返回的值），见图2.13-1。

D2 =IFERROR(VLOOKUP(C2,行政区划代码表!A:C,2,FALSE),"查无信息")

	A	B	C	D	E	F	G
1	姓名	身份证号	地区代码	地区			
2	付泽仁	510105199011178997	510105	查无信息			
3	刘晓费	510104199003077970	510104	四川省成都市锦江区			

图 2.13–1

函数含义：VLOOKUP 没有查询到值，就返回值“查无信息”；若要不显示，只需将返回值填写为 ""。

扫一扫

2.14 怎样快速实现表格的横向与纵向的合计？

在制作 Excel 统计表时，常常会涉及横向和纵向的合计，一般都会在一个单元格中填写 =SUM（C3:F3）后再拉拽，见图 2.14–1，有没有更为简单的办法？

	A	B	C	D	E	F	G
1	×××××××学院2020年招生计划表						
2	专业名称	科类	四川	重庆	云南	贵州	分专业合计
3	高压输配电线路施工运行与维护	理科	50	0	5	5	
4	电力系统继电保护与自动化技术		90	0	5	5	
5	发电厂及电力系统		50	0	5	5	
6	供用电技术		40	5	0	5	
7	机电一体化技术		65	5	0	5	
8	水电站动力设备		60	5	5	5	
9	水利水电建筑工程		35	5	5	5	
10	建筑工程技术		40	0	5	5	
11	工程造价		40	5	0	5	
12	发电厂及电力系统	文科	30	0	0	0	
13	工程造价		50	0	0	0	
14	分省合计						

图 2.14–1

（1）鼠标左键框选所有数据和需要求和的单元格，见图 2.14–2。

科类	四川	重庆	云南	贵州	分专业合计
理科	50	0	5	5	
	90	0	5	5	
	50	0	5	5	
	40	5	0	5	
	65	5	0	5	
	60	5	5	5	
	35	5	5	5	
	40	0	5	5	
	40	5	0	5	
文科	30	0	0	0	
	50	0	0	0	

图2.14–2

（2）按快捷键 Alt+=即可完成合计，见图2.14–3。

四川	重庆	云南	贵州	分专业合计
50	0	5	5	60
90	0	5	5	100
50	0	5	5	60
40	5	0	5	50
65	5	0	5	75
60	5	5	5	75
35	5	5	5	50
40	0	5	5	50
40	5	0	5	50
30	0	0	0	30
50	0	0	0	50
550	25	30	45	650

图2.14–3

2.15 从某信息系统中导出的Excel文档中数值不能计算怎样解决?

扫一扫

问题一：公式写法正确，得出的数值是错误的（见图2.15–1）

H2　=SUM(E2:G2)

	A	B	C	D	E	F	G	H
1	序号	学号	姓名	班级	语文	数学	英语	总分
2	1	12001	韦春燕	发电191	85	78	82	0
3	2	12002	许松	发电191	92	98	59	
4	3	12003	戚菲	发电191	88	82	76	
5	4	12004	张欣	发电191	89	88	93	

图2.15–1

信息系统数据库存储的数据大多以文本型结构存储，因此导出为Excel文档时，数值默认格式也是文本，只需要鼠标左键框选所有数据单元格，点击左上角图标，在弹出菜单中选择“转化为数字”选项，即可正确计算，见图2.15-2。

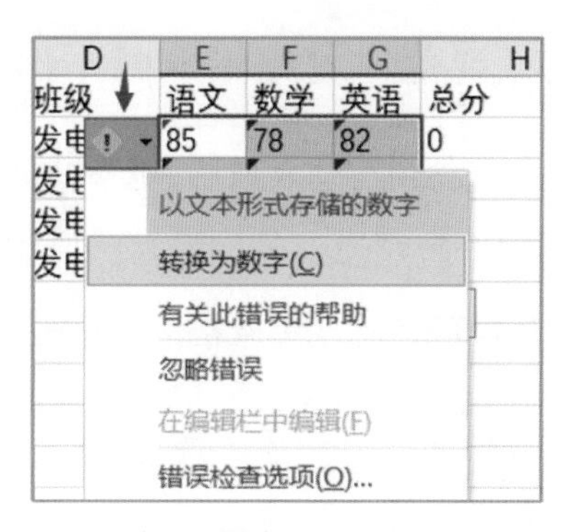

图2.15-2

问题二：公式写法正确，但无法生效，单元格完整地将公式显示了出来（见图2.15-3）

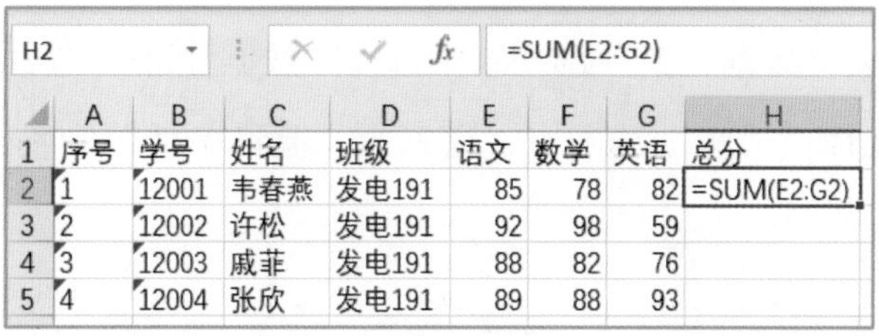

H2 =SUM(E2:G2)

	A	B	C	D	E	F	G	H
1	序号	学号	姓名	班级	语文	数学	英语	总分
2	1	12001	韦春燕	发电191	85	78	82	=SUM(E2:G2)
3	2	12002	许松	发电191	92	98	59	
4	3	12003	戚菲	发电191	88	82	76	
5	4	12004	张欣	发电191	89	88	93	

图2.15-3

此情况是因为H列的单元格格式为文本导致的，只需要选中H列，鼠标点击右键，选择“设置单元格格式”，在分类中选择“常规”，点击“确定”按钮后，再次鼠标左键双击H2单元格后即可生效，见图2.15-4。

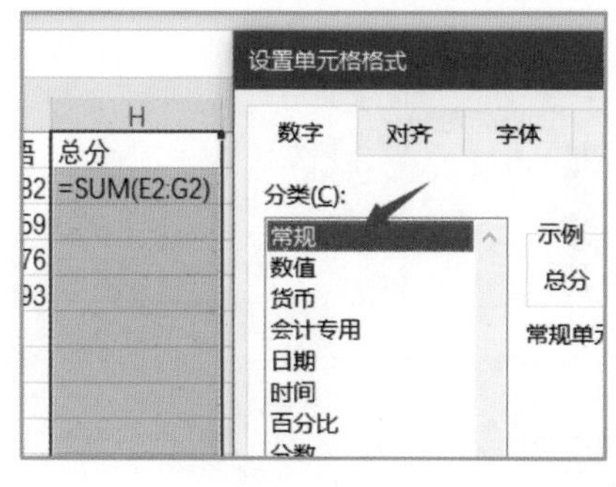

图2.15-4

Tips：在进行计算前，一定要注意需要计算的单元格左上角是否有绿色角标，如果有说明是文本类型，必须转化成数字，否则计算一定会出错。

扫一扫

2.16 怎样限定单元格填写规范，避免输入时不出错？

当制作了一个Excel表格分发到不同人员后，各种填写的情况都有，导致最后返回的数据五花八门，如错别字、画蛇添足的加内容、日期格式不对等，以图2.16–1为例，怎样限定单元格的填写规范，实现单元格的数据验证？

	A	B	C	D	E
1	姓名	性别	民族	出生日期	手机号码
2					
3					

图2.16–1

需要使用到Excel的数据验证功能，选中需要设置数据验证的单元格后，点击“数据”选项卡，在“数据工具”选项组中选择“数据验证”选项，在弹出的“数据验证”对话框中选择“设置”选项卡，可通过“验证条件”中不同选项进行不同配置，见图2.16–2。

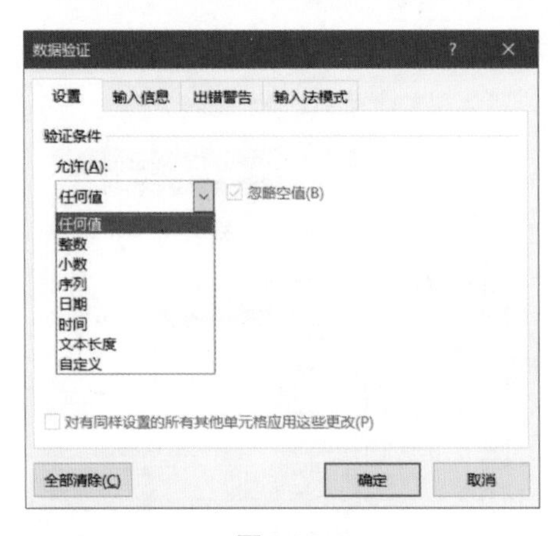

图2.16–2

1. 各字段的数据验证

（1）姓名字段的数据验证。验证条件中选择“文本长度”，可设置长度的范围、最小值、最大值等。若不勾选“忽略空值”选项，单元格将变成必填项，见图2.16-3。

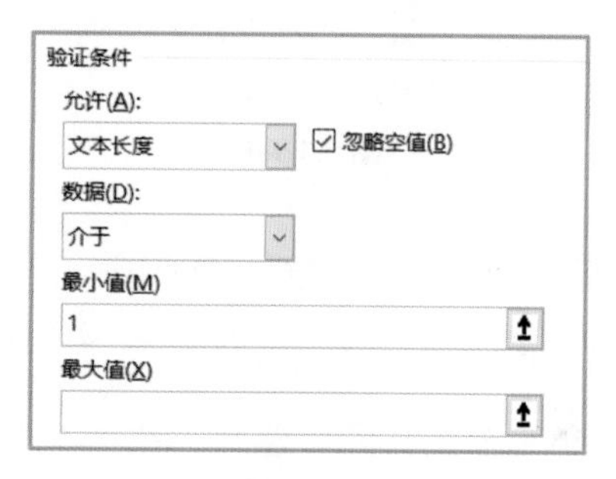

图2.16-3

（2）性别字段的数据验证。性别只有男或女，因此此处可以作为下拉菜单选项呈现，见图2.16-4。

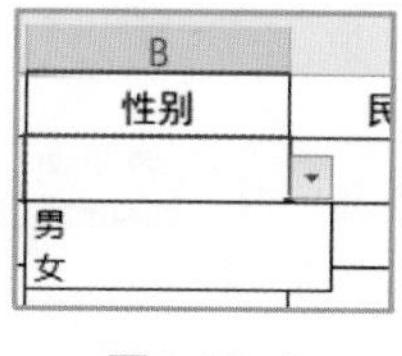

图2.16-4

验证条件中选择序列，在来源中输入“男，女”，见图2.16-5。

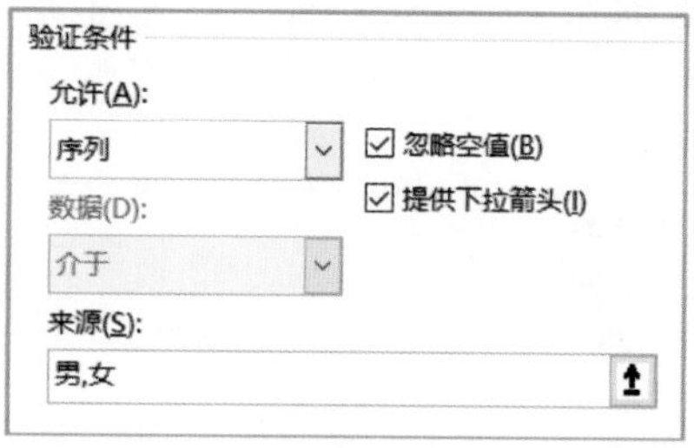

图2.16-5

（3）民族字段的数据验证。为了避免填写错误，民族的数据验证也可以使用下拉菜单选项呈现，见图2.16-6。

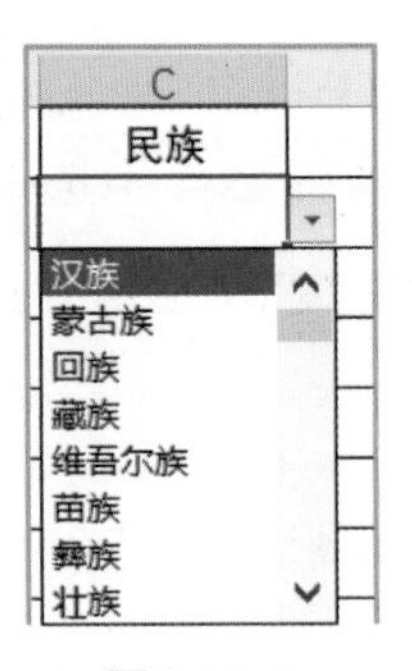

图2.16-6

验证条件中选择“序列”，民族字段数据选项较多，在“来源”中不直接输入值，而是点击“来源”文本框右侧按钮，然后选择名为“字典库”表中的数据范围，选择完成后，点击对话框右侧的按钮，即可返回“数据验证”对话框，见图2.16-7。

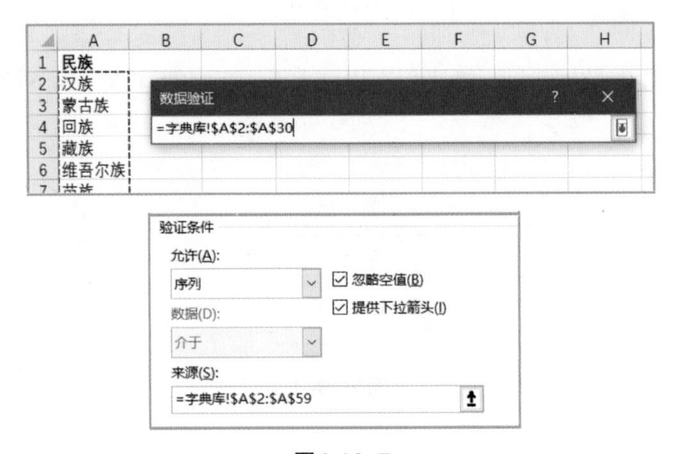

图2.16-7

（4）出生日期字段的数据验证。验证条件中选择日期后，设置日期的范围，见图2.16-8。

图2.16-8

（5）手机号码字段的数据验证。手机号码是11位数字，因此验证条件选择“整数”，设置分别11位的最小值和最大值，见图2.16-9。

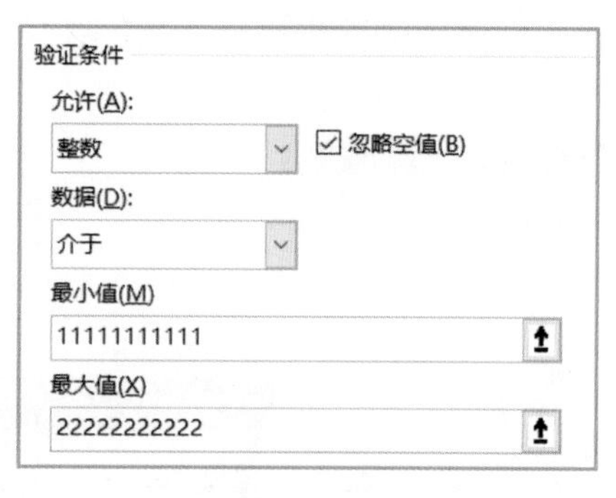

图2.16-9

2. 在单元格输入数据时的温馨提示

在“数据验证”对话框“输入信息”选项卡中，可设置输入信息提示的标题和内容，设置后，点击单元格时，会出现对应的信息提示，见图2.16-10。

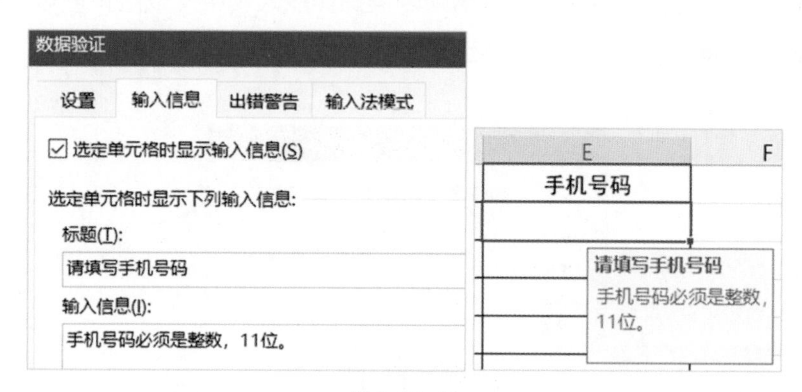

图2.16-10

3. 在单元格输入错误数据后的报错提示

当设置了数据验证后，若输入了错误的数据，Excel默认会有错误提示，见图2.16-11。

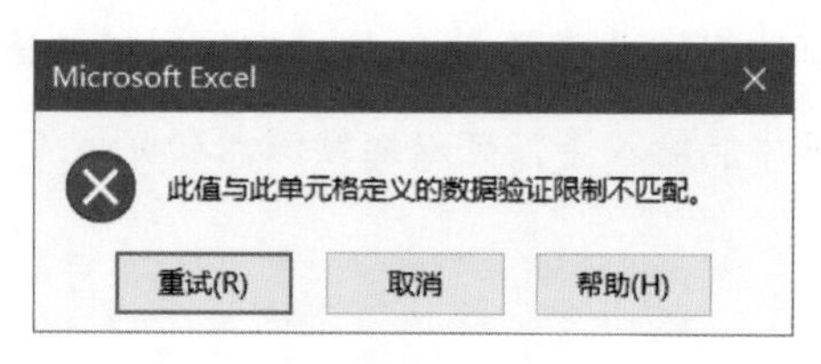

图2.16-11

但这个错误提示并没有说明具体情况，可以自定义错误信息：在“数据验证”对话框“出错警告”选项卡中，可设置出错警告的图标样式、标题和内容，设置后，当单元格数据输入错误时，会出现对应的警告提示，见图2.16–12。

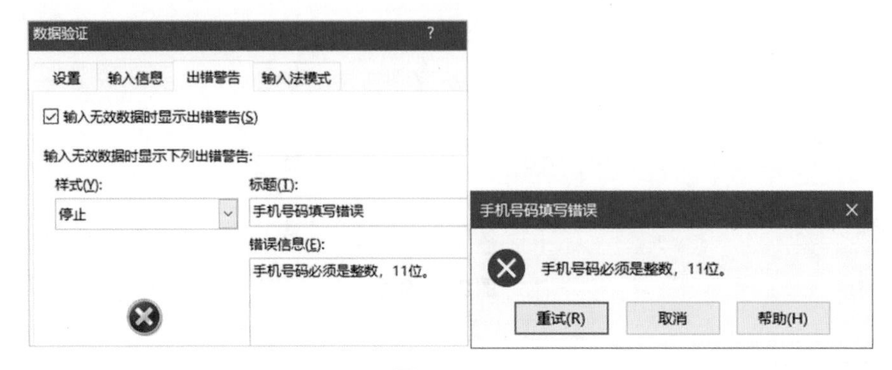

图2.16–12

4.关闭输入法

为了避免不需要输入中文的单元格中因误操作输入了中文或全角符号，可在“数据验证”对话框的“输入法模式”选项卡中，选择“关闭”，见图2.16–13。

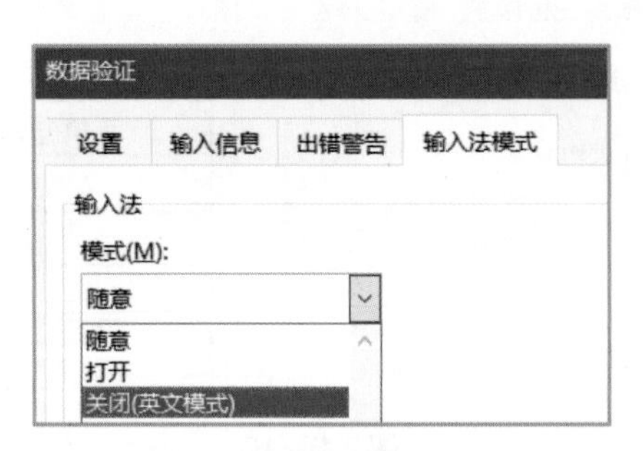

图2.16–13

Tips：（1）数据验证功能不是万能的，只能控制手工输入的数据，但是无法控制填充的数据或是复制粘贴的数据。若单元格已经有了数据，再做数据验证，也是没有效果的，数据验证只对新输入数据有效。

（2）数据验证中可以嵌套各种公式，如限制不能输入重复数据、必须某单元格有了数据才能输入等，可以继续深入研究。

2.17 单元格怎样制作联动的二级下拉菜单选项?

在Excel可以通过在数据验证中设置序列设置下拉菜单，怎样制作类似于省、市/县二级联动的下拉菜单？

（1）在Excel文档新建一个表，命名为“地区”，在表中制作省市数据，见图2.17-1。

（2）快捷键Ctrl+A选择所有数据，点击“公式”选项卡，在“定义新的名称”选项组中，选择“根据所选内容创建”按钮，在弹出的对话框中，只保留“首行”选项的勾选，见图2.17-2。

	A	B	C
1	北京市	四川省	湖北省
2	东城区	成都市	武汉市
3	西城区	自贡市	黄石市
4	朝阳区	攀枝花市	十堰市
5	丰台区	泸州市	宜昌市
6	石景山区	德阳市	襄阳市
7	海淀区	绵阳市	鄂州市
8	门头沟区	广元市	荆门市
9	房山区	遂宁市	孝感市
10	通州区	内江市	荆州市
11	顺义区	乐山市	黄冈市
12	昌平区	南充市	咸宁市
13	大兴区	眉山市	随州市

图2.17-1

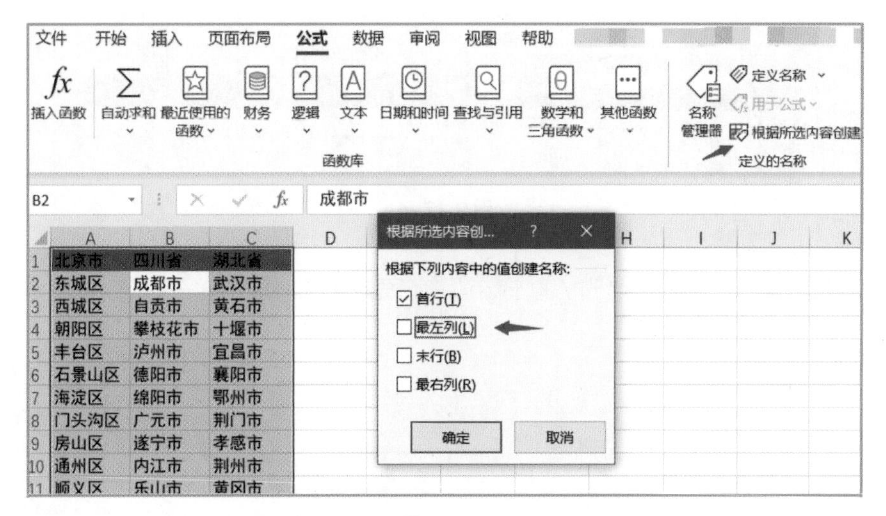

图2.17-2

（3）回到名为“表单”的表中，选择B列“省/直辖市”后，点击“数据”选项卡，在“数据工具”选项组中选择“数据验证”选项，在弹出的“数据验证”对话框中选择“设置”选项卡，选择“序列”选项，点击“来源”文本框右侧的图标，见图2.17-3。

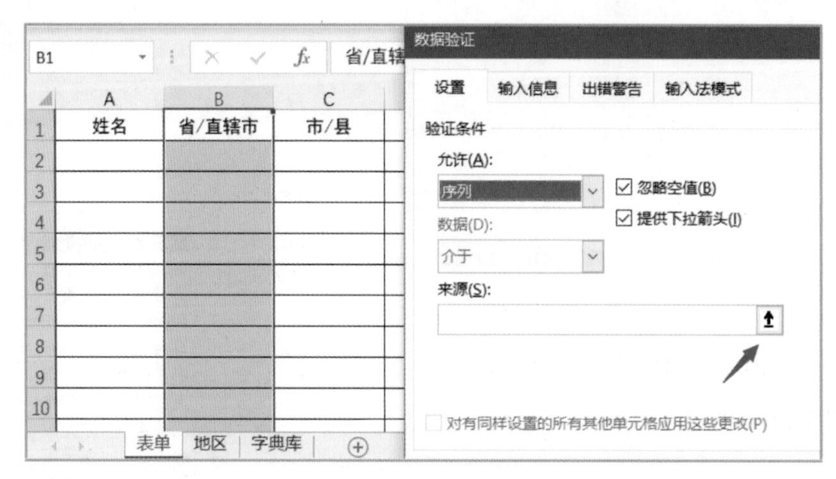

图2.17-3

（4）选择名为“地区”表中的第一行数据范围，选择完成后，点击对话框右侧的按钮，即可返回“数据验证”对话框，确定后即可，见图2.17-4。

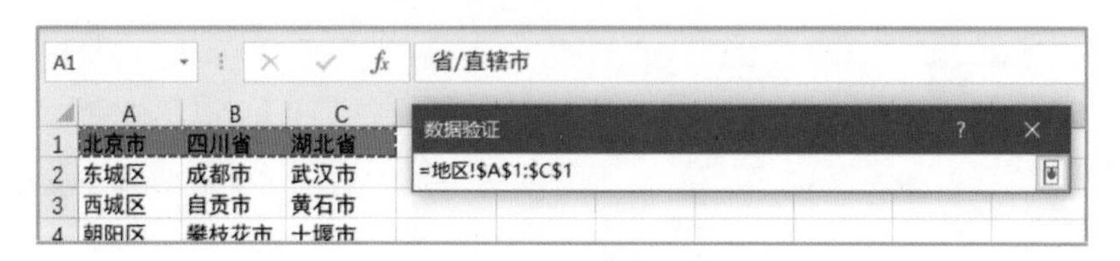

图2.17-4

（5）此时点击单元格“省/直辖市”字段的时候就能出一级下拉菜单，见图2.17-5。

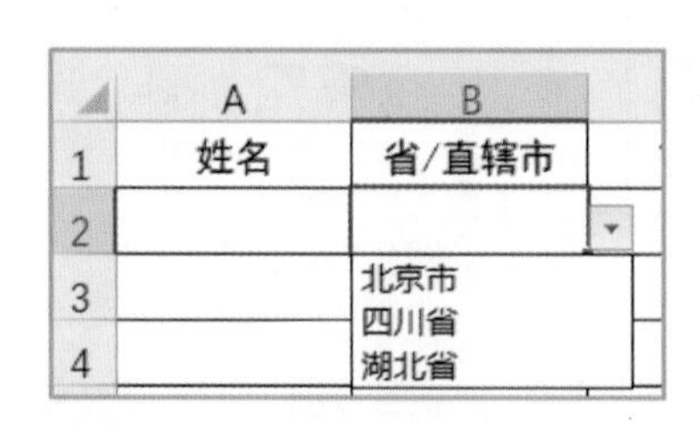

图2.17-5

（6）制作“市/县”字段单元格的二级联动菜单。选择C列“市/县”后，重复上述操作，打开“数据验证”对话框，选择“序列”选项，在来源文本框中输入“=INDIRECT（B1）”后确定，此时会有个错误提示，点击按钮“是”，见图2.17-6。

图 2.17-6

（7）此时就可以实现选择“省 / 直辖市”后，“市 / 县”字段的自动联动变化，见图 2.17-7。

图 2.17-7

2.18 长表格怎样固定表头和列?

扫一扫

对于长表格，如果继续向下滑动表格，表头会隐藏掉，不方便判断字段是什么数据；若表格滚动条向右移动时，又不能看到哪个人对应的是哪条数据。以图 2.18-1 为例，有什么办法能固定表头和 A 列及 B 列?

点击C2单元格后，选择“视图”选项卡，点击“窗口”选项组中的“冻结窗格”按钮，选择“冻结窗格”选项，见图 2.18-2。

这样，表格不管向下滑动还是向右移动滚动条，表头和前列固定内容都不会被隐藏了，见图 2.18-3。

	A	B	C	D	E	F	G	H
1	部门	姓名	性别	职务	身份证号	出生日期	年龄	户籍地
2	财务部	郑醉薇	男	部长	411326199303099094	1993-03-09	27	河南省南阳市淅川县
3	财务部	何铠沣	男	职员	330303199411182316	1994-11-18	26	浙江省温州市龙湾区
4	财务部	孙春燕	女	职员	152224199410125920	1994-10-12	26	内蒙古自治区兴安盟突泉县
5	财务部	褚姚	女	职员	441303199404182728	1994-04-18	26	广东省惠州市惠阳区
6	财务部	张芳	女	职员	211403199007073141	1990-07-07	30	辽宁省葫芦岛市龙港区
7	财务部	姜瑾	女	职员	361130199404058725	1994-04-05	26	江西省上饶市婺源县
8	财务部	王丽丽	女	职员	654301199005244564	1990-05-24	30	新疆维吾尔自治区阿勒泰地区阿勒
9	财务部	施婷	女	职员	52232819910312520X	1991-03-12	29	贵州省黔西南布依族苗族自治州安
10	人事部	陈艺	女	部长	532932199104143564	1991-04-14	29	云南省大理白族自治州鹤庆县
11	人事部	周舒	男	职员	510703199104046977	1991-04-04	29	四川省绵阳市涪城区
12	人事部	吕艺	女	职员	441625199002250083	1990-02-25	30	广东省河源市东源县
13	人事部	韩问筠	女	职员	230124199105085128	1991-05-08	29	黑龙江省哈尔滨市方正县
14	人事部	岳夏梅	男	职员	610921199207146070	1992-07-14	28	陕西省安康市汉阴县
15	人事部	雷虹	男	职员	421303199309192553	1993-09-19	27	湖北省随州市曾都区
16	人事部	吴乐之	女	职员	513333199203219967	1992-03-21	28	四川省甘孜藏族自治州色达县

公司花名册

图 2.18-1

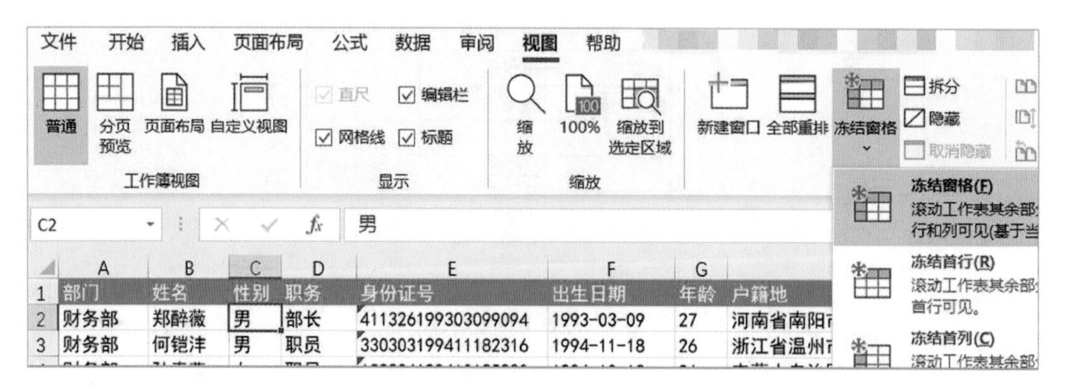

图 2.18-2

	A	B	F	G	H	I
1	部门	姓名	出生日期	年龄	户籍地	手机号码
44	售后部	曹秀英	1992-08-14	28	云南省怒江傈僳族自治州泸水市	15895253220
45	售后部	周静娴	1991-03-08	29	内蒙古自治区呼和浩特市武川县	13905228710
46	售后部	卫荔	1993-05-16	27	贵州省贵阳市观山湖区	13905220088
47	售后部	尤婷婷	1990-06-23	30	辽宁省本溪市明山区	15152041648
48	售后部	华蓉	1992-01-19	28	四川省乐山市乐山市	13905224104
49	售后部	李锦	1990-04-18	30	安徽省宣城市宣州区	15895253626
50	售后部	严翠翠	1991-06-06	29	陕西省渭南市大荔县	13905222572
51	售后部	张秀丽	1992-02-04	28	内蒙古自治区鄂尔多斯市杭锦旗	15152043641
52	售后部	卫天春	1993-02-27	27	山东省滨州市滨州市	15152046311
53	售后部	戚启英	1990-11-26	30	山东省临沂市沂南县	15152041867
54	售后部	钱黛	1990-03-04	30	云南省红河哈尼族彝族自治州个旧市	15152049325
55	售后部	周丽	1990-04-22	30	山东省烟台市海阳市	15895258560
56	售后部	张惠	1993-06-12	27	广西壮族自治区南宁市南宁市	15895255819
57	售后部	何访琴	1991-08-04	29	河南省郑州市管城回族区	13905221790
58	售后部	尤丽	1991-06-11	29	辽宁省铁岭市调兵山市	13905228709
59	物流中心	陈花长	1994-01-14	26	福建省宁德市周宁县	15895257838
60	物流中心	钱心媛	1994-04-12	26	湖南省湘西土家族苗族自治州龙山县	15895257573

公司花名册

图 2.18-3

2.19 怎样将单元格内的数据拆分到多个单元格中?

在某些地方复制过来的数据粘贴到Excel后会呈现图2.19–1的效果，怎样将其拆分成姓名、身份证号、手机号码三个字段？

	A
1	姓名,身份证号,手机号码
2	郑醉薇,411326199303099094,15895257507
3	何铠沣,330303199411182316,15895254683
4	孙春燕,152224199410125920,13905225031
5	褚姚,441303199404182728,15152045156
6	张芳,211403199007073141,15895257527

图2.19–1

这些数据共同的特点是之间通过“,”逗号进行分隔的，因此可以使用到Excel的分列工具。

（1）选中A列，点击“数据”选项卡，在“数据工具”选项组中点击“分列”选项，见图2.19–2。

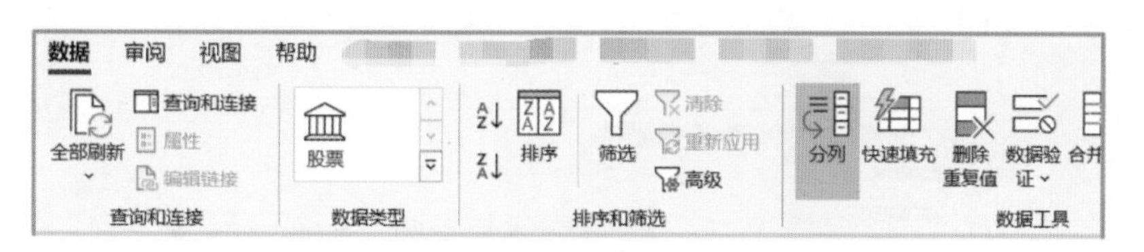

图2.19–2

（2）在“文本分列向导”对话框中，“文件类型”选择“分隔符号”，点击“下一步”按钮，见图2.19–3。

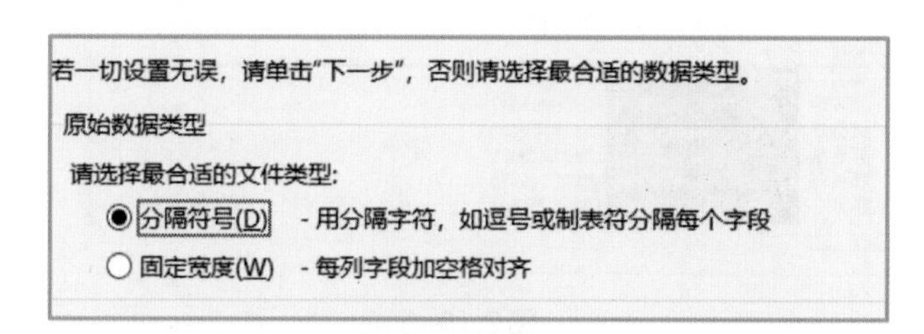

图2.19–3

（3）“分隔符号”勾选“逗号”，此时可以通过下方的“数据预览”，查看数据是否已经正常分隔，如果没有分隔，可更换“分隔符号”，设置完成后点击“下一步”按钮，见图2.19–4。

请设置分列数据所包含的分隔符号。在预览窗口内可看到分列的效果。

分隔符号

☐ Tab 键(T)

☐ 分号(M)

☑ 逗号(C)

☐ 空格(S)

☐ 其他(O):

☐ 连续分隔符号视为单个处理(R)

文本识别符号(Q): "

数据预览(P)

姓名	身份证号	手机号码
郑醉薇	411326199303099094	15895257507
何铠沣	330303199411182316	15895254683
孙春燕	152224199410125920	13905225031
褚姚	441303199404182728	15152045156
张芳	211403199007073141	15895257527

图2.19–4

（4）接下来要对分隔后的数据分别设置列数据格式，如案例中应将“身份证号”字段设置为“文本格式”，设置后点击“完成”按钮，见图2.19–5。

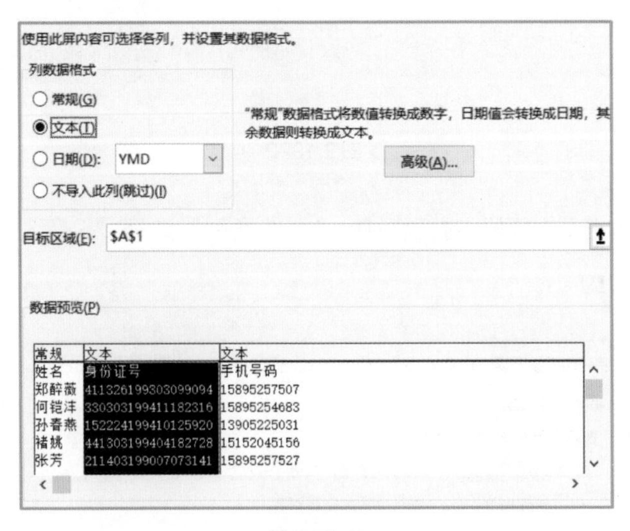

图2.19–5

这样，就可以把原来A列的数据拆分到多个单元格了，见图2.19–6。

	A	B	C
1	姓名	身份证号	手机号码
2	郑醉薇	411326199303099094	15895257507
3	何铠沣	330303199411182316	15895254683
4	孙春燕	152224199410125920	13905225031
5	褚姚	441303199404182728	15152045156
6	张芳	211403199007073141	15895257527

图2.19-6

2.20 Excel中的快速填充方法有哪些?

扫一扫

1. 鼠标拉动单元格右下角填充句柄

这个方法几乎是大家都会使用的一种方法，点击单元格，鼠标左键点击单元格右下角填充句柄不放，向需要数据的方向拉动，默认拉动是复制单元格内的数据，若要形成有规律的数据，只需鼠标左键拉动的同时按住Ctrl键不放即可，见图2.20-1。

	A	B	C
1	1	星期一	
2	2	星期二	
3	3	星期三	
4	4	星期四	
5	5	星期五	
6			星期五

图2.20-1

2. 双击单元格右下角填充句柄

假设已有表格，且表格很长，以图2.20-2为例，需要增加一个字段，如果采用传统的鼠标拉动填充句柄方式会很麻烦，能否快速填充?

	A	B	C	D	E	F
1	序号	部门	姓名	性别	职务	身份证号
2		财务部	郑醉薇	男	部长	411326199303099094
3		财务部	何铠沣	男	职员	330303199411182316
4		财务部	孙春燕	女	职员	152224199410125920
5		财务部	褚姚	女	职员	441303199404182728
6		财务部	张芳	女	职员	211403199007073141
7		财务部	姜瑾	女	职员	361130199404058725
8		财务部	王丽丽	女	职员	654301199005244564
9		财务部	施婷	女	职员	52232819910312520X
10		人事部	陈艺	女	部长	532932199104143564
11		人事部	周舒	男	职员	510703199104046977
12		人事部	吕艺	女	职员	441625199002250083
13		人事部	韩问筠	女	职员	230124199105085128

图2.20-2

（1）在A2单元格输入1，然后鼠标双击A2单元格右下角，A列将自动复制A2单元格的内容并全部向下填充，见图2.20-3。

	A	B	C
1	序号	部门	姓名
2	1	财务部	郑醉薇
3		财务部	何铠沣
4		财务部	孙春燕
5		财务部	褚姚
6		财务部	张芳
7		财务部	姜瑾

	A	B	C
1	序号	部门	姓名
2	1	财务部	郑醉薇
3	1	财务部	何铠沣
4	1	财务部	孙春燕
5	1	财务部	褚姚
6	1	财务部	张芳
7	1	财务部	姜瑾

图2.20-3

（2）点击序列右下角的图标，在弹出菜单中选择“填充序列”，A列将自动变化，见图2.20-4。

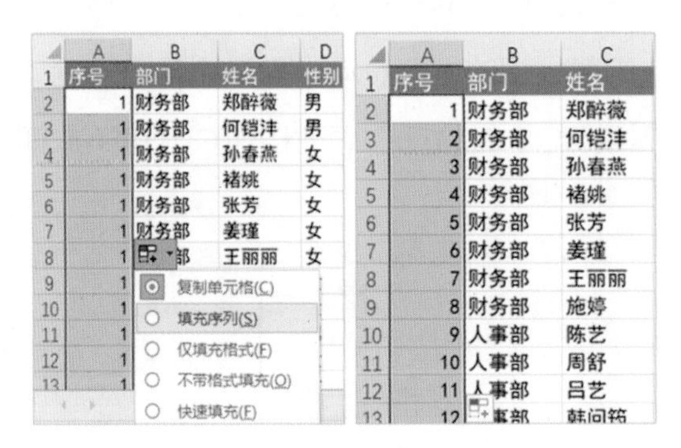

图2.20-4

3. 快速填充指定的序号（1～10000）

假如要新建一个10000行的数据表，序号排列1～10000，有什么快速的操作方法?

（1）在A2单元格输入1后，点击“开始”选项卡，在“编辑”选项组中点击“填充”按钮，选择“序列”选项，见图2.20-5。

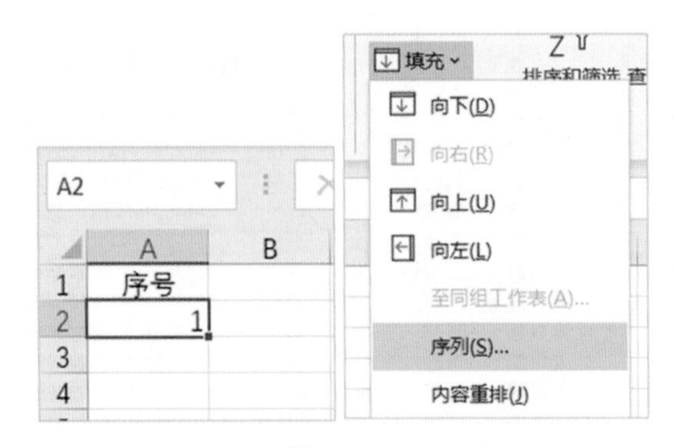

图2.20-5

（2）在“序列”对话框中，将“序列产生在”设置为“列”，“类型”选择“等差序列”，“步长值”设置为“1”，“终止值”设置为“10000”，点击“确定”按钮即可，10000行的序号自动填充完成，见图2.20-6。

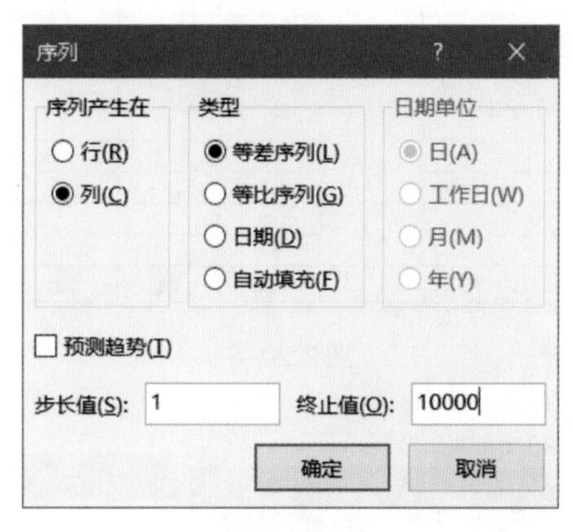

图2.20-6

4. Ctrl+D自动向下复制填充和Ctrl+R自动向右复制填充

框选指定区域单元格后，若按快捷键Ctrl+D，会以框选区域的第一行作为复制数据，全部向下粘贴；按快捷键Ctrl+R，会以框选区域的第一列作为复制数据，全部向右粘贴，见图2.20-7。

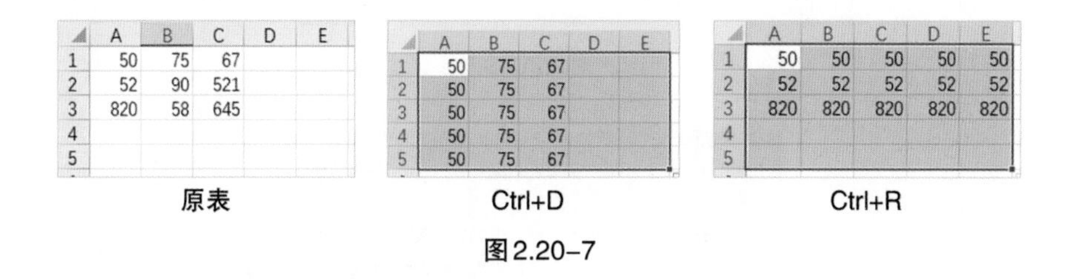

原表

	A	B	C	D	E
1	50	75	67		
2	52	90	521		
3	820	58	645		
4					
5					

Ctrl+D

	A	B	C	D	E
1	50	75	67		
2	50	75	67		
3	50	75	67		
4	50	75	67		
5	50	75	67		

Ctrl+R

	A	B	C	D	E
1	50	50	50	50	50
2	52	52	52	52	52
3	820	820	820	820	820
4					
5					

图2.20-7

5. 不连续空白单元格的填充

要将图2.20-8所示表格中所有空白单元格填充为0，怎样操作较为快捷？

（1）框选出数据范围后，按快捷键Ctrl+G弹出“定位”对话框，见图2.20-9。

（2）点击“定位条件”按钮，在“定位条件”对话框，选择“空值”选项后点击“确定”按钮，见图2.20-10。

（3）此时所有空值单元格会被全部选中，见图2.20-11。

（4）直接在键盘上输入0，快捷键 Ctrl+Enter即可全部自动填充为 0，见图2.20-12。

	A	B	C	D	E	F	G
1	××××××××学院2020年招生计划表						
2	专业名称	科类	四川	重庆	云南	贵州	分专业合计
3	高压输配电线路施工运行与维护	理科	50		5	5	60
4	电力系统继电保护与自动化技术		90		5	5	100
5	发电厂及电力系统		50		5	5	60
6	供用电技术		40	5		5	50
7	机电一体化技术		65	5		5	75
8	水电站动力设备		60	5	5	5	75
9	水利水电建筑工程		35	5	5	5	50
10	建筑工程技术		40		5	5	50
11	工程造价		40	5		5	50
12	发电厂及电力系统	文科	30				30
13	工程造价		50				50
14	分省合计		550	25	30	45	650

图 2.20-8

××学院2020年招生计划表

四川	重庆	云南	贵州	分专业合计
50		5	5	60
90		5	5	100
50		5	5	60
40	5		5	50
65	5		5	75
60	5	5	5	75
35	5	5	5	50
40		5	5	50
40	5		5	50
30				30
50				50
550	25	30	45	650

图 2.20-9

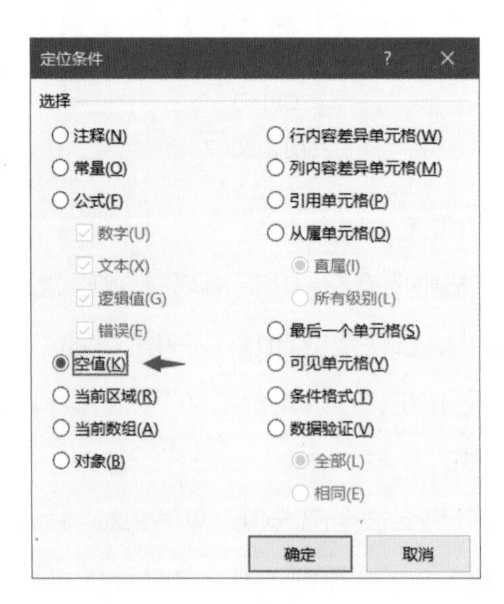

图 2.20-10

四川	重庆	云南	贵州	分专业合计
50		5	5	60
90		5	5	100
50		5	5	60
40	5		5	50
65	5		5	75
60	5	5	5	75
35	5	5	5	50
40		5	5	50
40	5		5	50
30				30
50				50
550	25	30	45	650

图2.20-11

四川	重庆	云南	贵州	分专业合计
50	0	5	5	60
90	0	5	5	100
50	0	5	5	60
40	5	0	5	50
65	5	0	5	75
60	5	5	5	75
35	5	5	5	50
40	0	5	5	50
40	5	0	5	50
30	0	0	0	30
50	0	0	0	50
550	25	30	45	650

图2.20-12

6. 智能快速填充工具 Ctrl+E

Excel中有个智能工具叫“快速填充”，可点击“数据”选项卡中“数据工具”选项组的“快速填充”按钮启动，也可直接按快捷键 Ctrl+E，它会根据输入的值与对应行的其他单元格数据进行比较，寻找规律后自动进行填充，接下来举例说明：

（1）快速提取身份证号中的出生日期。在B2单元格中手动输入出生日期后，在B3单元格Ctrl+E即可自动填充下列所有单元格的出生日期，见图2.20-13。

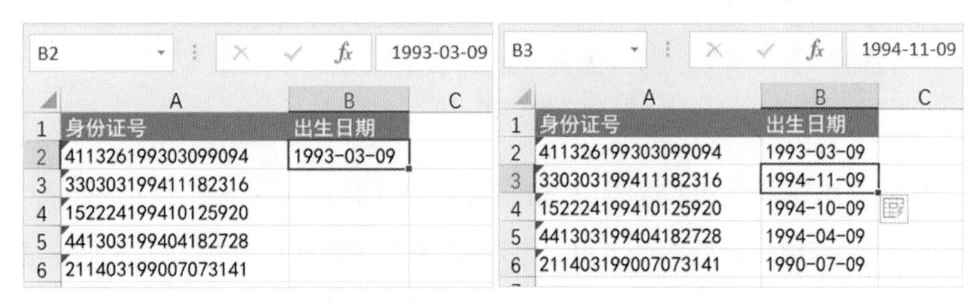

B2 | 1993-03-09

	A	B	C
1	身份证号	出生日期	
2	411326199303099094	1993-03-09	
3	330303199411182316		
4	152224199410125920		
5	441303199404182728		
6	211403199007073141		

B3 | 1994-11-09

	A	B	C
1	身份证号	出生日期	
2	411326199303099094	1993-03-09	
3	330303199411182316	1994-11-09	
4	152224199410125920	1994-10-09	
5	441303199404182728	1994-04-09	
6	211403199007073141	1990-07-09	

图2.20-13

（2）数据快速拆分。在2.19“怎样将单元格内的数据拆分到多个单元格中？”案例中介绍了通过分列方式进行数据拆分，而Ctrl+E也可以做到，见图2.20–14。

B2 孙春燕

	A	B	C	D
1	数据	姓名	身份证号	手机号码
2	孙春燕,152224199410125920,13905225031	孙春燕	152224199410125920	13905225031
3	褚姚,441303199404182728,15152045156			
4	张芳,211403199007073141,15895257527			
5	姜瑾,361130199404058725,15895254426			
6	王丽丽,654301199005244564,15152044639			

图2.20–14

在B2中输入A2中的姓名、C2中输入A2中的身份证号、D2中输入A2中的手机号码后，分别点击B3单元格后按Ctrl+E、点击C3单元格后按Ctrl+E、点击D3单元格后按Ctrl+E，即可完成所有数据快速拆分，见图2.20–15。

	A	B	C	D	E
1	数据	姓名	身份证号	手机号码	
2	孙春燕,152224199410125920,13905225031	孙春燕	152224199410125920	13905225031	
3	褚姚,441303199404182728,15152045156	褚姚	441303199404182728	15152045156	
4	张芳,211403199007073141,15895257527	张芳	211403199007073141	15895257527	
5	姜瑾,361130199404058725,15895254426	姜瑾	361130199404058725	15895254426	
6	王丽丽,654301199005244564,15152044639	王丽丽	654301199005244564	15152044639	

图2.20–15

（3）数据快速合并。既然可以快速拆分数据，Ctrl+E也可以快速合并数据，并且能添加文字内容，见图2.20–16。

E2 姓名：郑醉薇，性别：男，部门：财务部

	A	B	C	D	E
1	部门	姓名	性别	职务	合并文字
2	财务部	郑醉薇	男	部长	姓名：郑醉薇，性别：男，部门：财务部
3	财务部	何铠沣	男	职员	
4	财务部	孙春燕	女	职员	
5	财务部	褚姚	女	职员	

图2.20–16

在E2单元格输入与表格前列内容一致的“姓名：×××，性别：×，部门：×××”，点击E3单元格后按Ctrl+E，即可快速合并数据并填充，见图2.20–17。

	A	B	C	D	E
1	部门	姓名	性别	职务	合并文字
2	财务部	郑醉薇	男	部长	姓名：郑醉薇，性别：男，部门：财务部
3	财务部	何铠沣	男	职员	姓名：何铠沣，性别：男，部门：财务部
4	财务部	孙春燕	女	职员	姓名：孙春燕，性别：女，部门：财务部
5	财务部	褚姚	女	职员	姓名：褚姚，性别：女，部门：财务部

图2.20–17

（4）风格样式的快速转化。如要将手机号码的风格样式调整为000 0000 0000，只需在B2单元格按照该格式输入与A2单元格一致的数值，在B3单元格按Ctrl+E即可快速完成风格样式的快速转化，见图2.20–18。

B2　fx　158 9525 7507

	A	B	C
1	手机号码	转化后	
2	15895257507	158 9525 7507	
3	15895254683		
4	13905225031		
5	15152045156		

	A	B
1	手机号码	转化后
2	15895257507	158 9525 7507
3	15895254683	158 9525 4683
4	13905225031	139 0522 5031
5	15152045156	151 5204 5156

图2.20–18

扫一扫

2.21 怎样快速填充“202020150000１”到“202020150501２”？

在编排考生准考证号时，若该号位数较长，会出现科学计数法，若将其调整为文本格式，又没法实现鼠标拉动单元格填充句柄快速填充和按顺序编号，怎样解决？

方法一：巧妙使用替换工具

先观察准考证号编号方式，其前半部分数值没变化，主要是最后的顺序编号在发生变化，可以采用替换工具进行操作。

（1）在单元格中输入 A00001，按Ctrl键点击该单元格右下角句柄向下拉动，形成序列，见图2.21–1。

（2）点击A列号，全选A列，快捷键Ctrl+H，打开“查找和替换”对话框，“查找内容”文本框填写“A”，“替换为”文本框填写“'20202015”，点击“全部替换”按钮，见图2.21–2。

	A
1	准考证号
2	A00001
3	A00002
4	A00003
5	A00004
6	A00005
7	A00006

图2.21–1

图2.21-2

Tips：此处一定要有'符号，这样才能将替换后的单元格转化为文本格式，否则会出现科学计算法。

方法二：使用多单元格合并方式

若准考证号中编码规则较为复杂，如“年份+考场号+考室号+顺序号”，可以采用多单元格合并方式编排准考证号。

（1）建立多个Excel字段，分别将考场号、考试号、顺序号等制作好，顺序号若从00001开始，可以先采用方法一的替换方式，先填写为A00001并生成序列后，再将A替换为'，见图2.21-3。

	A	B	C	D
1	考场号	考室号	顺序号	准考证号
2	20	15	00001	
3	20	15	00002	
4	20	15	00003	
5	20	16	00004	
6	20	16	00005	

图2.21-3

（2）将D列准考证号单元格格式全部转化为文本格式，在D2中输入2020201500001，见图2.21-4。

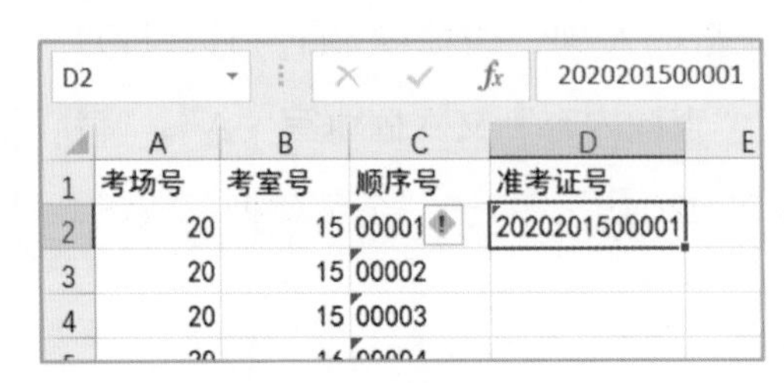

图2.21-4

（3）鼠标左键单击D3单元格，快捷键Ctrl+E，运行快速填充工具，此时所有准考证号就会自动编写完成，见图2.21–5。

	A	B	C	D
1	考场号	考室号	顺序号	准考证号
2	20	15	00001	2020201500001
3	20	15	00002	2020201500002
4	20	15	00003	2020201500003
5	20	16	00004	2020201600004
6	20	16	00005	2020201600005
7	20	16	00006	2020201600006

图2.21–5

扫一扫

2.22 拉动单元格填充句柄时，怎样实现列号或行号不变?

假设C1单元格填写值为=SUM（A1:B1），在拉动C1单元格右下角填充句柄时，若向下拉动，C2单元格会自动填写值为=SUM（A2:B2）；若向右拉动，D1单元格会自动填写值为=SUM（B1:C1）。如果要实现在拉动单元格填充句柄时，列号或行号不变，怎么办?

此处就要知道单元格的相对引用、混合引用和绝对引用。

1. 相对引用

每个单元格都有一个标准的名称，是以“列号+行号”方式命名的，在其他单元格要应用指定单元格的数据时，只需要在公式中填写其单元格名称即可，如“=SUM（A1:B1）”，当拉动单元格填充句柄或复制该单元格并粘贴到其他单元格时，单元格名称会发生变化，会变成“=SUM（G9:H9）”，这就是相对引用。

2. 混合引用

在拉动单元格填充句柄或复制该单元格到其他单元格时，希望引用的单元格名称列不变、行变，可在列号前加锁定符号 $ ，如“=SUM（$A1:$B1）”，反之若希望行不变、列变，就在行号前加锁定符号 $，如“=SUM（A$1:B$1）”，这种就叫混合引用。

3. 绝对引用

在拉动单元格填充句柄或复制该单元格到其他单元格时，希望引用的单元格名称列不变、行也不变，可在列号和行号前分别加锁定符号 $ ，如“=SUM（A1:

B1）”，这种就叫绝对引用。

Tips：在单元格中输入单元格名称后按F4键可自动在绝对引用、混合引用、相对引用中切换。

2.23 怎样将单元格小写数字转化为中文大写数字？

在财务应用中，常常会遇到将小写数字转化为中文大写数字，有什么办法？

方法一：使用单元格格式转化

鼠标点击单元格右键，选择“设置单元格格式”选项，在“数字”选项卡的“分类”项目中选择“特殊”，右侧的“类型”选择“中文大写数字”，见图2.23-1。

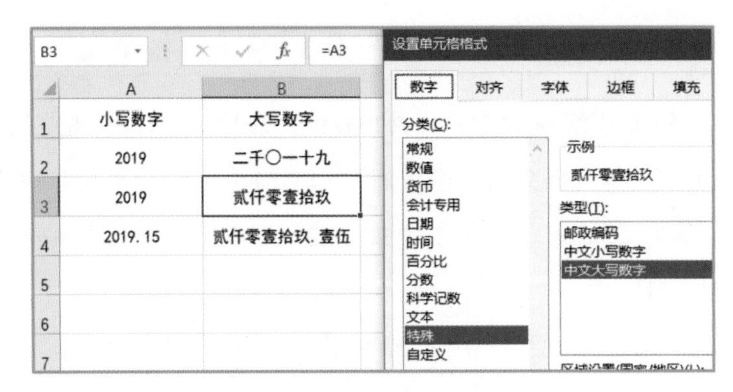

图2.23-1

该方法的缺点是小数点后不能正确按会计标准写法来。

方法二：使用NUMBERSTRING函数转化

Excel提供了NUMBERSTRING函数对单元格小写数字进行转化，函数公式为：

=NUMBERSTRING（值，参数）

参数1：中文大写金额；参数2：会计用大写金额；参数3：数学大写金额

具体见图2.23-2。

该函数仅能将整数部分转为大写，无法将小数部分也转为大写金额，小数部分将四舍五入。

B2 =NUMBERSTRING(A2,1)

	A	B	C
1	小写数字	大写数字	对应公式
2	2019.65	二千〇二十	=NUMBERSTRING(A2,1)
3	2020.65	贰仟零贰拾壹	=NUMBERSTRING(A2,2)
4	2021.65	二〇二二	=NUMBERSTRING(A2,3)

图2.23-2

方法三：用多个函数进行判断后转化

此方法能对各类型小写数字完美转化为会计标准写法，但此方法公式较为复杂，此处不再进行详细解释，只需将A2替换为实际要转化的单元格编号即可：

=IF(A2=0,"",IF(A2<0,"负","")&SUBSTITUTE(SUBSTITUTE(SUBSTITUTE(SUBSTITUTE(TEXT(INT(ABS(A2)),"[DBNum2]")&"元"&TEXT(RIGHT(TEXT(A2,".00"),2),"[DBNum2]0角0分"),"零角零分","整"),"零分","整"),"零角","零"),"零元零",""))

具体见图2.23-3。

B2 =IF(A2=0,"",IF(A2<0,"负","")&SUBSTITU

	A	B	C	D
1	小写数字	大写数字		
2	2019	贰仟零壹拾玖元整		
3	2019.15	贰仟零壹拾玖元壹角伍分		
4	-15.22	负壹拾伍元贰角贰分		

图2.23-3

2.24 怎样实现按姓氏笔画排序？

中国人习惯使用按姓氏笔画排序，而Excel默认的排序是以数字大小、英文字母顺序及中文读音对应的英文字母顺序升序或降序，以图2.24-1为例，怎样解决笔画排序？

图2.24-1

（1）点击A1单元格，选择“数据”选项卡，在“排序和筛选”选项组点击“排序”按钮，见图2.24-2。

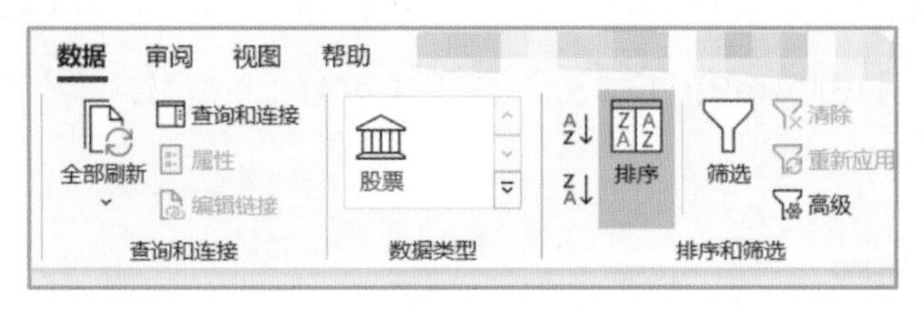

图2.24-2

（2）在“排序”对话框中，“主要关键字”设置为需要排序的字段“姓名”，“排序依据”设置为“单元格值”，“次序”选择为“升序”，见图2.24-3。

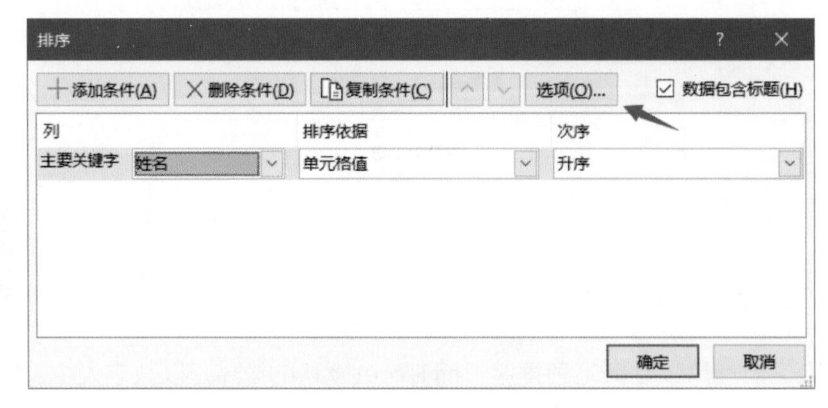

图2.24-3

（3）点击右上角“选项”按钮，在“排序选项”对话框中，选择“笔画排序”选项，点击“确定”后，排序即可成为以笔画方式排序，见图 2.24–4。

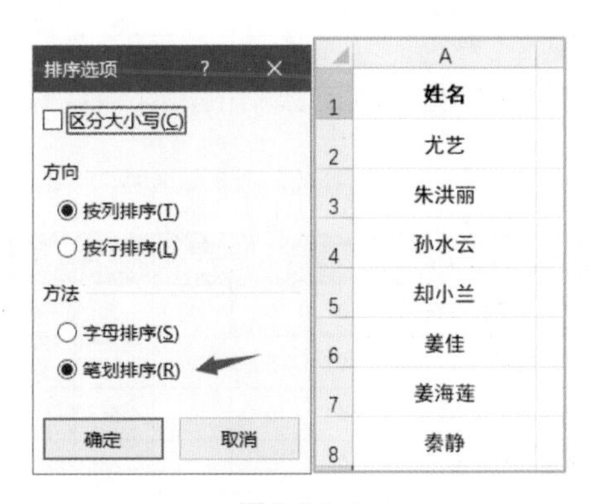

图 2.24–4

扫一扫

2.25 删除行后序号又要重排，有没有编号自动更新的方法？

在表格制作中，有时需要删除一些数据，删除后原来的序号就乱了，要人工重排才行，以图 2.25–1 为例，有没有编号自动变化的方法？

	A	B	C	D	E	F
1	序号	部门	姓名	性别	职务	身份证号
2	1	财务部	郑醉薇	男	部长	411326199303099094
3	2	财务部	何铠沣	男	职员	330303199411182316
4	3	财务部	孙春燕	女	职员	152224199410125920
5	4	财务部	褚姚	女	职员	441303199404182728
6	12	人事部	韩问�о	女	职员	230124199105085128
7	13	人事部	岳夏梅	男	职员	610921199207146070
8	14	人事部	雷虹	男	职员	421303199309192553
9	17	人事部	吴眉	男	职员	130401199110141591
10	18	销售部	柏嘎妹	男	部长	130709199306256216

图 2.25–1

在 A2 单元格输入公式“=ROW（）–1”，下列单元格直接复制即可。这样操作后，数据即使被删除，序号也会自动更新，见图 2.25–2。

A2　=ROW()-1

	A	B	C	D	E	F	
1	序号	部门	姓名	性别	职务	身份证号	出生
2	1	财务部	郑醉薇	男	部长	411326199303099094	199
3	2	财务部	何铠沣	男	职员	330303199411182316	199
4	3	财务部	孙春燕	女	职员	152224199410125920	199
5	4	财务部	褚姚	女	职员	441303199404182728	199
6	5	人事部	韩问筠	女	职员	230124199105085128	199

图 2.25–2

2.26 怎样将表格行与列的数据位置互换?

以图 2.26-1 为例，要将表格行与列的数据位置互换，有什么快速的办法?

专业名称	四川	重庆	云南	贵州	分专业合计
发电厂及电力系统	50	0	5	5	60
供用电技术	40	5	0	5	50
机电一体化技术	65	5	0	5	75
水电站动力设备	60	5	5	5	75
工程造价	40	5	0	5	50
发电厂及电力系统	30	0	0	0	30
分省合计	285	20	10	25	340

图 2.26-1

（1）框选所有数据，快捷键 Ctrl+C 复制，见图 2.26-2。

专业名称	四川	重庆	云南	贵州	分专业合计
发电厂及电力系统	50	0	5	5	60
供用电技术	40	5	0	5	50
机电一体化技术	65	5	0	5	75
水电站动力设备	60	5	5	5	75
工程造价	40	5	0	5	50
发电厂及电力系统	30	0	0	0	30
分省合计	285	20	10	25	340

图 2.26-2

（2）鼠标右键点击表格下方任一空白单元格，点击“选择性粘贴”选项，见图 2.26-3。

（3）在“选择性粘贴”对话框，勾选下方“转置”选项后点击“确定”按钮，见图 2.26-4。

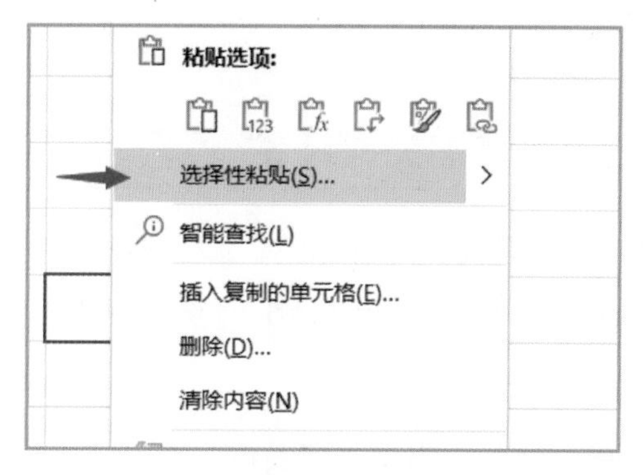

图2.26-3

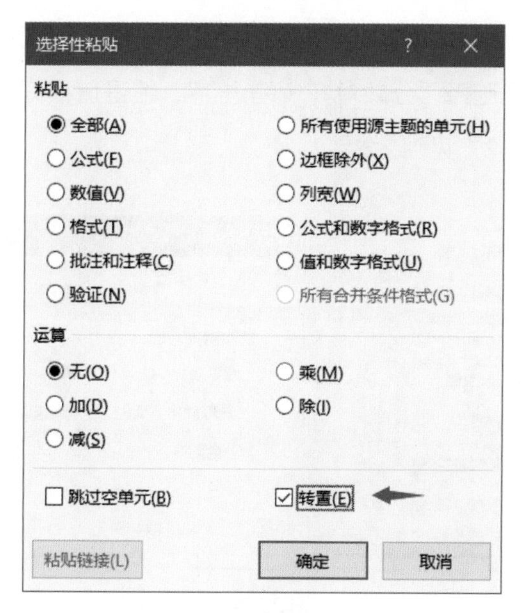

图2.26-4

（4）表格的行与列数据位置已经互换，只需微调下单元格版式，见图2.26-5。

专业名称	发电厂及电力系统	供用电技术	机电一体化技术	水电站动力设备	工程造价	发电厂及电力系统	分省合计
四川	50	40	65	60	40	30	285
重庆	0	5	5	5	5	0	20
云南	5	0	0	5	0	0	10
贵州	5	5	5	5	5	0	25
分专业合计	60	50	75	75	50	30	340

图2.26-5

2.27 单元格里不同长度的姓名怎样对齐？

扫一扫

单元格中姓名字段有两个字的也有三个字的，为了整齐，有人在制作表格的时候会在两个字姓名中加空格，这样做一是麻烦，二是破坏了数据，以图2.27–1为例，怎样能快速解决对齐问题？

	A
1	姓名
2	华姚
3	秦婉
4	朱寻文
5	韩芳
6	周晶
7	何嘉
8	华梅香

图2.27–1

（1）框选所有姓名单元格，点击单元格右键，选择“设置单元格格式”选项。

（2）在“设置单元格格式”对话框中，选择“对齐”选项卡，在“水平对齐”方式中选择“分散对齐（缩进）”，缩进值根据实际情况设置，此处设置为2，见图2.27–2。

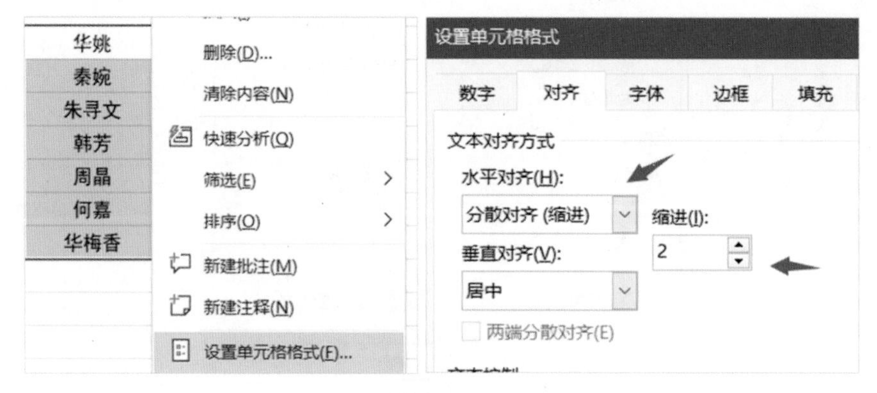

图2.27–2

（3）调整完成后，所有姓名即可自动对齐，见图2.27–3。

	A
1	姓名
2	华　姚
3	秦　婉
4	朱寻文
5	韩　芳
6	周　晶
7	何　嘉
8	华梅香

图2.27–3

2.28 合并单元格后怎样保留原单元格所有数据?

当合并单元格时，会有图2.28–1的提示，点击“确定”后会仅保留左上角的值，其他单元格数据会全部消失，有什么办法可以保留原单元格所有数据?

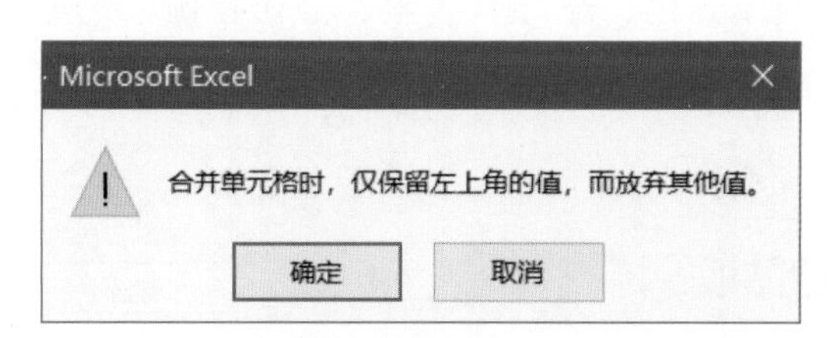

图2.28–1

（1）点击“开始”选项卡，点击“剪贴板”选项组右下角图标，打开剪贴板面板，见图2.28–2。

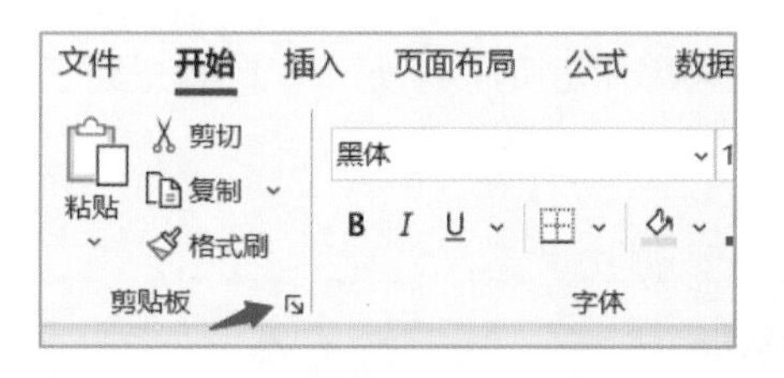

图2.28–2

（2）选中要合并的单元格后，快捷键 Ctrl+C 复制，此时左侧剪贴板会自动出现复制的内容，见图2.28–3。

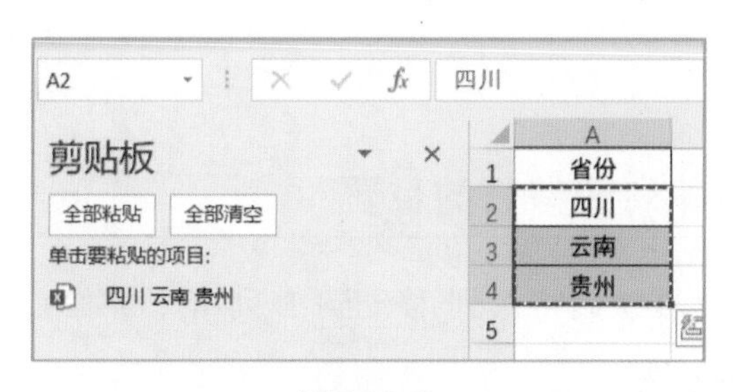

图2.28–3

（3）点击“开始”选项卡，在“对齐方式”选项组中选择“合并后居中”选项，点击仅保留左上角的值的“警告提示”的“确定”按钮，见图2.28–4。

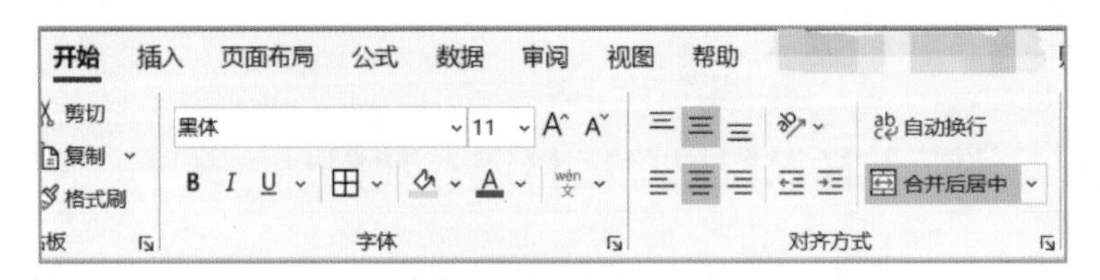

图2.28-4

（4）双击合并后的单元格，删除其内容，点击左侧“剪贴板”中的项目，见图2.28-5。

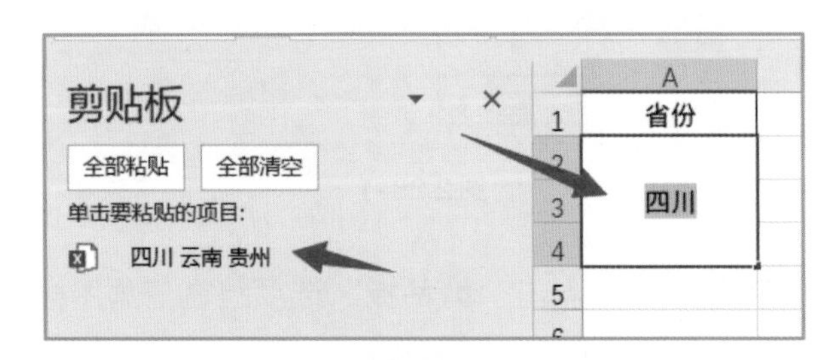

图2.28-5

（5）操作完成后，数据就自动按原有换行方式填充到了合并后的单元格中，见图2.28-6。

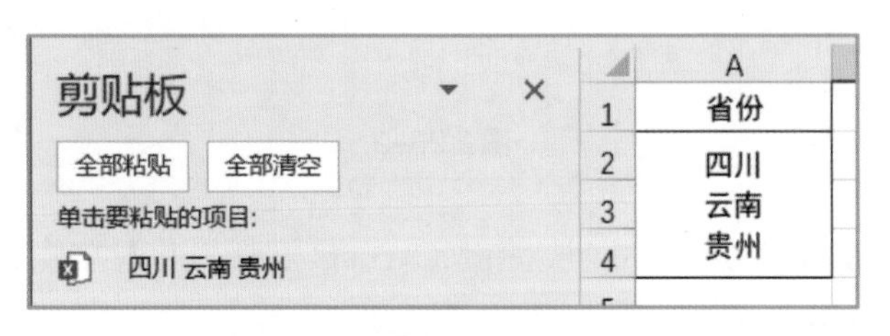

图2.28-6

扫一扫

2.29 怎样快速移动整列或整行的位置?

以图2.29-1为例，要快速将A列 移动到 D列 前，将第2～5行的数据移动到第9行后，有什么便捷的方法?

	A	B	C	D	E	F
1	部门	姓名	性别	职务	身份证号	出生日期
2	财务部	郑醉薇	男	部长	411326199303099094	1993-03-09
3	财务部	何铠沣	男	职员	330303199411182316	1994-11-18
4	财务部	孙春燕	女	职员	152224199410125920	1994-10-12
5	财务部	褚姚	女	职员	441303199404182728	1994-04-18
6	人事部	陈艺	女	部长	532932199104143564	1991-04-14
7	人事部	周舒	男	职员	510703199104046977	1991-04-04
8	人事部	吕艺	女	职员	441625199002250083	1990-02-25
9	人事部	韩问筠	女	职员	230124199105085128	1991-05-08
10	销售部	柏嘎妹	男	部长	130709199306256216	1993-06-25

图2.29-1

1. 快速移动整列

鼠标左键点击A列列号，全选A列，此时A列出现绿色框，鼠标移动到绿框边缘，光标会变成✣图案，按住Shift键不放，然后点击鼠标左键不放，即可将A列所有内容拖动到指定位置，见图2.29-2。

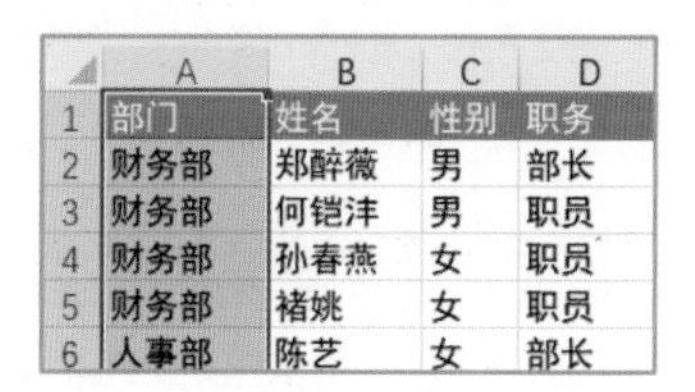

	A	B	C	D
1	部门	姓名	性别	职务
2	财务部	郑醉薇	男	部长
3	财务部	何铠沣	男	职员
4	财务部	孙春燕	女	职员
5	财务部	褚姚	女	职员
6	人事部	陈艺	女	部长

图2.29-2

2. 快速移动整行

鼠标在行号处左键点击第2行不放手一直到第5行，此时第2~5行出现绿色框，鼠标移动到绿框边缘，光标会变成✣图案，按住Shift键不放，然后点击鼠标左键不放，即可将第2~5行所有内容拖动到指定位置，见图2.29-3。

	A	B	C	D	E	F
1	部门	姓名	性别	职务	身份证号	出
2	财务部	郑醉薇	男	部长	411326199303099094	19
3	财务部	何铠沣	男	职员	330303199411182316	19
4	财务部	孙春燕	女	职员	152224199410125920	19
5	财务部	褚姚	女	职员	441303199404182728	19
6	人事部	陈艺	女	部长	532932199104143564	19
7	人事部	周舒	男	职员	510703199104046977	19
8	人事部	吕艺	女	职员	441625199002250083	19
9	人事部	韩问筠	女	职员	230124199105085128	19

图2.29-3

Tips：拖动前的顺序一定不能错，鼠标光标要变形为✣，再按住Shift不放，接着点击鼠标左键不放后才开始拖动。

扫一扫

2.30 怎样快速插入多个空白行或列?

在指定位置点击行号或列号，点击鼠标右键选择“插入”选项，只能插入1行或1列，以图2.30–1为例，可否插入多个空白行或列?

	A	B	C	D	E	F	G	
1	部门	姓名	性别	职务	身份证号	出生日期	年龄	户籍
2	财务部	郑醉薇	男	部长	411326199303099094	1993-03-09	27	河南
3	财务部	何铠沣	男	职员	330303199411182316	1994-11-18	26	浙江
4	财务部	孙春燕	女	职员	152224199410125920	1994-10-12	26	内蒙
5	财务部	褚姚	女	职员	441303199404182728	1994-04-18	26	广东
6	人事部	陈艺	女	部长	532932199104143564	1991-04-14	29	云南
7	人事部	周舒	男	职员	510703199104046977	1991-04-04	29	四川
8	人事部	吕艺	女	职员	441625199002250083	1990-02-25	30	广东
9	人事部	韩问�	女	职员	230124199105085128	1991-05-08	29	黑龙
10	销售部	柏嘎妹	男	部长	130709199306256216	1993-06-25	27	河北
11	销售部	朱景燕	男	职员	445201199306167132	1993-06-16	27	广东
12	销售部	许二丫	女	职员	640121199102242543	1991-02-24	29	宁夏
13	销售部	张花娥	女	职员	34120119900314258X	1990-03-14	30	安徽
14	销售部	陶颖	女	职员	530401199303069543	1993-03-06	27	云南
15	销售部	章宏艳	男	职员	610928199109276159	1991-09-27	29	陕西

图2.30–1

（1）如要在销售部前添加7行空白行，鼠标移动到行号处，从第10行开始点击鼠标左键不放向下拉动，此时鼠标下方会有类似 7R × 16384C 的提示，第一个数字即为向下拉动共选择了几行的意思，此处选择7行，见图2.30–2。

9	人事部	韩问筠	女	职员	230124199105085128	199
10	销售部	柏嘎妹	男	部长	130709199306256216	199
11	销售部	朱景燕	男	职员	445201199306167132	199
12	销售部	许二丫	女	职员	640121199102242543	199
13	销售部	张花娥	女	职员	34120119900314258X	199
14	销售部	陶颖	女	职员	530401199303069543	199
15	销售部	章宏艳	男	职员	610928199109276159	199
16	销售部	杨霄	男	职员	230882199202105938	199
7R x 16384C		孔礼杰	女	职员	510704199407254761	199

图2.30–2

（2）选择好后，点击鼠标右键，选择“插入”选项，此时销售部前增加了7行空白行，见图2.30–3。

9	人事部	韩问筠	女	职员	230124199105085128	1991-05-08
10						
11						
12						
13						
14						
15						
16						
17	销售部	柏嘎妹	男	部长	130709199306256216	1993-06-25

图2.30–3

（3）添加多个空白列的操作和行一致，只需鼠标在列号处从要插入的位置开始拉选要插入的数量列后按前文方式操作即可。

扫一扫

2.31 怎样快速找到表中的重复值？

在表格制作中，可能因为操作失误导致数据重复，以图2.31–1为例，有什么办法可快速找出重复的数据？

	A	B	C	D	E
1	姓名	性别	职务	身份证号	出生日期
2	郑醉薇	男	部长	411326199303099094	1993-03-09
3	姜瑾	女	职员	361130199404058725	1994-04-05
4	王丽丽	女	职员	654301199005244564	1990-05-24
5	施婷	女	职员	52232819910312520X	1991-03-12
6	陈艺	女	部长	532932199104143564	1991-04-14
7	周舒	男	职员	510703199104046977	1991-04-04
8	吕艺	女	职员	441625199002250083	1990-02-25
9	韩问筠	女	职员	230124199105085128	1991-05-08
10	吴眉	男	职员	130401199110141591	1991-10-14
11	王丽丽	女	职员	654301199005244564	1990-05-24
12	韩问筠	女	职员	230124199105085128	1991-05-08

图2.31–1

方法一：通过色彩快速标注重复值

（1）点击D列号全选D列，点击“开始”选项卡，在“样式”选项组中点击“条件格式”按钮，选择“突出显示单元格规则”选项，选择“重复值”项目，见图2.31–2。

图2.31–2

在“重复值”对话框中，如果是重复值，可设置填充和文本颜色的样式，见图2.31–3。

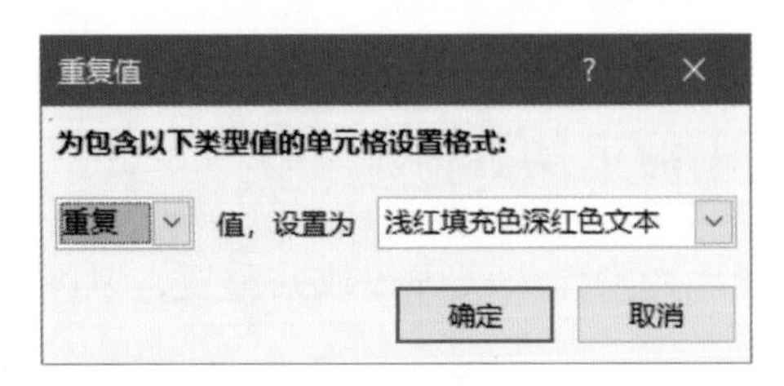

图2.31–3

（2）身份证号的重复值单元格样式均为浅红填充色深红色文本，见图2.31–4。

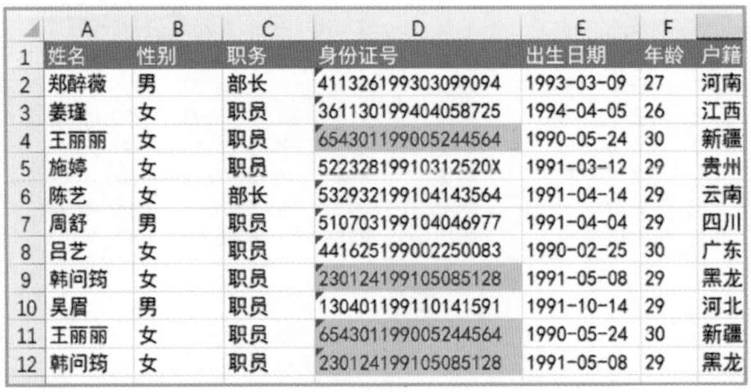

	A	B	C	D	E	F	
1	姓名	性别	职务	身份证号	出生日期	年龄	户籍
2	郑醉薇	男	部长	411326199303099094	1993-03-09	27	河南
3	姜瑾	女	职员	361130199404058725	1994-04-05	26	江西
4	王丽丽	女	职员	654301199005244564	1990-05-24	30	新疆
5	施婷	女	职员	52232819910312520X	1991-03-12	29	贵州
6	陈艺	女	部长	532932199104143564	1991-04-14	29	云南
7	周舒	男	职员	510703199104046977	1991-04-04	29	四川
8	吕艺	女	职员	441625199002250083	1990-02-25	30	广东
9	韩问筠	女	职员	230124199105085128	1991-05-08	29	黑龙
10	吴眉	男	职员	130401199110141591	1991-10-14	29	河北
11	王丽丽	女	职员	654301199005244564	1990-05-24	30	新疆
12	韩问筠	女	职员	230124199105085128	1991-05-08	29	黑龙

图2.31–4

（3）点击 D1“身份证号”单元格，选择“数据”选项卡，在“排序和筛选”选项组中点击“筛选”按钮，见图2.31–5。

图2.31–5

（4）点击D1“身份证号”单元格右侧▾按钮，在弹出菜单中 选择“按颜色筛选”，选择相应颜色，见图2.31–6。

图2.31-6

（5）根据筛选出的重复值进行后续应用处理，见图2.31-7。

	A	B	C	D	E	F
1	姓名	性别	职务	身份证号	出生日期	年龄
4	王丽丽	女	职员	654301199005244564	1990-05-24	30
9	韩问筠	女	职员	230124199105085128	1991-05-08	29
11	王丽丽	女	职员	654301199005244564	1990-05-24	30
12	韩问筠	女	职员	230124199105085128	1991-05-08	29

图2.31-7

方法二：直接将重复值删除

（1）点击 D列号全选D列，点击“数据”选项卡，在“数据工具”选项组中点击“删除重复值”按钮，见图2.31-8。

图2.31-8

（2）在弹出的“删除重复项警告”对话框中选择“扩展选定区域”后，点击“删除重复项”按钮，在“删除重复值”对话框中，全选所有列，勾选“数据包含标题选项”后点击“确定”按钮，见图2.31-9。

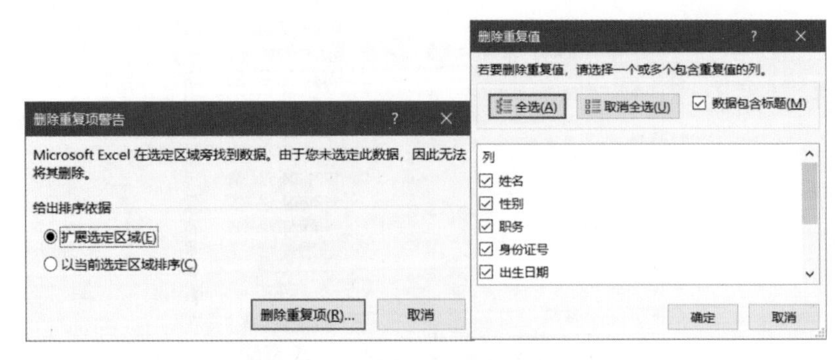

图2.31-9

（3）Excel弹出提示对话框，告知扩展选定区域后总共多少个重复值，保留了多少个唯一值，并已经将重复数据自动删除，见图2.31-10。

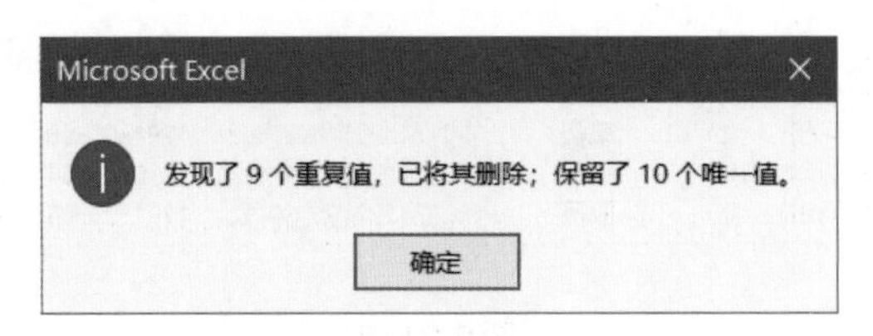

图2.31-10

扫一扫

2.32 怎样让多个表合并成一个表?

多表合并一直是困扰大家的难题，在不用的应用场景下，不同月份的数据、不同部门的数据都涉及多表合并，有什么办法能快速将多表合并成一个表?

场景一：一个Excel工作簿中多个表合并成一个表

以图2.32-1为例，在一个Excel工作簿中，有多个表格，需要将其合并成一个表。

	A	B	C	D	E	F	G	H
1	部门	姓名	性别	职务	身份证号	出生日期	年龄	户籍地
2	财务部	郑醉薇	男	部长	411326199303099094	1993-03-09	27	河南省南阳市淅川县
3	财务部	何铠沣	男	职员	330303199411182316	1994-11-18	26	浙江省温州市龙湾区
4	财务部	孙春燕	女	职员	152224199410125920	1994-10-12	26	内蒙古自治区兴安盟突泉县
5	财务部	褚姚	女	职员	441303199404182728	1994-04-18	26	广东省惠州市惠阳区
6	财务部	张芳	女	职员	211403199007073141	1990-07-07	30	辽宁省葫芦岛市龙港区
7	财务部	姜瑾	女	职员	361130199404058725	1994-04-05	26	江西省上饶市婺源县
8	财务部	王丽丽	女	职员	654301199005244564	1990-05-24	30	新疆维吾尔自治区阿勒泰地区阿勒泰市

财务部 | 人事部 | 销售部

图2.32-1

（1）点击“数据”选项卡，在“获取和转换数据”选项组中，点击“获取数据”按钮，选择“来自文件”选项，点击“从工作簿”项目，见图2.32–2。

（2）在弹出的“导入数据”对话框中，选择包含多个表的工作簿文档后，点击“导入”按钮，见图2.32–3。

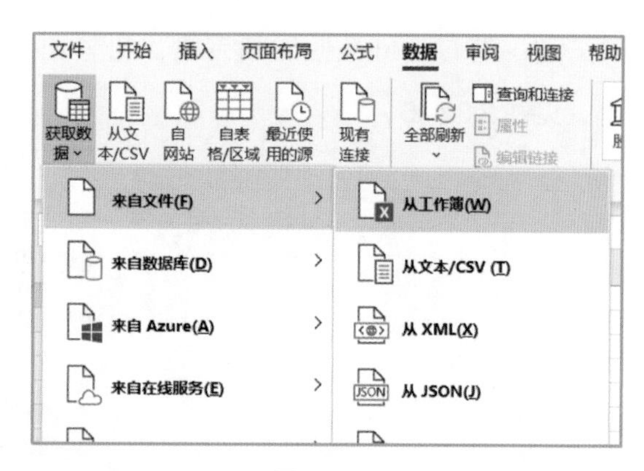

图2.32–2

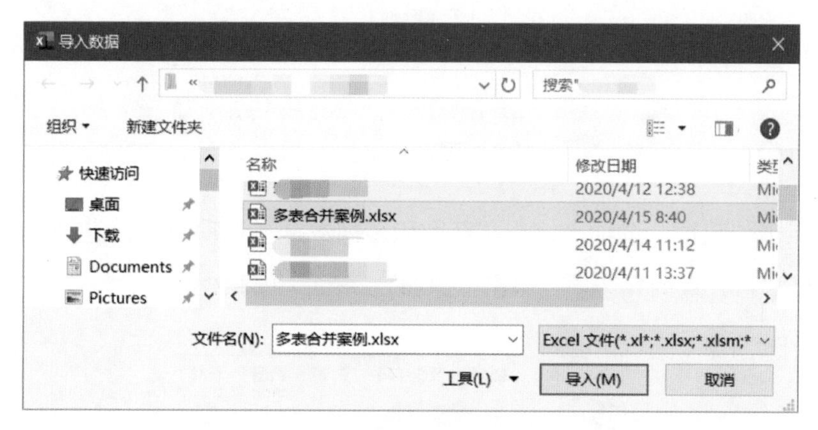

图2.32–3

（3）在弹出的“导航器”对话框中，勾选左上方选项“选择多项”，将其下方所有表格勾选，点击右下角的“加载”按钮，见图2.32–4。

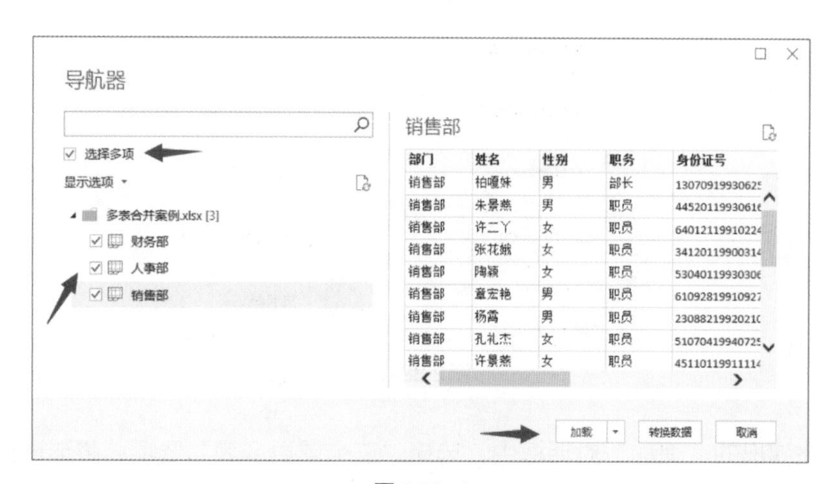

图2.32–4

（4）待Excel数据加载完成，此时Excel窗口右侧会出现“查询＆连接”对话框，见图2.32-5。

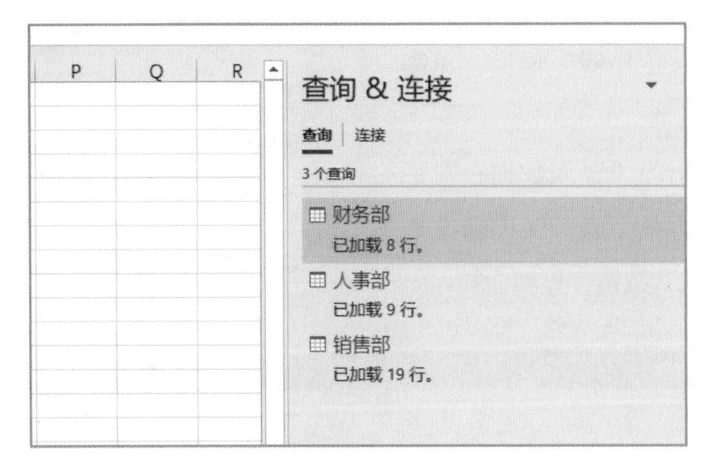

图2.32-5

（5）点击“数据”选项卡，在“获取和转换数据”选项组中，点击“获取数据”按钮，选择“合并查询”选项，点击“追加”项目，见图2.32-6。

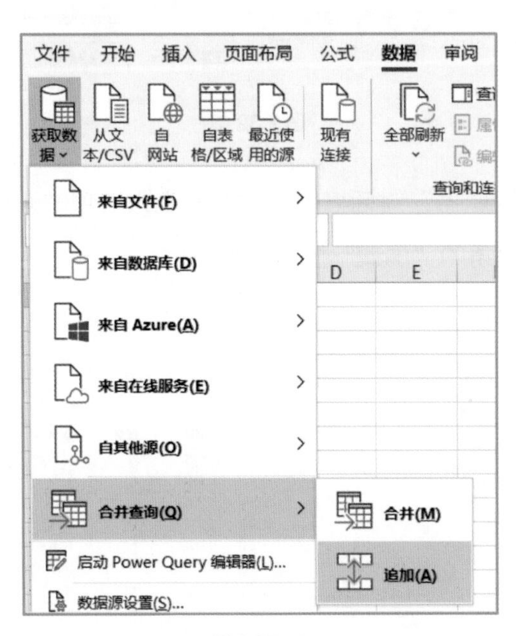

图2.32-6

（6）在弹出的“追加”对话框中，选择“三个或更多表”选项，将选项框左侧的表全部添加到右侧选项框中后，点击“确定”按钮，见图2.32-7。

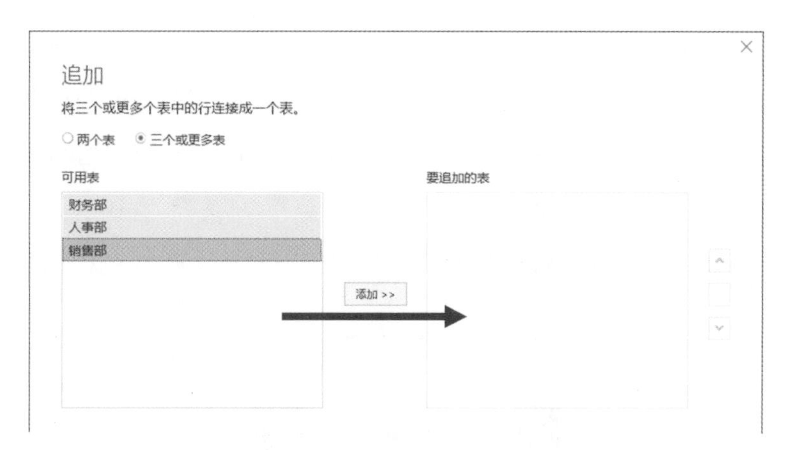

图2.32-7

（7）在弹出的 Power Query 编辑器中，直接点击左上角“关闭并上载”按钮，选择“关闭并上载”选项，见图2.32-8。

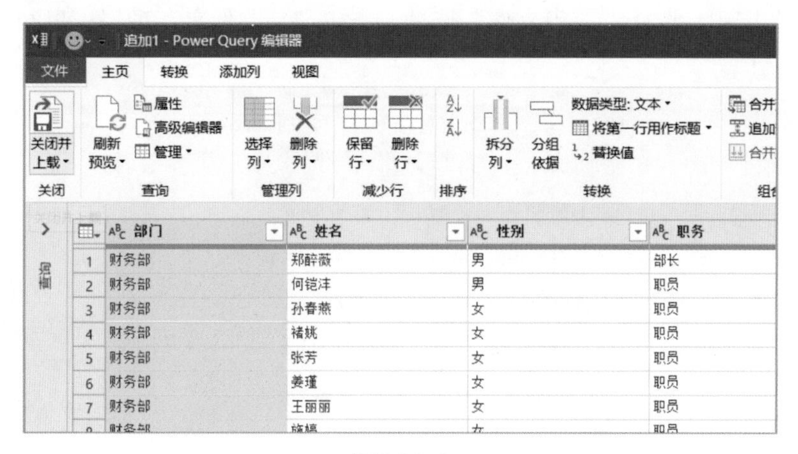

图2.32-8

（8）此时三个表格的数据即可合并成一个表，见图2.32-9。

	A	B	C	D	E
1	部门	姓名	性别	职务	身份证号
2	财务部	郑醉薇	男	部长	411326199303
3	财务部	何铠沣	男	职员	330303199411
4	财务部	孙春燕	女	职员	152224199410
5	财务部	褚姚	女	职员	441303199404
6	财务部	张芳	女	职员	211403199007
7	财务部	姜瑾	女	职员	361130199404
8	财务部	王丽丽	女	职员	654301199005
9	财务部	施婷	女	职员	522328199103
10	人事部	陈艺	女	部长	532932199104
11	人事部	周舒	男	职员	510703199104

图2.32-9

场景二：多个工作簿文件合并成一个表

平时遇到的更多场景是多个部门提交的数据，每个部门都是一个独立的Excel工作簿文档，怎样将多个文件合并？操作前提是多个Excel工作簿文档的数据结构要相同，即列数相同、列标题相同等。

（1）将多个相同结构的Excel工作簿文档放到一个文件夹中，见图2.32-10。

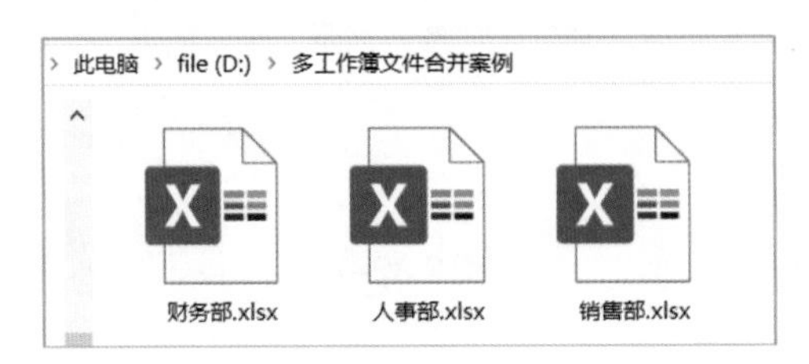

图2.32-10

（2）打开Excel，点击“数据”选项卡，在“获取和转换数据”选项组中，点击“获取数据”按钮，选择“来自文件”选项，点击“从文件夹”项目，见图2.32-11。

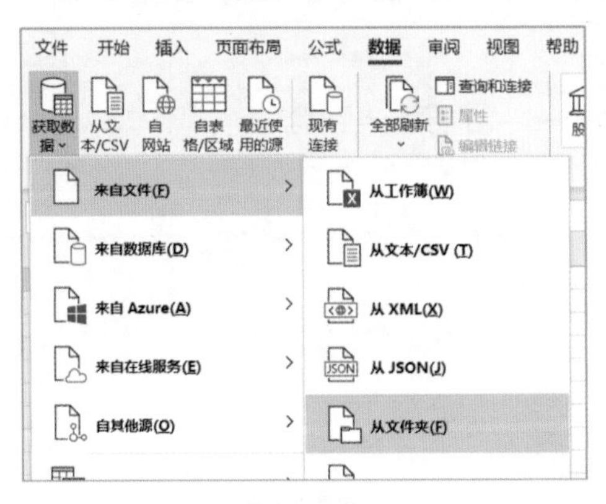

图2.32-11

（3）在弹出的“文件夹”对话框中，点击“浏览”选择前文多个Excel工作簿文档存放的文件夹后，点击“确定”按钮，见图2.32-12。

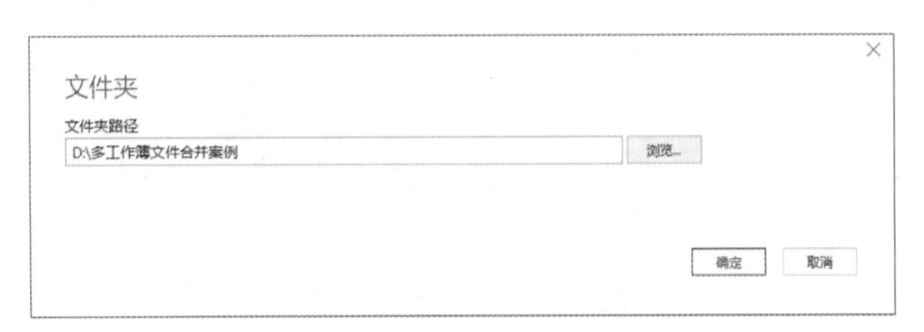

图2.32-12

（4）在弹出的对话框中，点击“组合”按钮，选择“合并并转换数据”选项，见图2.32–13。

图2.32–13

（5）在“合并文件”对话框，在左侧直接点击弹出的表名后点击“确定”按钮，见图2.32–14。

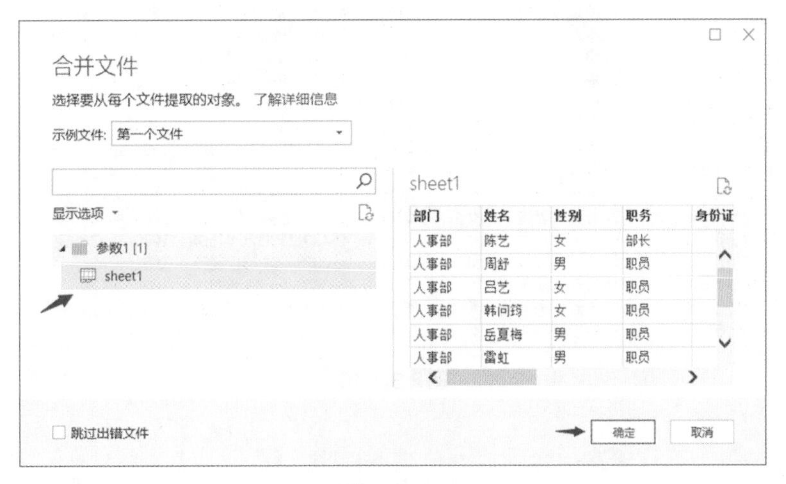

图2.32–14

（6）在弹出的 Power Query 编辑器中，直接点击左上角“关闭并上载”按钮，选择“关闭并上载”选项，见图2.32–15。

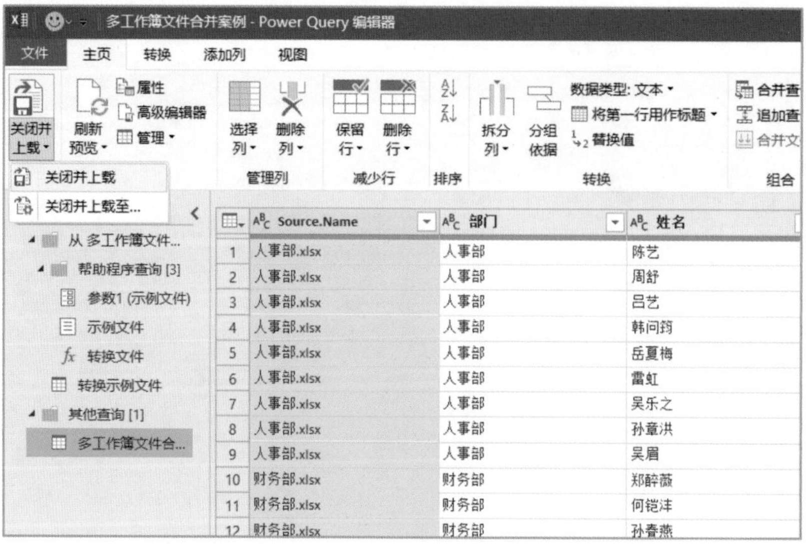

图 2.32-15

（7）此时三个Excel工作簿文件的表格就全部合并成一个表了，见图2.32-16。

	A	B	C	D	E	F	G	H
1	Source.Name	部门	姓名	性别	职务	身份证号	出生日期	年龄
2	人事部.xlsx	人事部	陈艺	女	部长	532932199104143564	1991-04-14	29
3	人事部.xlsx	人事部	周舒	男	职员	510703199104046977	1991-04-04	29
4	人事部.xlsx	人事部	吕艺	女	职员	441625199002250083	1990-02-25	30
5	人事部.xlsx	人事部	韩问筠	女	职员	230124199105085128	1991-05-08	29
6	人事部.xlsx	人事部	岳夏梅	男	职员	610921199207146070	1992-07-14	28
7	人事部.xlsx	人事部	雷虹	男	职员	421303199309192553	1993-09-19	27
8	人事部.xlsx	人事部	吴乐之	女	职员	513333199203219967	1992-03-21	28
9	人事部.xlsx	人事部	孙章洪	男	职员	150783199408273356	1994-08-27	26
10	人事部.xlsx	人事部	吴眉	男	职员	130401199110141591	1991-10-14	29
11	财务部.xlsx	财务部	郑醉薇	男	部长	411326199303099094	1993-03-09	27
12	财务部.xlsx	财务部	何铠沣	男	职员	330303199411182316	1994-11-18	26
13	财务部.xlsx	财务部	孙春燕	女	职员	152224199410125920	1994-10-12	26
14	财务部.xlsx	财务部	褚姚	女	职员	441303199404182728	1994-04-18	26
15	财务部.xlsx	财务部	张芳	女	职员	211403199007073141	1990-07-07	30
16	财务部.xlsx	财务部	姜瑾	女	职员	361130199404058725	1994-04-05	26
17	财务部.xlsx	财务部	王丽丽	女	职员	654301199005244564	1990-05-24	30
18	财务部.xlsx	财务部	施婷	女	职员	52232819910312520X	1991-03-12	29
19	销售部.xlsx	销售部	柏嘎妹	男	部长	130709199306256216	1993-06-25	27
20	销售部.xlsx	销售部	朱景燕	男	职员	445201199306167132	1993-06-16	27
21	销售部.xlsx	销售部	许二丫	女	职员	640121199102242543	1991-02-24	29

图 2.32-16

场景三：多个工作簿文件合并成一个表时出现报错

按照前文介绍的多个工作簿文件合并成一个表时，在进入PowerQuery编辑器后，数据并没有合并，而是出现了Error的报错，见图2.32-17，这种问题怎样解决？

如出现报错或弹出“Expression.Error：该键与表中的任何行均不匹配”的错误提示，说明合并的工作簿的表格名不同，见图2.32-18。

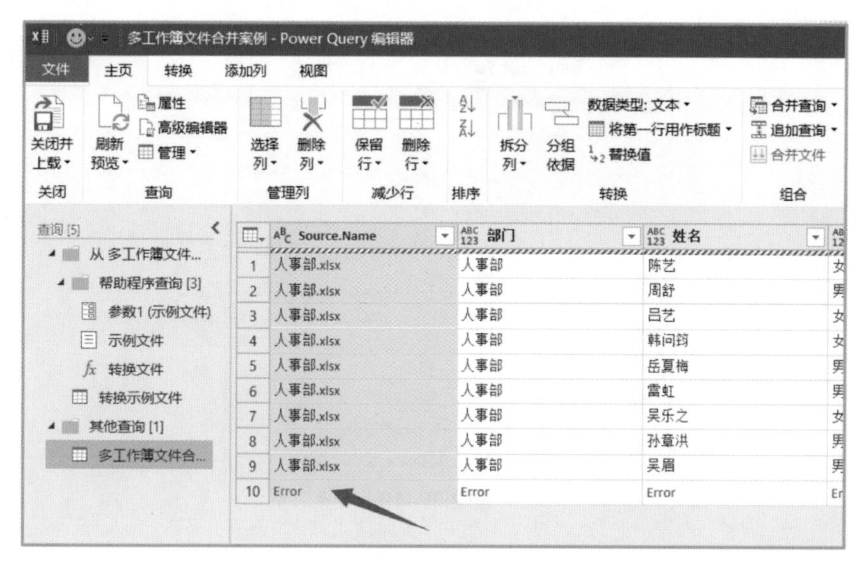

图2.32-17

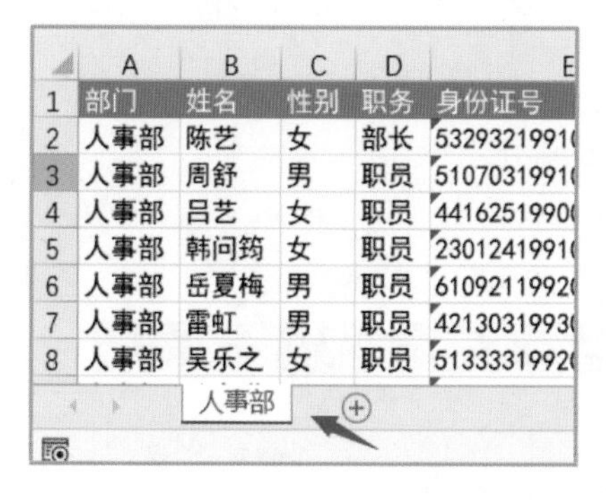

	A	B	C	D	E
1	部门	姓名	性别	职务	身份证号
2	人事部	陈艺	女	部长	5329321991
3	人事部	周舒	男	职员	5107031991
4	人事部	吕艺	女	职员	4416251990
5	人事部	韩问筠	女	职员	2301241991
6	人事部	岳夏梅	男	职员	6109211992
7	人事部	雷虹	男	职员	4213031993
8	人事部	吴乐之	女	职员	5133331992

人事部

	A	B	C	D	
1	部门	姓名	性别	职务	身份证号
2	财务部	郑醉薇	男	部长	411326199
3	财务部	何铠沣	男	职员	330303199
4	财务部	孙春燕	女	职员	152224199
5	财务部	褚姚	女	职员	441303199
6	财务部	张芳	女	职员	211403199
7	财务部	姜瑾	女	职员	361130199
8	财务部	王丽丽	女	职员	654301199

财务部

图2.32-18

如果每个工作簿都要打开去修改表名，这个工作量真的太大了，有没有便捷的办法？

（1）在Power Query编辑器中，在窗口左侧“查询”列表中，鼠标右键点击“转换示例文件”项目，选择“高级编辑器”选项，见图2.32-19。

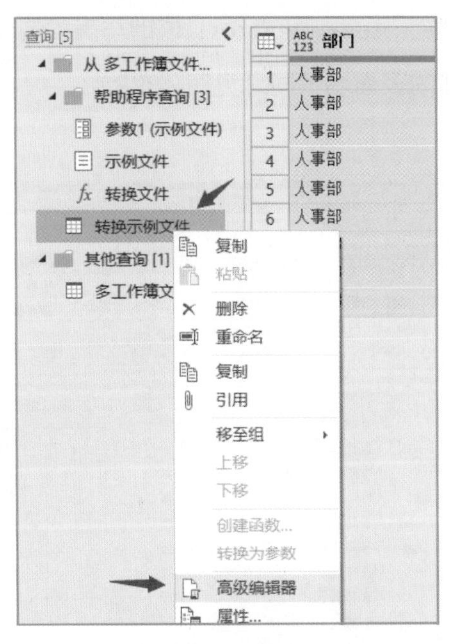

图2.32-19

（2）在“高级编辑器”对话框中，找到 源{[Item="******",Kind="Sheet"]}语句，此处的*号代表实际应用的表名，将 Item="******"，全部删除，此行所有数据变为：

人事部_Sheet = 源{[Kind="Sheet"]}[Data],

如图2.32-20所示。

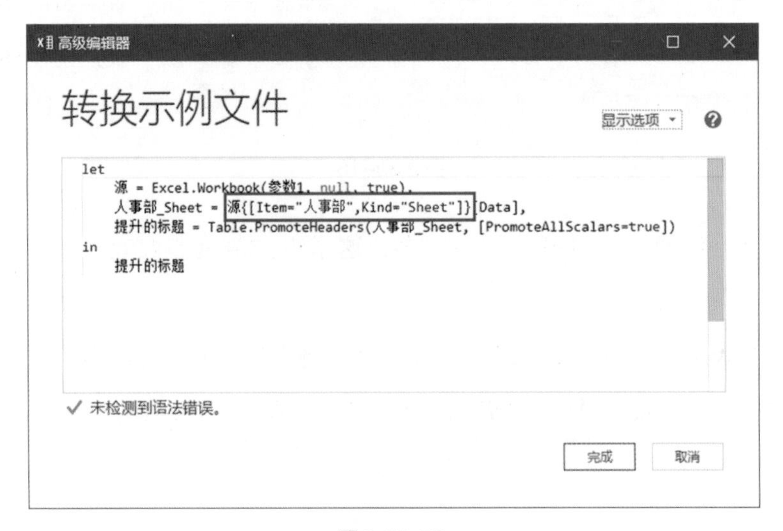

图2.32-20

（3）点击“完成”按钮后，返回到Power Query编辑器窗口，点击左侧“查询”列表中“其他查询”中的表，可见所有数据已全部合并完成，点击编辑器右上角“关闭并上载”，见图2.32–21。

查询 [5]
- 从 多工作簿文件...
  - 帮助程序查询 [3]
    - 参数1 (示例文件)
    - 示例文件
    - 转换文件
  - 转换示例文件
- 其他查询 [1]
  - 多工作簿文件合...

	Source.Name	部门	姓名
1	人事部.xlsx	人事部	陈艺
2	人事部.xlsx	人事部	周舒
3	人事部.xlsx	人事部	吕艺
4	人事部.xlsx	人事部	韩问筠
5	人事部.xlsx	人事部	岳夏梅
6	人事部.xlsx	人事部	雷虹
7	人事部.xlsx	人事部	吴乐之
8	人事部.xlsx	人事部	孙章洪
9	人事部.xlsx	人事部	吴眉
10	财务部.xlsx	财务部	郑醉薇
11	财务部.xlsx	财务部	何铠沣
12	财务部.xlsx	财务部	孙春燕
13	财务部.xlsx	财务部	褚姚
14	财务部.xlsx	财务部	张芳
15	财务部.xlsx	财务部	姜瑾

图2.32–21

Tips：Excel 2016及以上版本才默认有Power Query工具，若是低版本的Excel，可以到微软官网去免费下载安装此插件。

扫一扫

2.33 能否快速对工作簿中多个表进行数据汇总统计？

以图2.33–1为例，一个工作簿中有每月的销售额明细表，每月销售人员的姓名、销售额和排序都有可能不同，只有表的列是相同的，怎样将数据快速汇总到一季度汇总表中，并求得每个人的一季度总销售量？

	A	B	C	D	E	F
1	姓名	销售额				
2	朱景燕	600				
3	许二丫	800				
4	张花娥	760				
5	陶颖	450				
6	章宏艳	630				

2020年1月 | 2020年2月 | 2020年3月 | 一季度汇总

图2.33–1

（1）打开一季度汇总表，鼠标点击A1单元格，点击“数据”选项卡，在“数据工具”选项组中点击“合并计算”按钮，见图2.33-2。

图2.33-2

（2）在“合并计算”对话框中，函数选择“求和”，点击“引用位置”文本框后的图标，见图2.33-3。

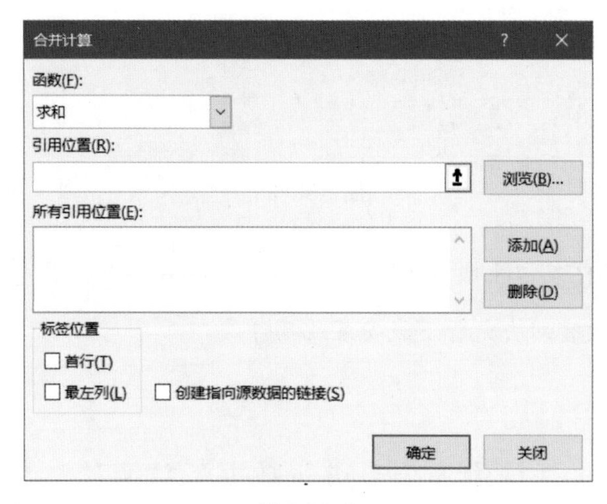

图2.33-3

（3）选择“2020年1月”表格中的所有数据后，点击“引用位置”文本框后方的图标，见图2.33-4。

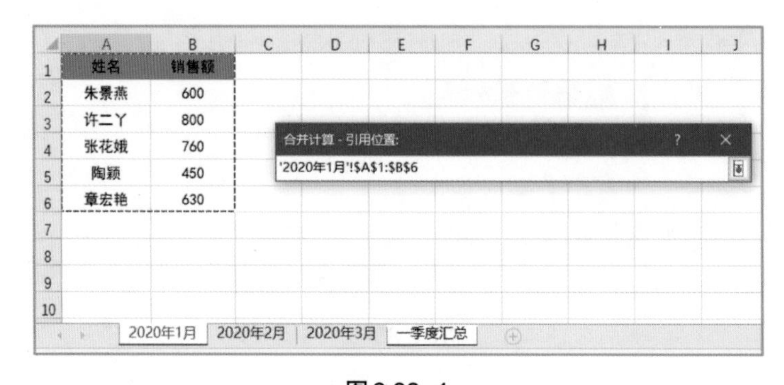

姓名	销售额
朱景燕	600
许二丫	800
张花娥	760
陶颖	450
章宏艳	630

图2.33-4

（4）返回“合并计算”对话框后，点击“添加”按钮，见图2.33–5。

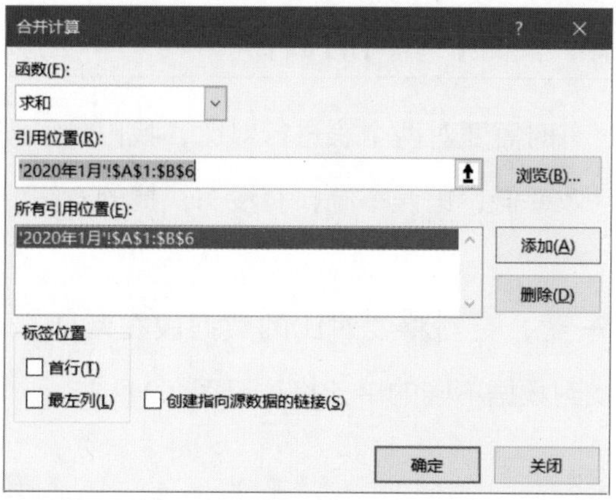

图2.33–5

（5）重复上述步骤，继续在“引用位置”文本框中依次添加“2020年2月”“2020年3月”表格的所有数据，勾选标签位置的“首行”及“最左列”选项后，点击“确定”按钮，见图2.33–6。

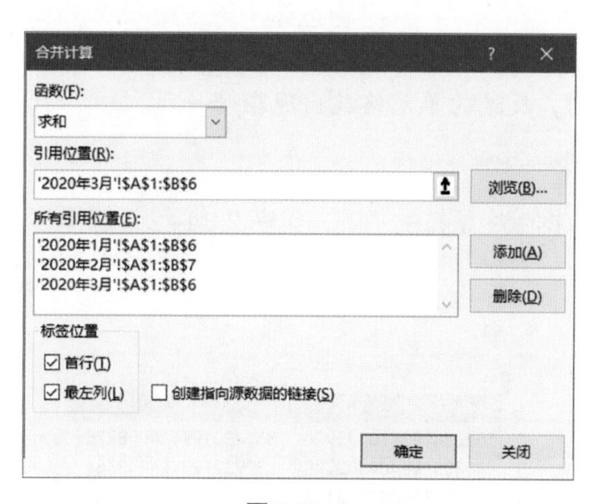

图2.33–6

（6）此时3张表的数据就合并计算到了新表中，见图2.33–7。

	A	B	C	D	E	F
1		销售额				
2	朱景燕	1350				
3	许二丫	1432				
4	张花娥	1887				
5	陶颖	1423				
6	章宏艳	1299				
7	刘晓伟	345				
8	张海涛	540				
9						

2020年1月 | 2020年2月 | 2020年3月 | 一季度汇总

图2.33–7

2.34 怎样快速找出两个表中不同的数据？

在Excel使用中，有时需要对两个表进行对比，找出其不同的数据，人工一行行对比，不仅时间长而且效率低，错误率高，有没有快捷的方法？

1. 两表数据顺序一致时

若两表数据顺序一致，只需将要对比的数据放在两列，全选数据后，快捷键Ctrl+\即可快速反选找到数据不同的单元格，见图2.34-1。

	A	B
1	身份证号	身份证号
2	152224199410125920	152224199410125920
3	441303199404182728	441303199404082728
4	211403199007073141	211403199007073141
5	361130199404058725	361130199414058725
6	654301199005244564	654301199005244564
7	52232819910312520X	52232819910312520X
8	532932199104143564	532932199104143564

	A	B
1	身份证号	身份证号
2	152224199410125920	152224199410125920
3	441303199404182728	441303199404082728
4	211403199007073141	211403199007073141
5	361130199404058725	361130199414058725
6	654301199005244564	654301199005244564
7	52232819910312520X	52232819910312520X
8	532932199104143564	532932199104143564

图2.34-1

Tips：后选哪一列，反选的单元格就出现在哪一列。

2. 两表数据顺序不一致时

如果两个表格的数据顺序是打乱了的，见图2.34-2，怎样判断B列中的身份证号在A列中有没有？

	A	B
1	身份证号1	身份证号2
2	152224199410125920	361130199414058725
3	441303199404182728	532932199104143564
4	211403199007073141	211403199007073141
5	361130199404058725	152224199410125920
6	654301199005244564	654301199005244564
7	52232819910312520X	52232819910312520X
8	532932199104143564	441303199404082728

图2.34-2

可增加一个辅助列，在C列C2单元格填写公式“=COUNTIF（A:A,B2）”，该公式含义是统计B2值在A列中出现几次，若为0次，即说明该行B列单元格的身份证号有误，见图2.34-3。

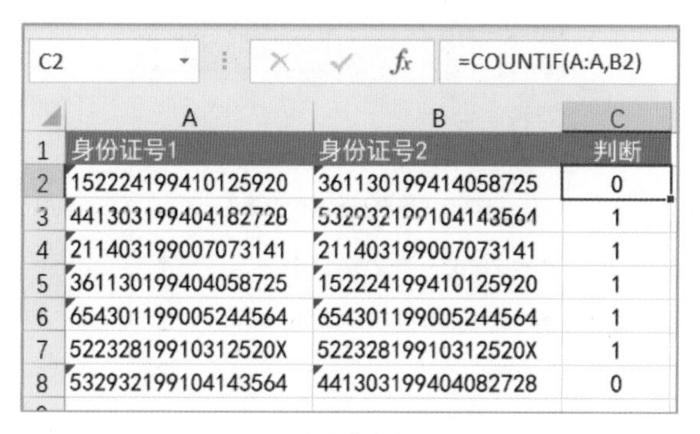

C2 =COUNTIF(A:A,B2)

	A	B	C
1	身份证号1	身份证号2	判断
2	152224199410125920	361130199414058725	0
3	441303199404182728	532932199104143564	1
4	211403199007073141	211403199007073141	1
5	361130199404058725	152224199410125920	1
6	654301199005244564	654301199005244564	1
7	52232819910312520X	52232819910312520X	1
8	532932199104143564	441303199404082728	0

图2.34-3

3.大量数据的对比

当出现两个表数据量大且顺序不一致的情况时，见图2.34-4，怎样快速对比两个表的数据差异？

	A	B	C	D	E
1	部门	姓名	性别	职务	身份证号
2	财务部	郑醉薇	男	部长	411326199303099094
3	财务部	何铠沣	男	职员	330303199411182316
4	财务部	孙春燕	女	职员	152224199410125920
5	财务部	褚姚	女	职员	441303199404182728
6	财务部	张芳	女	职员	211403199007073141
7	财务部	姜瑾	女	职员	361130199404058725
8	财务部	王丽丽	女	职员	654301199005244564
9	财务部	施婷	女	职员	52232819910312520X

表1 表2

	A	B	C	D	E
1	部门	姓名	性别	职务	身份证号
2	财务部	孙春燕	女	职员	152224199410125920
3	财务部	张芳	女	职员	211403199007173141
4	财务部	何铠沣	男	职员	330303199411182316
5	财务部	姜瑾	女	职员	361130199404058725
6	财务部	郑醉薇	男	部长	411326199403099094
7	财务部	褚姚	男	职员	441303199404182728
8	财务部	施婷	女	职员	52232819910312520X
9	财务部	王美丽	女	职员	654301199005244564

表1 表2

图2.34-4

（1）用表2与表1数据对比，将不同的数据行在表2中标识出来。

（2）在表2中，点击“数据”选项卡，在“排序和筛选”选项组中点击“高级”按钮，见图2.34-5。

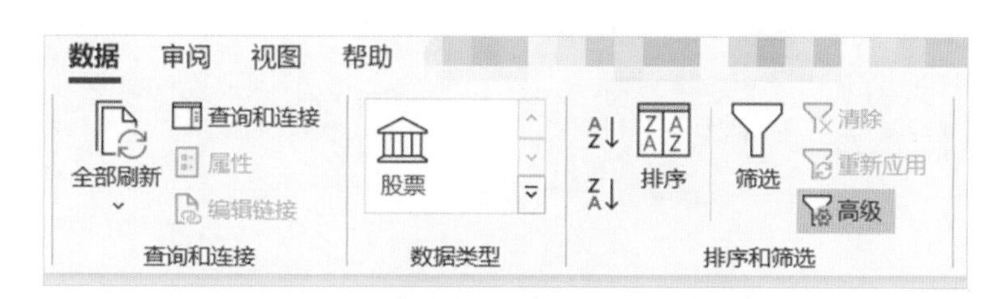

图2.34-5

在“高级筛选”对话框中，“列表区域”选择表2所有数据，“条件区域”选择表1所有数据后，点击“确定”按钮，见图2.34-6。

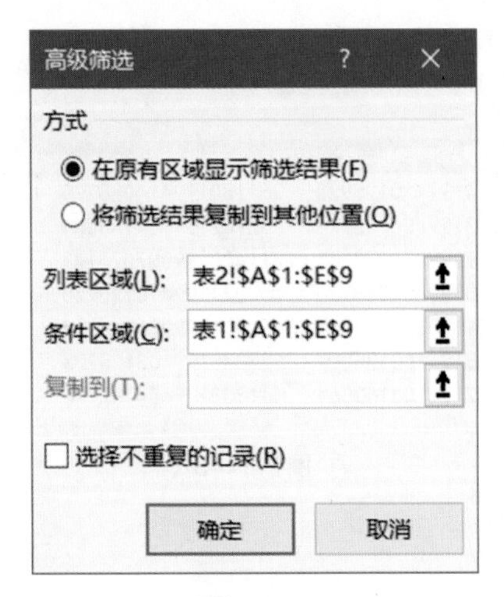

图2.34-6

（3）此时表2进行了筛选，只显示与表1相同的数据，可将其数据文字颜色改为红色，见图2.34-7。

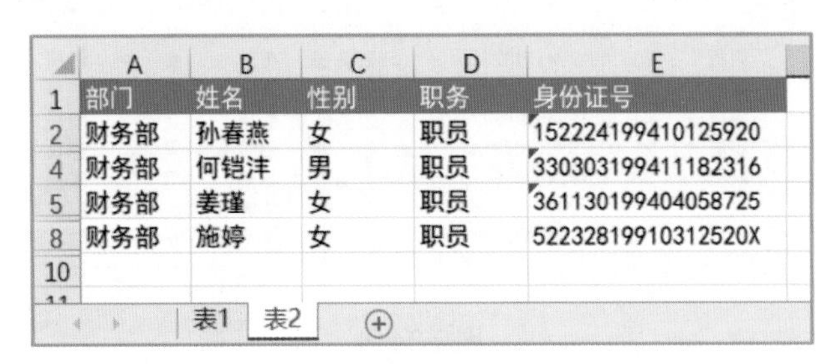

	A	B	C	D	E
1	部门	姓名	性别	职务	身份证号
2	财务部	孙春燕	女	职员	152224199410125920
4	财务部	何铠沣	男	职员	330303199411182316
5	财务部	姜瑾	女	职员	361130199404058725
8	财务部	施婷	女	职员	52232819910312520X
10					

图2.34-7

（4）点击“数据”选项卡，在“排序和筛选”选项组中点击“清除”按钮，见图2.34-8。

图2.34-8

（5）此时通过颜色的区分就可判断出黑色文字和“表1”中的数据无法匹配，见图2.34-9。

	A	B	C	D	E
1	部门	姓名	性别	职务	身份证号
2	财务部	孙春燕	女	职员	152224199410125920
3	财务部	张芳	女	职员	211403199007173141
4	财务部	何铠沣	男	职员	330303199411182316
5	财务部	姜瑾	女	职员	361130199404058725
6	财务部	郑醉薇	男	部长	411326199403099094
7	财务部	褚姚	男	职员	441303199404182728
8	财务部	施婷	女	职员	52232819910312520X
9	财务部	王美丽	女	职员	654301199005244564

图2.34-9

2.35 怎样快速利用Excel进行大量数据的统计分析?

扫一扫

需要对大量数据的表进行统计分析时，以图2.35-1为例，如计算分专业分年级分科目的最高分、最低分、平均分等，如果分别使用函数或筛选，效率非常低下，有没有快速且便捷的方式？这时要使用到Excel强大的数据分析功能——数据透视表。

	A	B	C	D	E	F	G	H	I
1	年级	姓名	专业	语文	数学	英语	计算机	毛概	体育
2	2018	孔彩艳	供用电技术	63	16	37	52	39	70
3	2018	尤恩珍	供用电技术	29	73	33	76	89	92
4	2018	陈荔	供用电技术	84	30	43	54	43	65
5	2018	周甜	供用电技术	91	23	67	64	46	34
6	2018	王纨	供用电技术	62	79	19	79	95	39
7	2019	冯醉薇	供用电技术	33	26	18	60	90	23
8	2019	孔寒雁	供用电技术	36	78	18	37	33	80
9	2019	卫恩珍	供用电技术	21	11	95	62	96	26
10	2019	华锦	供用电技术	92	78	81	36	77	81
11	2019	孔丽丽	供用电技术	32	95	69	58	63	46
12	2018	卫兰兰	发电厂及电力系统	54	19	99	42	15	12
13	2018	蒋万敏	发电厂及电力系统	99	96	81	35	57	75
14	2018	陶竹	发电厂及电力系统	54	27	55	52	35	31
15	2018	韩永珍	发电厂及电力系统	18	67	17	51	47	94
16	2018	姜春文	发电厂及电力系统	11	37	93	65	84	36
17	2018	吴盼夏	发电厂及电力系统	37	70	49	62	53	96
18	2018	何兰燕	发电厂及电力系统	68	81	26	59	27	15
19	2019	韩开凤	发电厂及电力系统	13	20	13	18	18	90
20	2019	尤瑶	发电厂及电力系统	24	77	48	88	87	45
21	2019	孔欣淼	发电厂及电力系统	12	97	24	57	55	50
22	2019	朱莉	机电一体化技术	98	88	91	74	34	68
23	2019	郑梦	机电一体化技术	33	69	64	53	15	16

图2.35-1

1. 分年级、分专业各学科的分数情况统计

（1）点击表格内部任一位置单元格后，点击“插入”选项卡，在“表格”选项组中选择“数据透视表”选项，见图2.35-2。

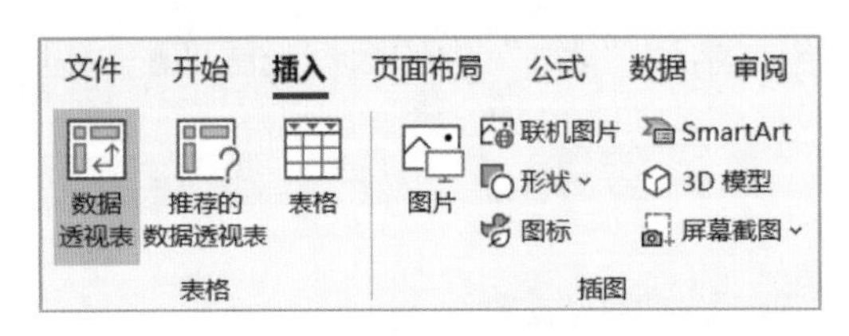

图 2.35-2

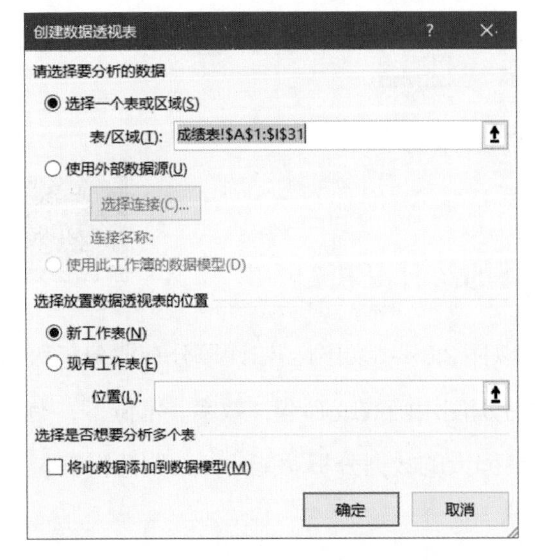

图 2.35-3

（2）在“创建数据透视表”对话框，Excel会自动选择表的区域，若区域有误可自行修改，此处采用默认选项，将数据透视表的位置放在“新工作表”中，点击“确定”按钮，见图2.35-3。

（3）在生成的新表中，包含空白的数据透视表，窗口右侧为“数据透视表字段”对话框，见图2.35-4。

（4）在“数据透视表字段”对话框中，各字段均可鼠标拉拽到下方的筛选、列、行、值4个区域中。将“年级”和“专业”字段拉拽到“行区域”中，将“语文”“数学”“英语”“计算机”“毛概”“体育”字段拉拽到“值区域”中，此时，左侧表格会自动生成统计表，见图2.35-5。

图 2.35-4

行标签	求和项:语文	求和项:数学	求和项:英语	求和项:计算机	求和项:毛概	求和项:体育
⊟发电厂及电力系统	390	591	505	529	478	544
2018	341	397	420	366	318	359
2019	49	194	85	163	160	185
⊟供用电技术	543	509	480	578	671	556
2018	329	221	199	325	312	300
2019	214	288	281	253	359	256
⊟机电一体化技术	463	499	489	668	427	556
2018	237	211	184	377	243	384
2019	226	288	305	291	184	172
总计	1396	1599	1474	1775	1576	1656

图 2.35-5

（5）“行区域”中字段的上下顺序不同，会有不同的呈现方式，见图 2.35-6。

行标签	求和项:语文	求和项:数学	求和项:英语	求和项:计算机	求和项:毛概	求和项:体育
⊟2018	907	829	803	1068	873	104
发电厂及电力系统	341	397	420	366	318	35
供用电技术	329	221	199	325	312	30
机电一体化技术	237	211	184	377	243	38
⊟2019	489	770	671	707	703	61
发电厂及电力系统	49	194	85	163	160	18
供用电技术	214	288	281	253	359	25
机电一体化技术	226	288	305	291	184	17
总计	1396	1599	1474	1775	1576	165

图 2.35-6

（6）左侧的统计表默认是“求和”方式，可点击需要修改的对应列，鼠标点击右键，在菜单中选择“值汇总依据”选项，可根据实际需要选择“计数”“平均值”“最大值”“最小值”等统计方式，还可点击“其他选项”进行更详细的配置，见图 2.35-7。

（7）点击“其他选项”后，可设置该字段的“自定义名称”，可选择“乘积”“标准偏差”“方差”等汇总方式，见图 2.35-8。

图 2.35–7

值字段设置

源名称：语文

自定义名称(C)：求和项:语文

值汇总方式　值显示方式

值字段汇总方式(S)

选择用于汇总所选字段数据的

计算类型

乘积
数值计数
标准偏差
总体标准偏差
方差
总体方差

数字格式(N)　确定　取消

图 2.35–8

2. 数据透视表使用前提规范

（1）数据表格必须要有标题行（最好就表格第一行），每个字段都要有标题，如姓名、班级、学号等。

（2）表格中不能有合并单元格。

（3）单元格数据格式要规范，参与计算的字段不能是文本型，日期字段要规范填写。

3. 数据透视表的注意事项

（1）若原数据表中数据有更新，数据透视表默认不会自动更新，需要鼠标右键点击数据透视表，选择“刷新”选项，见图2.35–9。

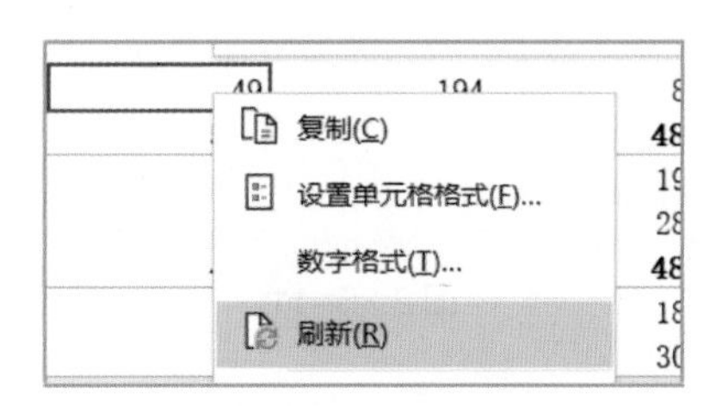

图2.35–9

（2）“行区域”内的字段不能重复，“值区域”内的字段可放置多个相同字段，可在一个表中设置多种统计方式，见图2.35–10。

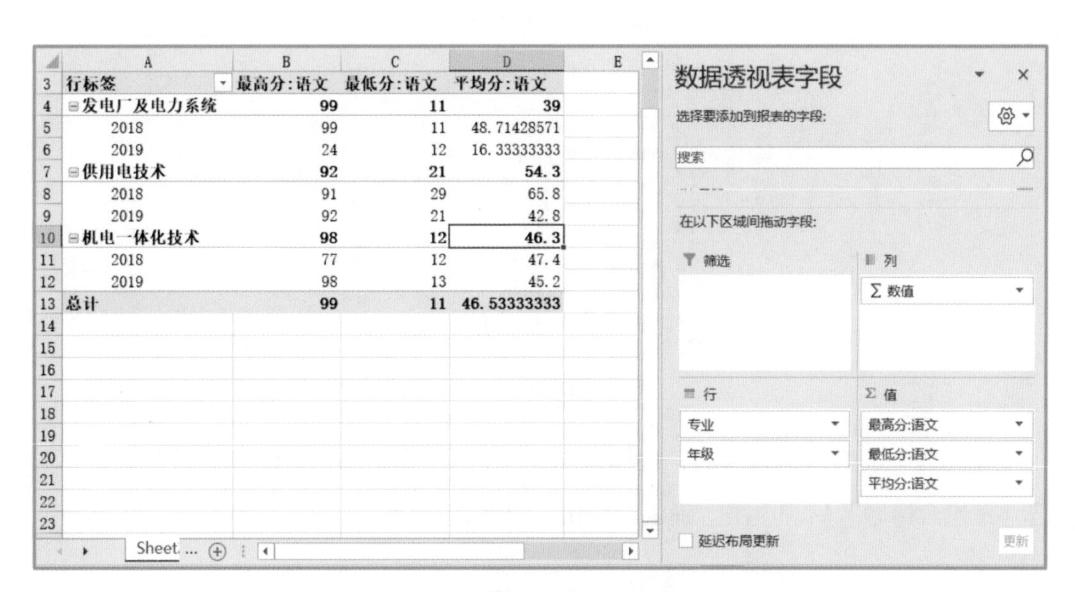

图2.35–10

（3）“筛选区域”内添加字段后，可让数据根据筛选要求进行切换，见图2.35–11。

年级	(全部)		
行标签	最高分:语文	最低分:语文	平均分:语文
发电厂及电力系统	99	11	39
供用电技术	92	21	54.3
机电一体化技术	98	12	46.3
总计	99	11	46.53333333

图2.35-11

扫一扫

2.36 怎样快速美化表格?

在默认情况下，Excel 制作的表格都比较简单，以图 2.36-1 为例，怎样快速美化表格?

××××××公司销售业绩看板（万元）						
姓名	性别	职务	1月	2月	3月	4月
柏嘎妹	女	部长	75	78	39	97
朱景燕	女	职员	55	51	19	34
许二丫	女	职员	61	89	55	33
张花娥	女	职员	71	34	28	96
陶颖	女	职员	54	42	49	94
章宏艳	男	职员	19	63	71	98
杨霄	男	职员	43	42	20	86
孔礼杰	男	职员	57	33	92	39
许景燕	女	职员	12	89	57	12
陶姣	男	职员	18	86	59	79

图2.36-1

（1）选中表格数据区域后，快捷键 Ctrl+T，在弹出的“创建表”对话框中，勾选“表包含标题”后，点击“确定”按钮，见图 2.36-2。

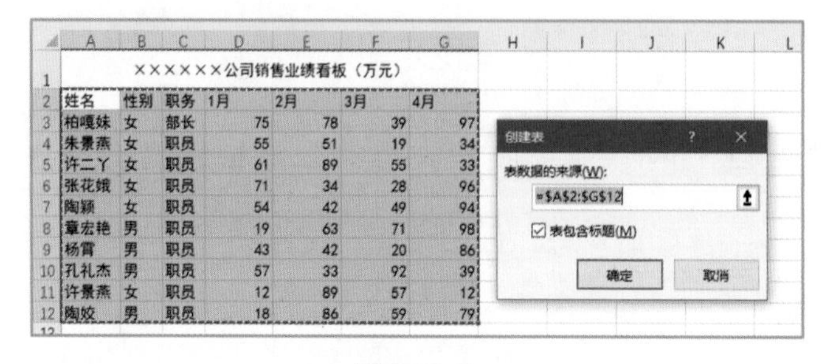

图2.36-2

（2）此时表格整体样式发生变化，还可以点击“表设计”选项卡，选择预设的其他表格样式，见图2.36-3。

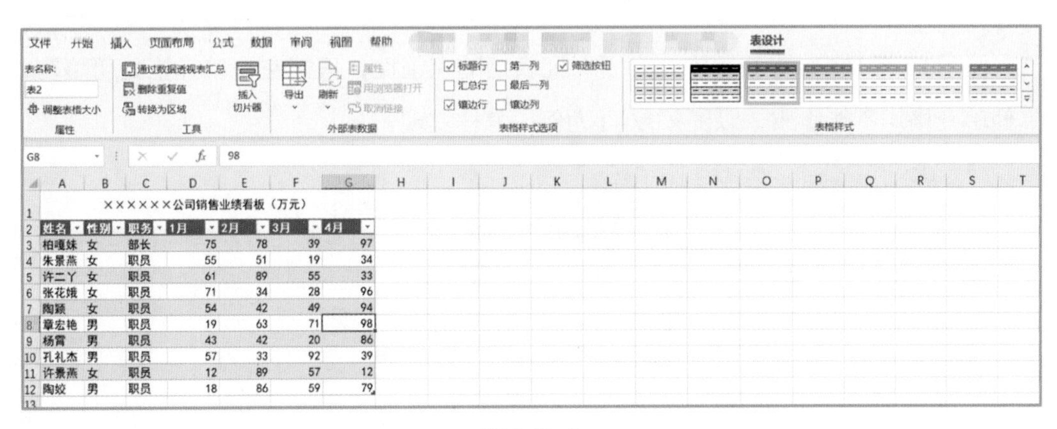

××××××公司销售业绩看板（万元）

姓名	性别	职务	1月	2月	3月	4月
柏嘎妹	女	部长	75	78	39	97
朱景燕	女	职员	55	51	19	34
许二丫	女	职员	61	89	55	33
张花娥	女	职员	71	34	28	96
陶颖	女	职员	54	42	49	94
章宏艳	男	职员	19	63	71	98
杨霄	男	职员	43	42	20	86
孔礼杰	男	职员	57	33	92	39
许景燕	女	职员	12	89	57	12
陶姣	男	职员	18	86	59	79

图2.36-3

（3）还可以表格数据进一步数据可视化，框选表格后，点击选框右下角图标（快捷键Ctrl+Q），弹出“条件格式”选项，可根据实际需要选择相关格式或图表，见图2.36-4。

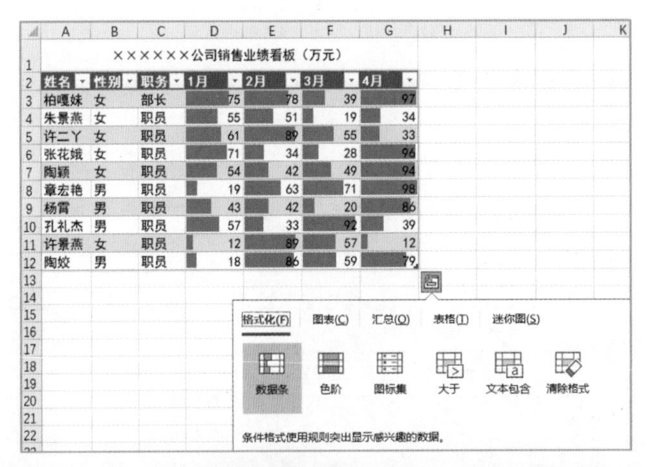

××××××公司销售业绩看板（万元）

姓名	性别	职务	1月	2月	3月	4月
柏嘎妹	女	部长	75	78	39	97
朱景燕	女	职员	55	51	19	34
许二丫	女	职员	61	89	55	33
张花娥	女	职员	71	34	28	96
陶颖	女	职员	54	42	49	94
章宏艳	男	职员	19	63	71	98
杨霄	男	职员	43	42	20	86
孔礼杰	男	职员	57	33	92	39
许景燕	女	职员	12	89	57	12
陶姣	男	职员	18	86	59	79

姓名	性别	职务	1月	2月	3月	4月
柏嘎妹	女	部长	75	78	39	97
朱景燕	女	职员	55	51	19	34
许二丫	女	职员	61	89	55	33
张花娥	女	职员	71	34	28	96
陶颖	女	职员	54	42	49	94
章宏艳	男	职员	19	63	71	98
杨霄	男	职员	43	42	20	86
孔礼杰	男	职员	57	33	92	39
许景燕	女	职员	12	89	57	12
陶姣	男	职员	18	86	59	79

姓名	性别	职务	1月	2月	3月	4月
柏嘎妹	女	部长	75	78	39	97
朱景燕	女	职员	55	51	19	34
许二丫	女	职员	61	89	55	33
张花娥	女	职员	71	34	28	96
陶颖	女	职员	54	42	49	94
章宏艳	男	职员	19	63	71	98
杨霄	男	职员	43	42	20	86
孔礼杰	男	职员	57	33	92	39
许景燕	女	职员	12	89	57	12
陶姣	男	职员	18	86	59	79

图2.36-4

扫一扫

2.37 怎样保护工作表不被篡改？

使用Excel制作的表单中，为了保证表格的完整性，只能空白单元格处可填写，其他单元格均不能修改，以图2.37-1为例，怎样实现？

	A	B	C	D	E	F	G	H
1	学生顶岗实习基本情况表							
2	学生姓名			性别		专业班级		
3	学号			联系电话			辅 导 员	
4	实习单位	名称					联 系 人	
5		地址					联系电话	
6	实习部门					实习岗位		
7	实习单位指导教师基本情况	姓 名					所在部门	
8		联系电话					职务/职称	
9	学院指导教师基本情况	姓 名					所在部门	
10		联系电话					职务/职称	
11	实习时间							
	实习过程及内容概要							

图2.37-1

（1）点击Excel表格左上角 全选表格，鼠标右键点击，选择“设置单元格格式”选项，见图2.37-2。

图2.37-2

（2）在“设置单元格格式”对话框，选择“保护”选项卡，将“锁定”选项的勾选取消，见图2.37-3。

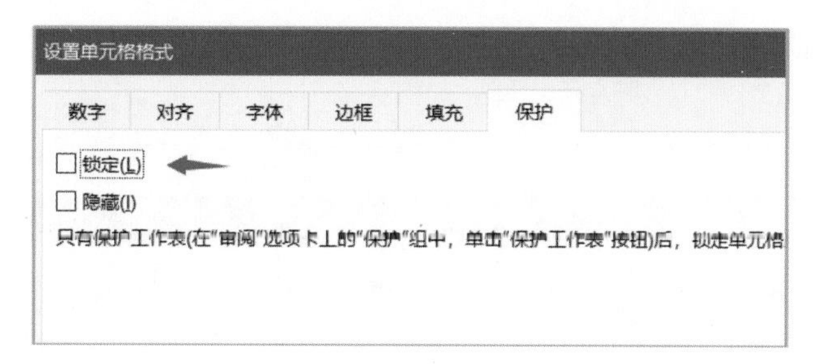

图2.37-3

（3）快捷键Ctrl+G，打开“定位”对话框，点击左下角“定位条件”按钮，在“定位条件”对话框中选择“常量”选项后，点击“确定”按钮，见图2.37-4。

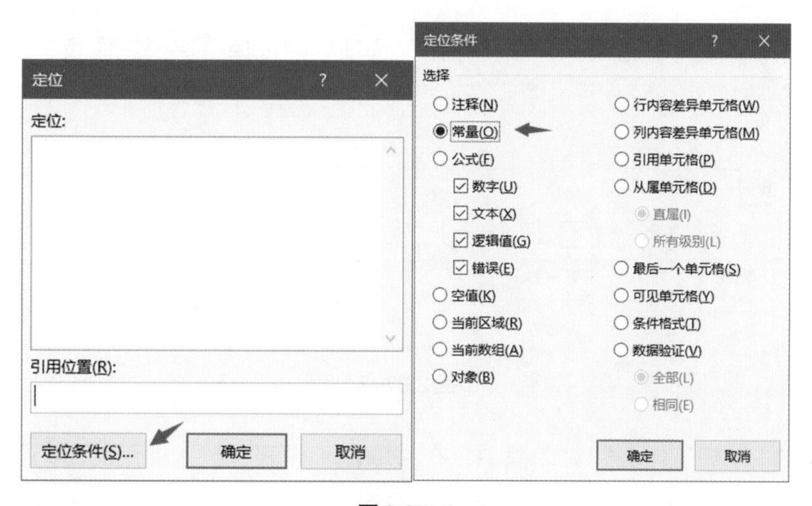

图2.37-4

（4）再次点击鼠标右键，选择“设置单元格格式”选项，见图2.37-5。

图2.37-5

（5）在“设置单元格格式”对话框，在“保护”选项卡中，勾选“锁定”选项，见图2.37-6。

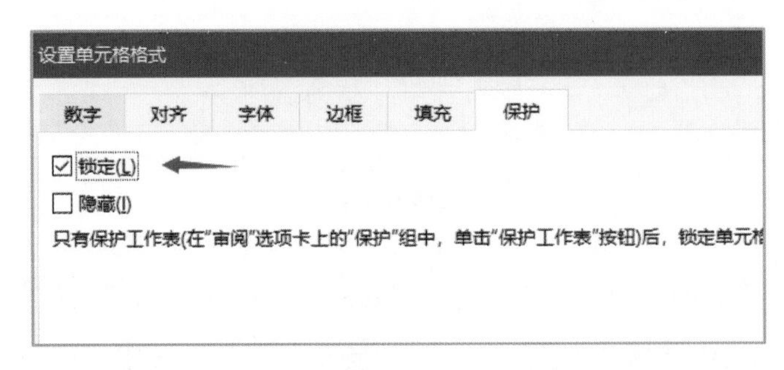

图2.37-6

（6）点击“审阅”选项卡，在“保护”选项组中选择“保护工作表”选项，见图2.37-7。

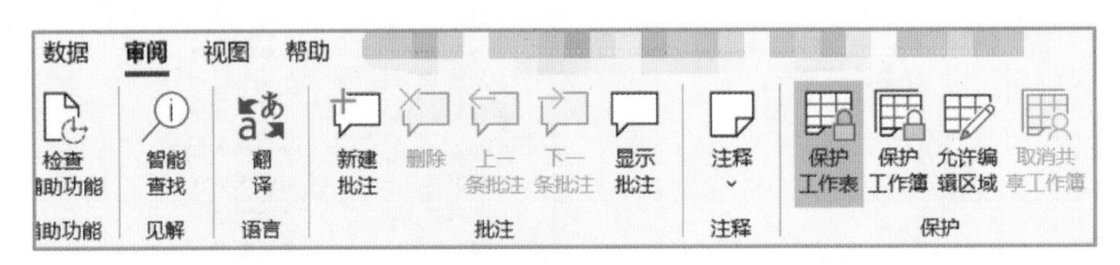

图2.37-7

（7）在“保护工作表”对话框中，在“取消工作表保护时使用的密码”中输入密码，点击“确定”按钮，在“确认密码”对话框中再次输入后，点击“确定”按钮，见图2.37-8。

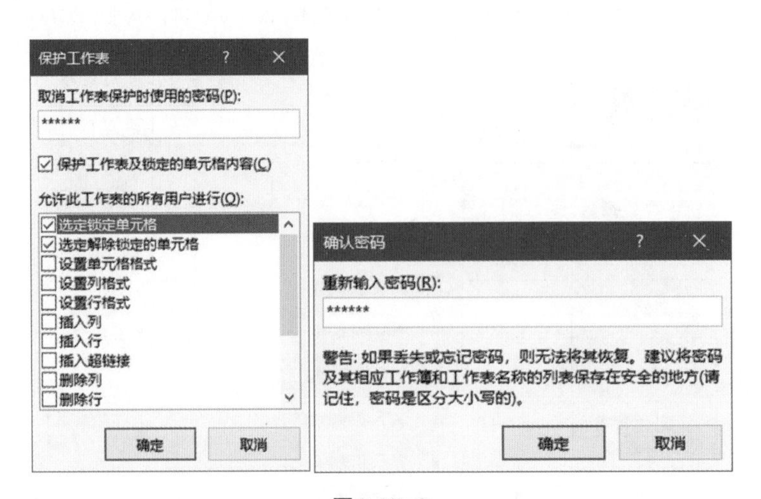

图2.37-8

（8）此时如果点击表格不能编辑的区域，就会弹出提示，见图 2.37-9。

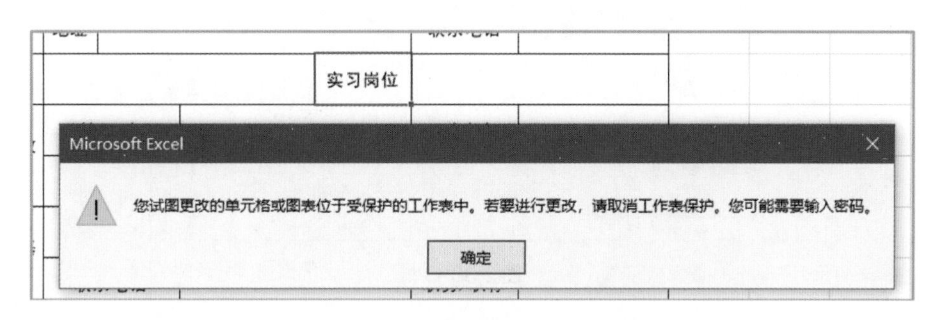

图 2.37-9

2.38 长表格在打印时怎样设置每页都有表头？

扫一扫

数据超多的长表格，在打印的时候，往往第一页有表头，第二页就没有了，见图 2.38-1，有什么办法能让每一页都出现表头？

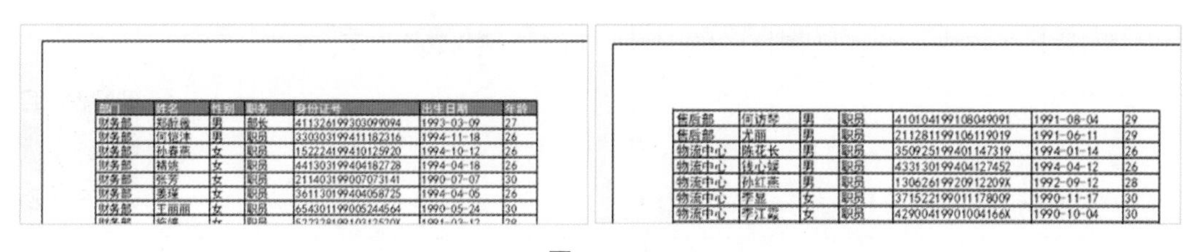

部门	姓名	性别	职务	身份证号	出生日期	年龄
财务部	郑舒薇	男	部长	411326199303099094	1993-03-09	27
财务部	何键沛	男	职员	330303199411182316	1994-11-18	26
财务部	孙春燕	女	职员	152224199410125920	1994-10-12	26
财务部	褚姣	女	职员	441303199404182728	1994-04-18	26
财务部	张芳	女	职员	211403199007073141	1990-07-07	30
财务部	姜瑾	女	职员	361130199404058725	1994-04-05	26
财务部	王丽丽	女	职员	654301199005244564	1990-05-24	30

售后部	何访琴	男	职员	410104199108049091	1991-08-04	29
售后部	尤丽	男	职员	211281199106119019	1991-06-11	29
物流中心	陈花长	男	职员	350925199401147319	1994-01-14	26
物流中心	钱心媛	男	职员	433130199404127452	1994-04-12	26
物流中心	孙红燕	男	职员	13062619920912209X	1992-09-12	28
物流中心	李昱	女	职员	371522199011178009	1990-11-17	30
物流中心	李江霞	女	职员	42900419901004166X	1990-10-04	30

图 2.38-1

（1）点击“页面布局”选项卡，在“页面设置”选项组中点击“打印标题”按钮，若无此按钮，可点击“页面设置”选项组右下方的 ↘ 图标，见图 2.38-2。

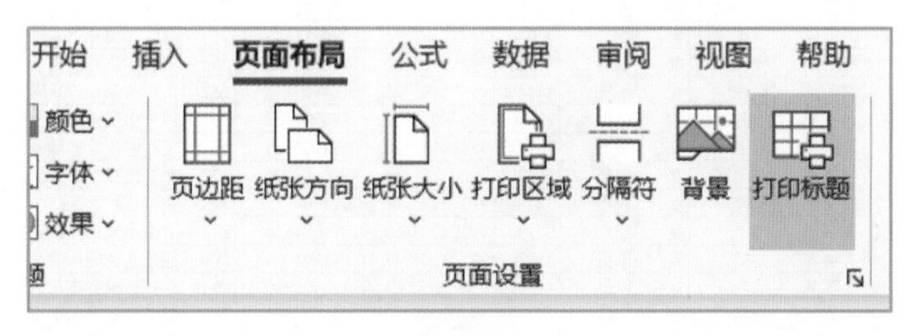

图 2.38-2

（2）在“页面设置”对话框中，点击“工作表”选项卡，在“打印标题”的“顶端标题行”文本框中，点击右侧图标 ↥，见图 2.38-3。

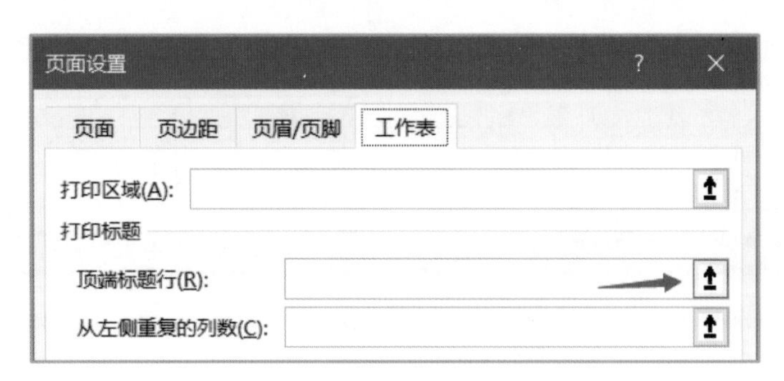

图2.38-3

（3）鼠标光标变成➡图标，选中第一行后，点击弹出文本框右侧▣图标，返回“页面设置”对话框，点击“确定”按钮，见图2.38-4。

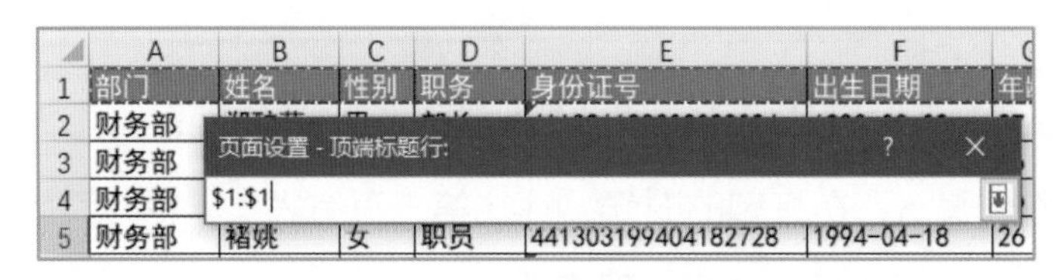

图2.38-4

采用上述方法，长表格在打印的时候，每页就都有表头了。

扫一扫

2.39 怎样根据数据自动分页打印?

以图2.39-1为例，在打印的时候希望每一个部门能单独在一页，如果用传统的“筛选”方式较为麻烦，有没有简便的方法?

	A	B	C	D	E	F	G	
1	部门	姓名	性别	职务	身份证号	出生日期	年龄	户籍地
2	财务部	郑醉薇	男	部长	411326199303099094	1993-03-09	27	河南省南阳市淅川
3	财务部	何铠沣	男	职员	330303199411182316	1994-11-18	26	浙江省温州市龙湾
4	财务部	孙春燕	女	职员	152224199410125920	1994-10-12	26	内蒙古自治区兴安
5	财务部	褚姚	女	职员	441303199404182728	1994-04-18	26	广东省惠州市惠阳
6	财务部	张芳	女	职员	211403199007073141	1990-07-07	30	辽宁省葫芦岛市龙
7	财务部	姜瑾	女	职员	361130199404058725	1994-04-05	26	江西省上饶市婺源
8	财务部	王丽丽	女	职员	654301199005244564	1990-05-24	30	新疆维吾尔自治区
9	财务部	施婷	女	职员	52232819910312520X	1991-03-12	29	贵州省黔西南布依
10	人事部	陈艺	女	部长	532932199104143564	1991-04-14	29	云南省大理白族自
11	人事部	周舒	男	职员	510703199104046977	1991-04-04	29	四川省绵阳市涪城
12	人事部	吕艺	女	职员	441625199002250083	1990-02-25	30	广东省河源市东源
13	人事部	韩问筠	女	职员	230124199105085128	1991-05-08	29	黑龙江省哈尔滨市
14	人事部	岳夏梅	男	职员	610921199207146070	1992-07-14	28	陕西省安康市汉阴
15	人事部	雷虹	男	职员	421303199309192553	1993-09-19	27	湖北省随州市曾都
16	人事部	吴乐之	女	职员	513333199203219967	1992-03-21	28	四川省甘孜藏族自
17	人事部	孙章洪	男	职员	150783199408273356	1994-08-27	26	内蒙古自治区呼伦
18	人事部	吴眉	男	职员	130401199110141591	1991-10-14	29	河北省邯郸市邯郸
19	销售部	柏嘎妹	男	部长	130709199306256216	1993-06-25	27	河北省张家口市崇

图2.39-1

（1）点击“数据”选项卡，在“分级显示”选项组中，点击“分类汇总”按钮，见图 2.39–2。

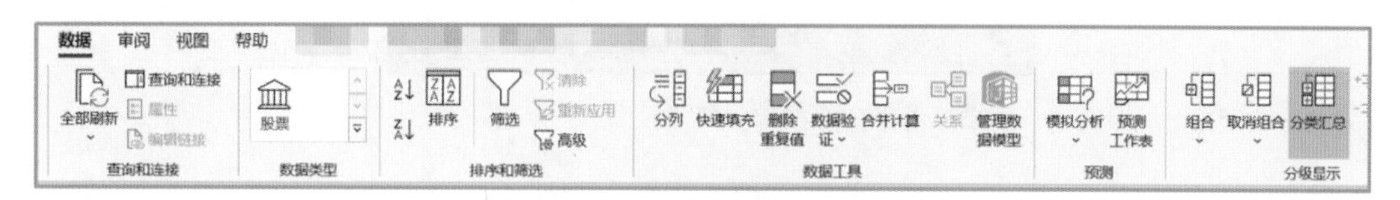

图 2.39–2

（2）在“分类汇总”对话框中，“分类字段”选择“部门”，“汇总方式”选择“计数”，“选定汇总项”可任意选择一字段，重点要将“每组数据分页”项目勾选，点击“确定”按钮，见图 2.39–3。

图 2.39–3

这样设置后，打印时，每个部门的数据都会单独分页打印。

扫一扫

2.40 表格怎样打印出来更美观？

1. 表格居中打印

（1）点击“页面布局”选项卡，在“页面设置”选项组中点击右下方的 图标。

（2）在“页面设置”对话框，点击“页面距”选项卡，将左、右边距设置为一样的值，然后居中方式勾选为“水平”，这样表格就居中打印了，见图2.40–1。

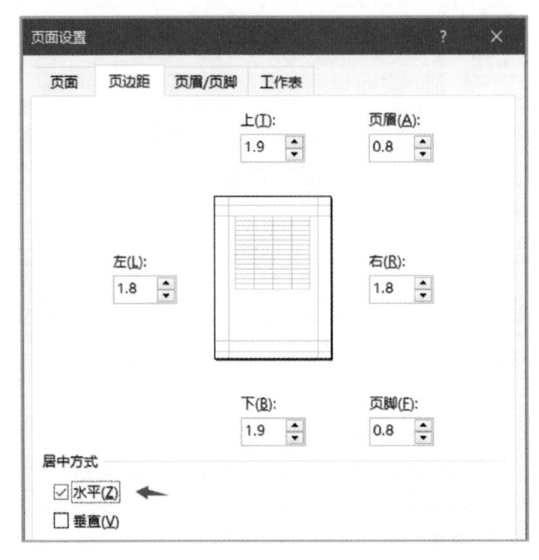

图2.40–1

2. 将表格调整到一页打印

（1）点击“页面布局”选项卡，在“页面设置”选项组中点击右下方的 图标。

（2）在“页面设置”对话框，点击“页面”选项卡，将“缩放”调整为“1页宽”“1页高”，见图2.40–2。

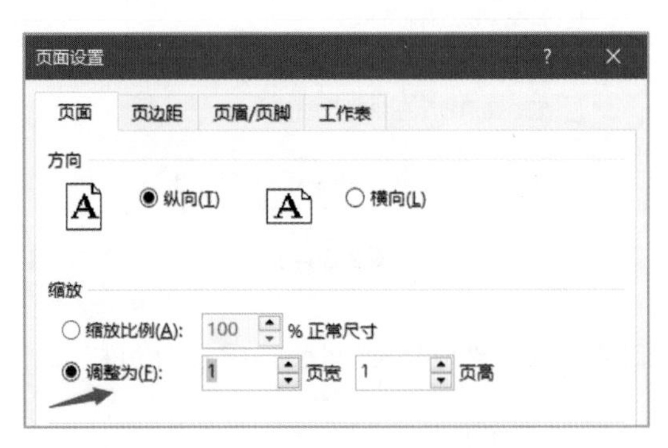

图2.40–2

|第3章|

PowerPoint 应用技巧

3.1 怎样快速复制对象并对齐?

在制作幻灯片时，常常会遇到需多元素多次复制、整齐排列的情况，见图3.1–1，如何能快捷的制作出来?

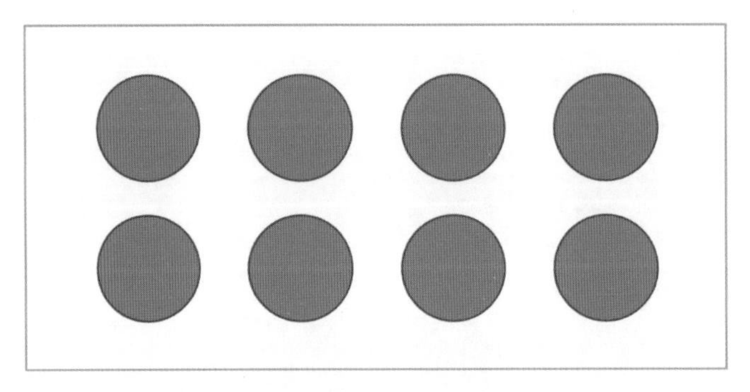

图3.1–1

（1）绘制一个圆形，鼠标左键点击圆形后，按快捷键Ctrl+D，此时会自动复制并粘贴一个圆形，见图3.1–2。

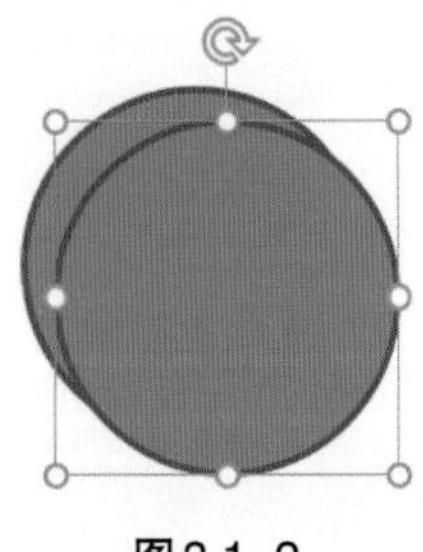

图3.1–2

（2）鼠标左键点击新生成的圆形不放手，根据PowerPoint提供的参考线，将圆形拖动到需要的位置后松开手指，见图3.1–3。

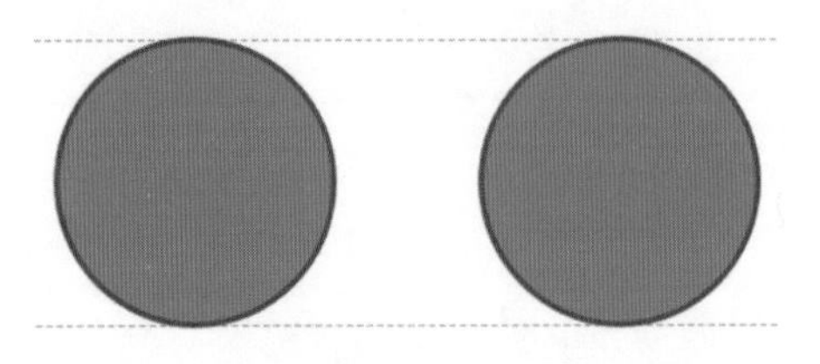

图3.1–3

（3）快捷键 Ctrl+D，此时不仅可以继续粘贴圆形，而且圆形还是按照先前的移动轨迹一边移动一边粘贴，见图 3.1–4。

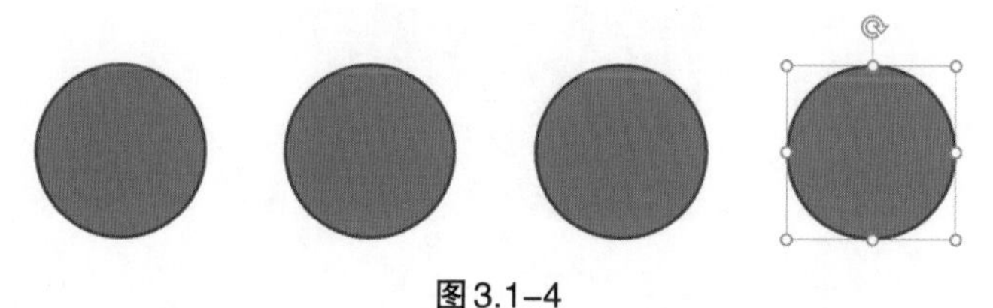

图 3.1–4

3.2 怎样制作各种形状的图形？

在Office的“形状”工具中，已经提供了非常多的图形，见图3.2–1，除了这些预设的形状，怎样才能制作出其他形状图形？

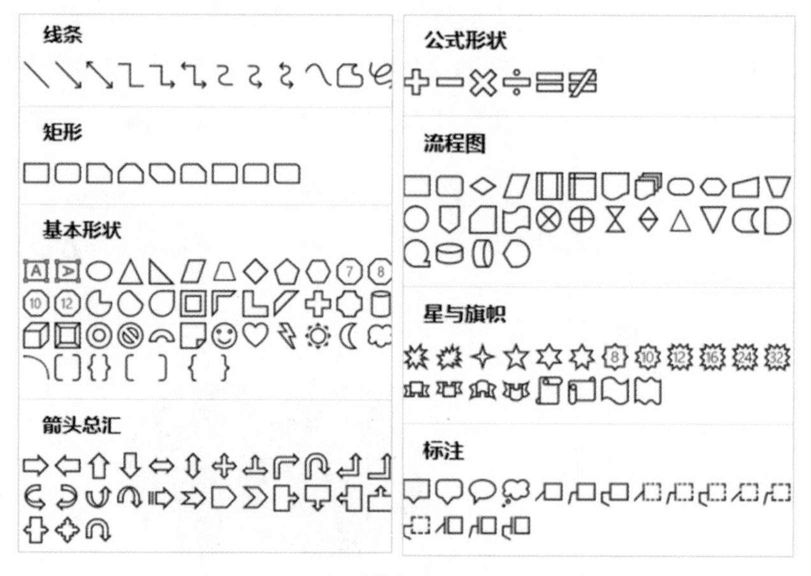

图 3.2–1

1. 使用预设形状自带的变形方式

选择一个预设形状后，可直接在PowerPoint上进行绘制，若要绘制等比例图形（如正圆、正方形、等边三角形），只需按Shift键不放手进行拖动即可绘制。很多预设形状自带了变形方式，在绘制完成后，生成的图形四周有多个圆点，白色点可以拉拽图形大小，黄色点可以根据预设的效果变化其形状，旋转箭头可对图形进行旋转控制，如图3.2–2所示。

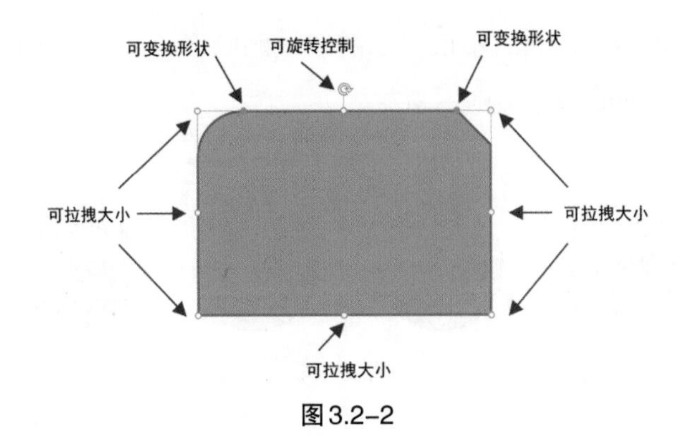

图3.2-2

2. 采用“合并形状”方式构建新的形状图形

合并形状功能满足了多种形状相互耦合形成新图形的需求。合并形状又叫布尔运算，是一种数字符号化的逻辑推演法，在很多平面设计软件（如Photoshop、CorelDRAW、3DsMax等）中都有此功能，包括了结合、组合、拆分、相交、剪除等。

按Shift键连续单击两个及以上形状后，点击“形状格式”选项卡，在“插入形状”选项组中点击“合并形状”按钮，会弹出“结合”“组合”“相交”“拆分”“剪除”五个选项，见图3.2-3。通过此五种方式相结合，就可以将构建新的形状图形。

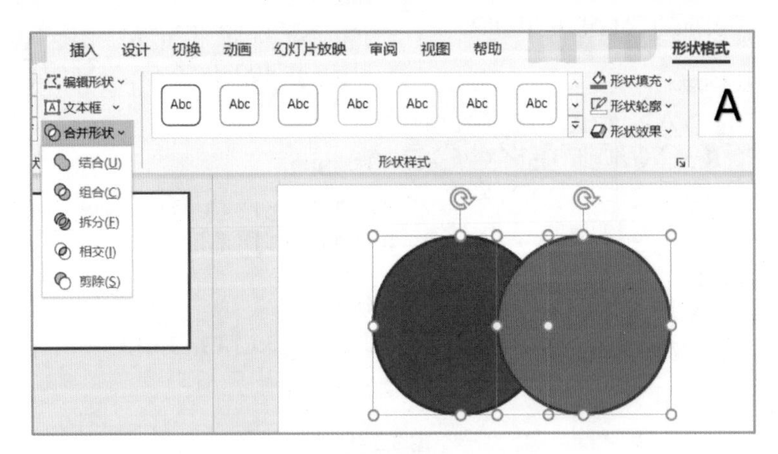

图3.2-3

（1）“结合”：即将多个图形组合在一起，并焊接形成一个新的形状，见图3.2-4。

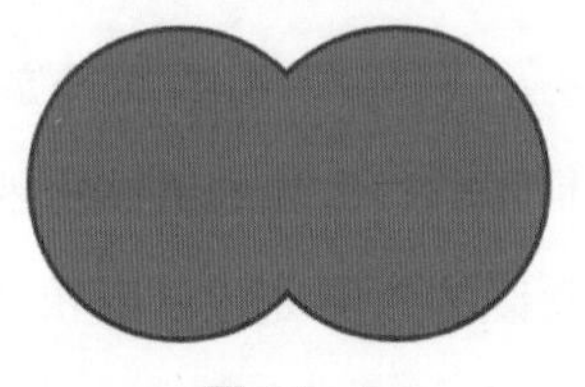

图3.2-4

（2）“组合”：将多个图形组合在一起，但相互重叠部分去掉，见图3.2–5。

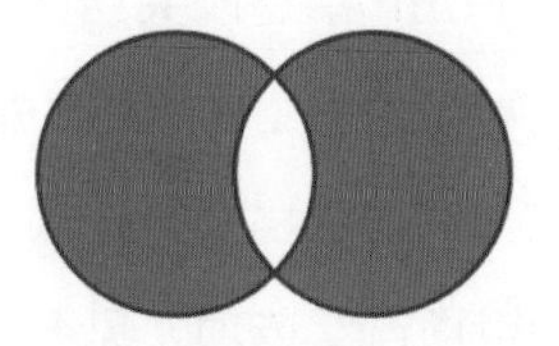

图3.2–5

（3）“拆分”：多个形状进行相互裁剪，构成了重叠部分形状、减去重叠部分的其他形状，见图3.2–6。

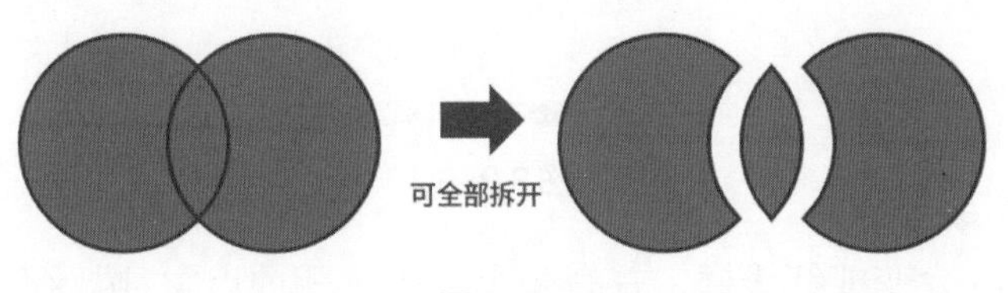

图3.2–6

（4）“相交”：只保留多个形状重叠部分，见图3.2–7。

图3.2–7

（5）“剪除”：通过按Shift键多选形状时，最后点击选择的形状作为剪刀，剪去先选的形状，见图3.2–8。

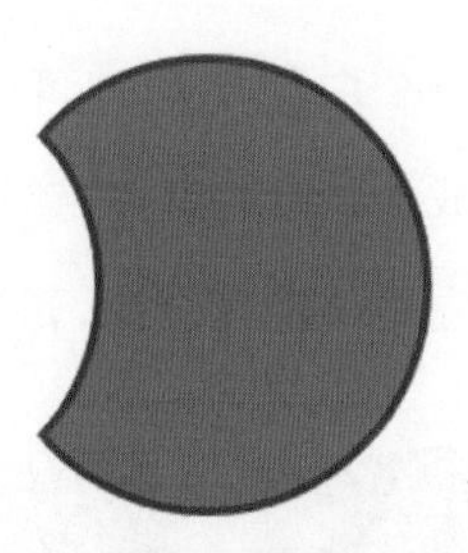

图3.2–8

Tips：Office 2013及以上版本才设有“合并形状”的功能。

3. 通过编辑顶点的方式，对形状图形再编辑

形状图形、图标等在PowerPoint都是以矢量图形方式存在的，因此，PowerPoint也具备类似其他矢量绘图软件的方式来对图形进行形状的编辑。

（1）在绘制一个形状后，点击“形状格式”选项卡，在“插入形状”选项组中点击“编辑形状”按钮，选择“编辑顶点”选项，见图3.2–9。

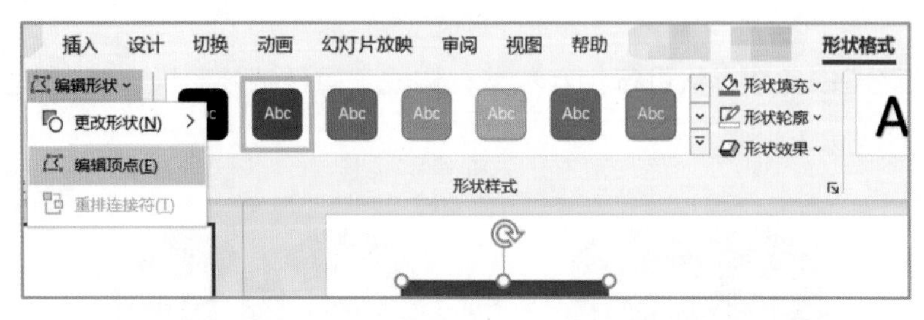

图3.2–9

（2）此时形状会变成红线框，并有多个黑点（即顶点），鼠标点击黑点右键，可添加删除顶点、编辑顶点是否平滑等；鼠标点击红线框右键，对删除线段、路径的开放或关闭、将线段转化成曲线等操作，见图3.2–10。

图3.2–10

（3）鼠标左键黑点，会出现2个白色句柄，可对黑点两侧的路径进行曲线处理；鼠标左键红框线路径，会自动生成1个新的黑点，并根据拉动的幅度自动调整框线的曲线；可通过鼠标左键点击黑点拉动调整其位置，见图3.2–11。

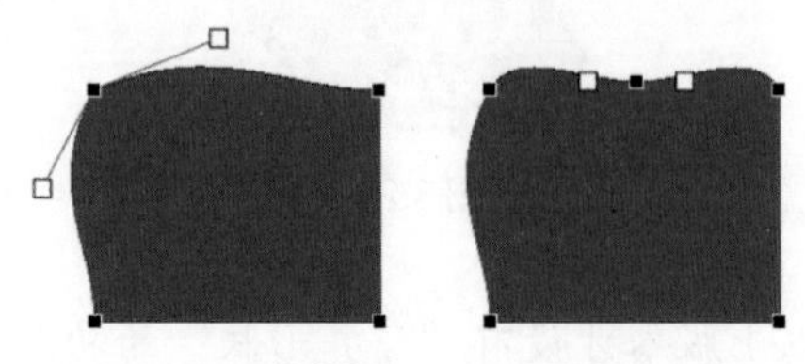

图3.2–11

3.3 怎样将图片插入到图形里面？

方法一：采用设置形状格式

（1）鼠标右键点击已经绘制好的图形，选择“设置形状格式”选项，此时会出现“设置形状格式”对话框，见图 3.3–1。

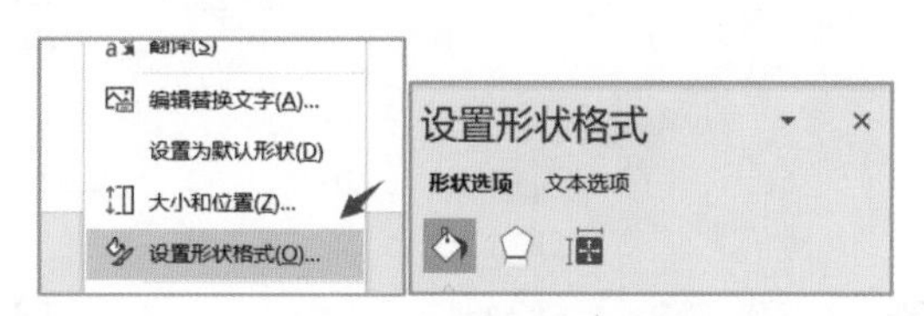

图 3.3–1

（2）在“设置形状格式”对话框中，点击“形状选项”卡中的图标，选择“填充”项目中的“图片或纹理填充”，点击“插入”按钮，选择图片，见图 3.3–2。

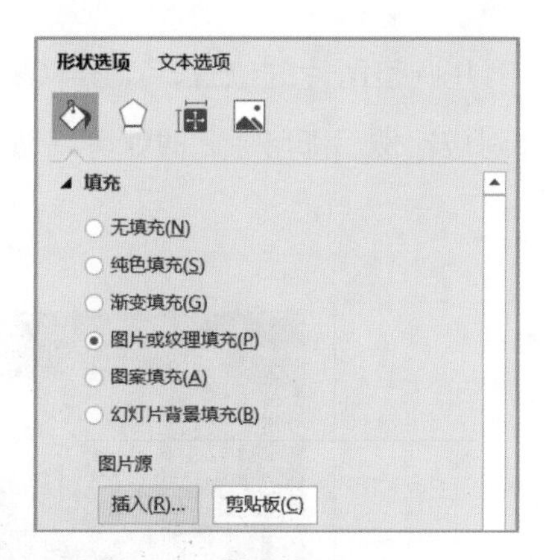

图 3.3–2

（3）此时图片即插入到图形中了，可以在“设置形状格式”对话框中调整图片的位置等参数，见图 3.3–3。

透明度(T) 0%
将图片平铺为纹理(I)
向左偏移(L) 0%
向右偏移(R) 0%
向上偏移(O) 0%
向下偏移(M) 0%
与形状一起旋转(W)

图 3.3–3

方法二：采用图片裁剪的方法

插入一张图片，点击“图片格式”选项卡，在“大小”选项组中，点击“裁剪”按钮下方的箭头 ⌄ 图标，选择“裁剪为形状”选项，选择需要的图形，见图3.3–4。

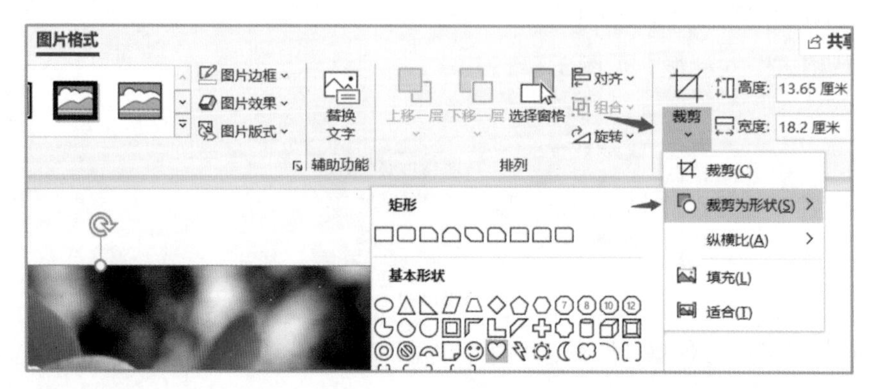

图3.3–4

若需变成长款1：1比例并调整图片的位置，点击“裁剪”按钮下方的箭头⌄，选择“纵横比”选项，选择对应比例后即可，此时就可以通过拖拽调整图片大小、位置等，见图3.3–5。

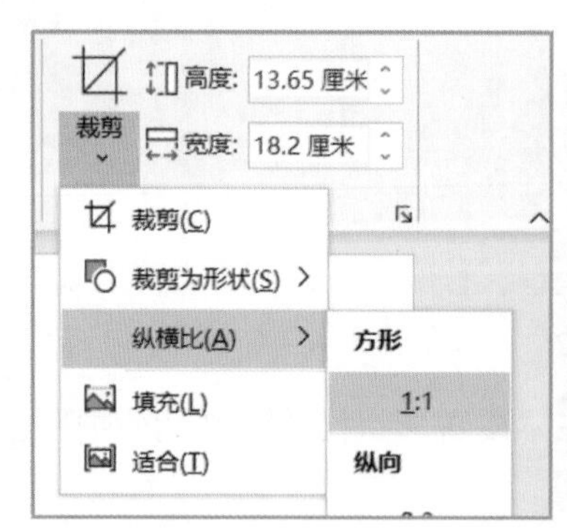

图3.3–5

扫一扫

3.4 怎样能像Photoshop那样快速抠图?

（1）选择图片后，点击“图片格式”选项卡，在“调整”选项组中点击“删除背景”选项，见图3.4–1。

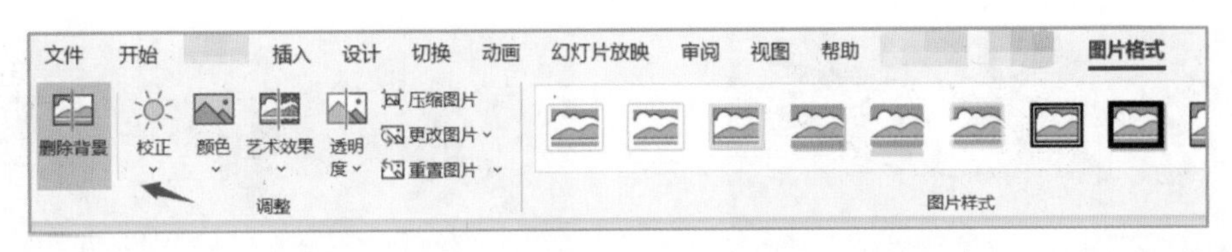

图3.4–1

（2）此时图片会发生变化，紫色区域是要被删除的区域，彩色区域是要被保留的区域，见图3.4–2。

图3.4–2

（3）点击“背景消除”选项卡，在“优化”选项组中，通过使用“标记要保留的区域”或“标记要删除的区域”，可在图片中进行细节调整，见图3.4–3。

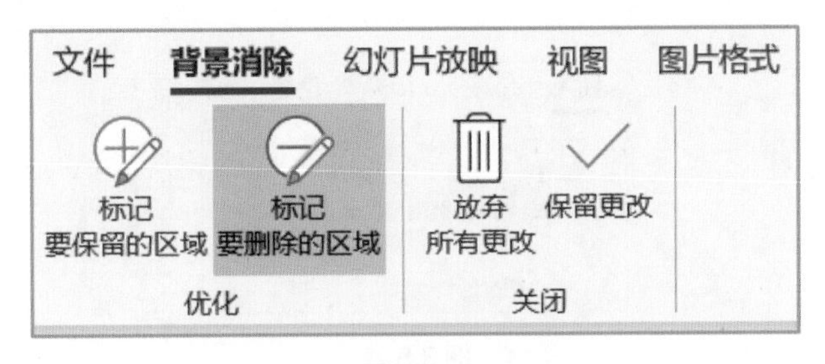

图3.4–3

（4）此处以“标记要删除的区域”为例，此时鼠标变成一只画笔，按住鼠标左键不放，在图片中画出要删除的区域，PowerPoint会自动进行计算，多次操作后，不需要的内容即可全部变为紫色，见图3.4–4。

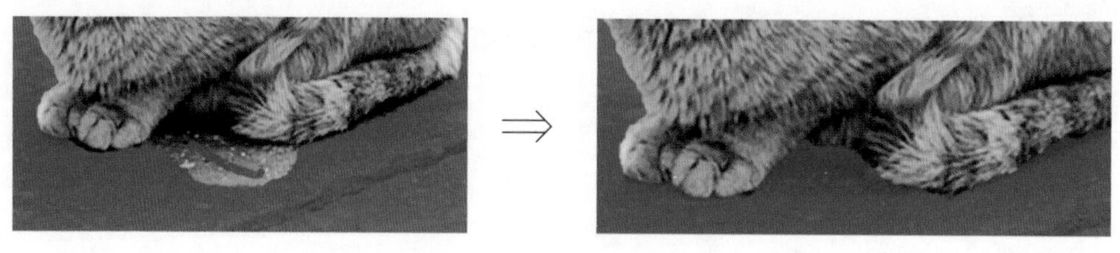

图 3.4–4

（5）点击幻灯片空白处，图片抠图即可完成，见图 3.4–5。

图 3.4–5

扫一扫

3.5 怎样批量将图片插入到 PowerPoint?

假设要制作有很多图片的PowerPoint，一张一张地插入图片太麻烦了，能否批量将图片插入到文档中?

点击“插入”选项卡，在“图像”选项组中点击“相册”按钮，见图 3.5–1。

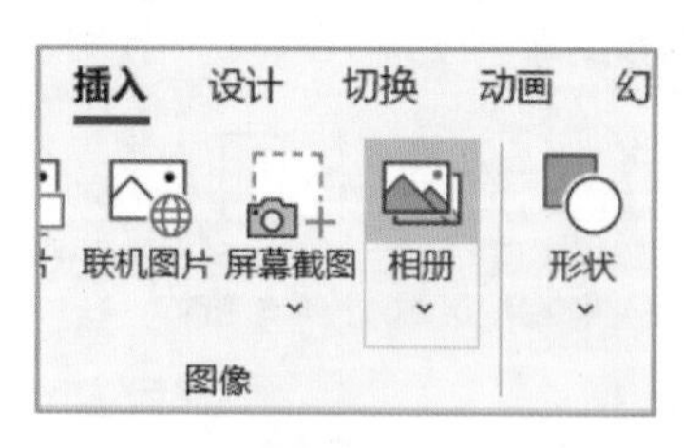

图 3.5–1

在“相册”对话框中，点击“文件 / 磁盘”按钮可选择需要批量插入的图片，根据说明进行设置后，点击“创建”按钮，见图 3.5–2。

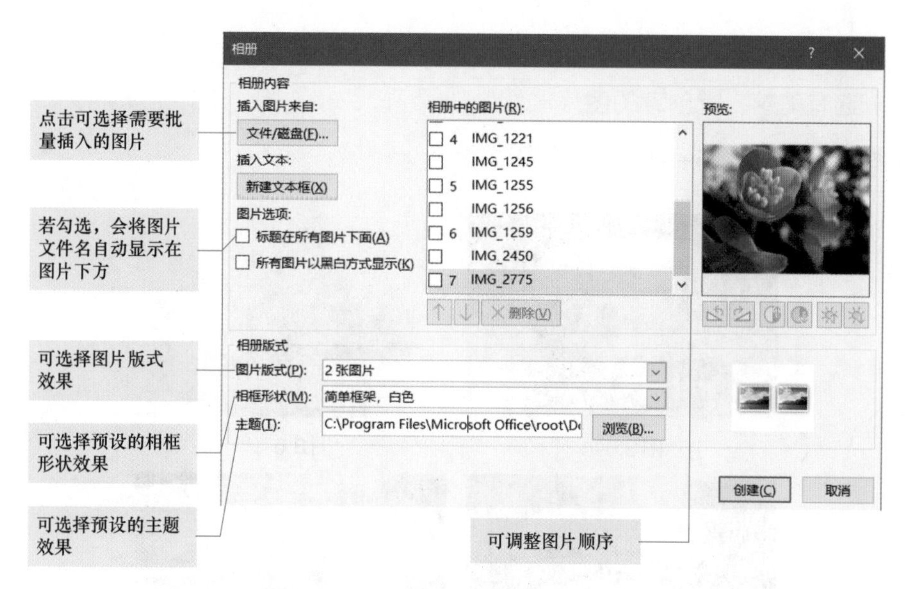

图 3.5–2

这样，所有图片即可全部插入到文档中，见图 3.5–3。

图 3.5–3

3.6 怎样选择好的素材图片？

扫一扫

1. 选图的标准

（1）选真实图片，尽量不选写实图片。

（2）选高清图片，尽量别选低分辨率图片。

（3）选无水印图片，即图片上没有任何水印信息的图片。

（4）选合适的图片，图片要和内容相匹配。

（5）选有美感、有创意的图片。

如图3.6–1～图3.6–4所示，如何选择？

图3.6–1　图3.6–2

图3.6–3　图3.6–4

建议选择图3.6–4，原因是：图3.6–1是写实图片，不是真实的；图3.6–2虽然是真实的，但缺乏美感，缺少了食品的诱惑力；图3.6–3很有诱惑力，可惜图片上有水印。

2. 素材图片来源

（1）免费的可商业用途专业图库。

1）Hippopx图库：https://www.hippopx.com/zh。见图3.6–5。

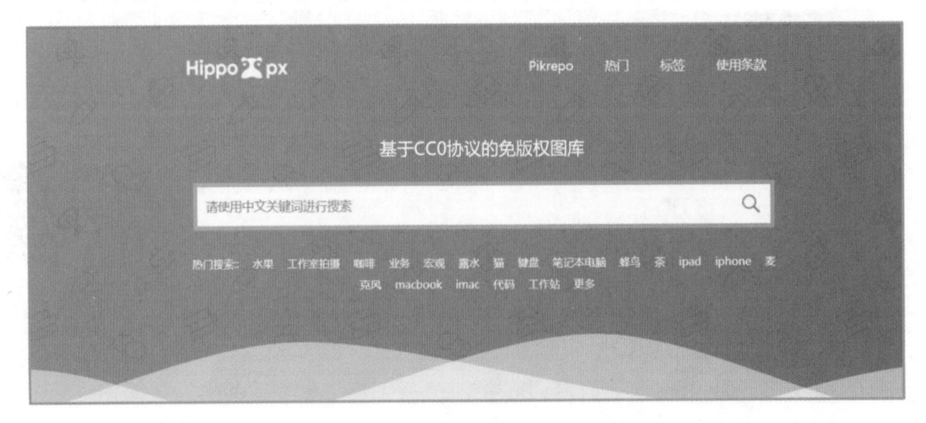

图3.6–5

2）Pixabay图库：https://www.pixabay.com/zh。见图3.6-6。

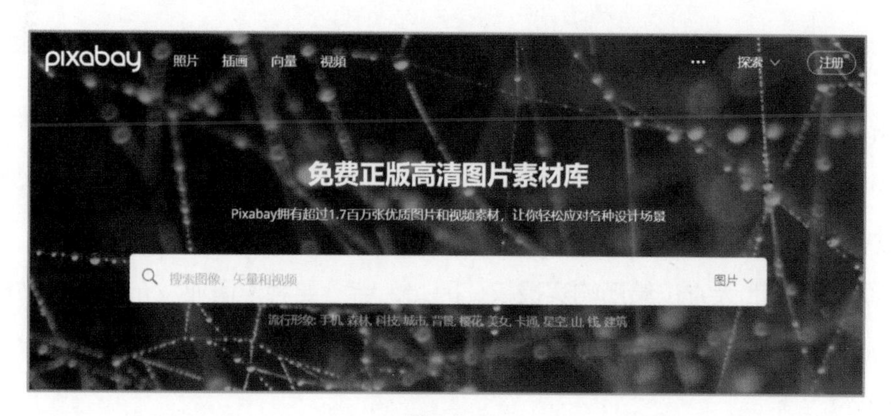

图3.6-6

Tips：本书部分图片素材源于Pixabay图库。

（2）有一定免费额度，可购买版权的专业图库。

1）摄图网：https://www.699pic.com/。见图3.6-7。

图3.6-7

2）千库网：https://www.588ku.com。见图3.6-8。

图3.6-8

3.7 怎样批量更换所有字体？

字体本身也是有版权的，作为商业发布用途的文档，如果在没有授权的情况下使用了字体，可能会带来法律风险。如我们经常用到的万能字体微软雅黑。微软雅黑字体虽是Windows自带字体，但该字体仅供个人使用，若要使用在商业发布上，就需要向字体版权方北大方正集团购买授权。因此，若是要制作商业发布用途的文档，请使用免版权字体，如计算机自带的黑体、楷体、宋体、仿宋体，或是网上搜索“免费商用版权”字体。

假设现在有已经做好的PowerPoint文档，字体全部默认是微软雅黑，因需要商业发布，因此必须批量更换字体，有没有快速便捷的方法？

（1）点击“开始”选项卡，在“编辑”选项组中，点击“替换”按钮旁的箭头图标，选择“替换字体”选项，见图3.7–1。

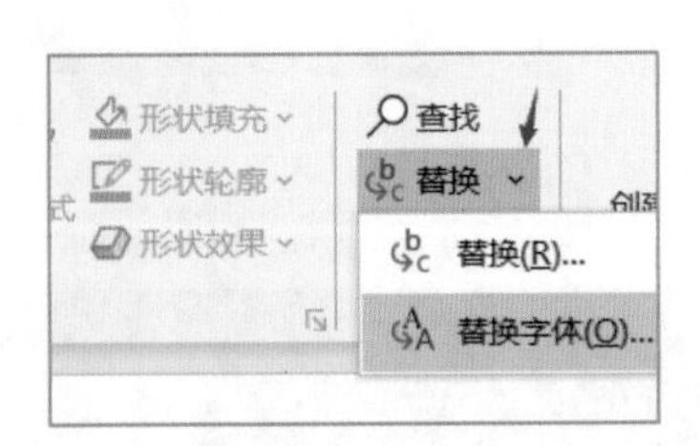

图 3.7–1

（2）在“替换字体”对话框中，“替换”项目中列出的是该文档中所有已使用到的字体，此处选择“微软雅黑”,“替换为”项目中列出的是计算机中安装的所有字体，可根据需要选择要替换为的字体，此处选择“思源黑体”，点击“替换”按钮，即可文档全部批量将字体替换完成，见图3.7–2。

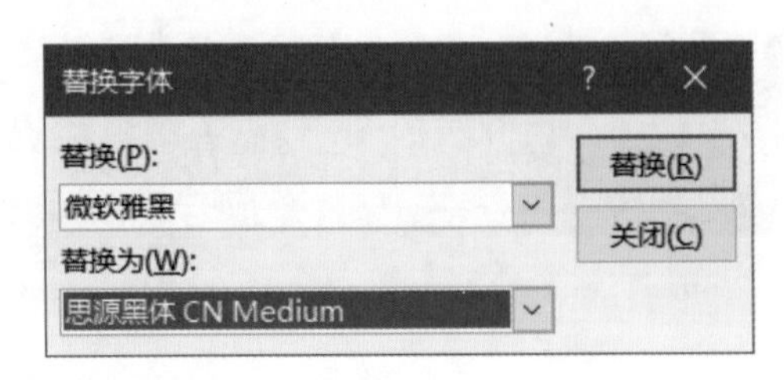

图 3.7–2

扫一扫

3.8 有哪些常见字体是收费的？能推荐一些免费可商用字体吗？

1. 常见的收费字体，若商用须单独购买授权，个人使用不受限

微软雅黑	微软雅黑Bold	微软雅黑Light
方正粗黑宋体	方正小标宋体	方正正准黑体
汉仪尚巍手书体	方正吕建德体	造字工房悦黑体

2. 推荐免费可商用字体，使用场景无限制，但不能篡改字体文件

思源黑体	思源宋体	锐字真言体
庞门正道粗书体	庞门正道标题体	庞门正道轻松体
站酷快乐体	站酷酷黑体	站酷文艺体
优设标题黑体	郑庆科黄油体	新叶念体
胡晓波男神体	胡晓波骚包体	胡晓波真帅体

扫一扫

3.9 为什么PowerPoint使用的字体，在其他电脑上打开就没有了？

很多时候，PowerPoint 文档在其他电脑上打开时，使用的一些字体没显示出来，而是变成了默认的字体效果，见图 3.9–1。

原图效果

没有字体的效果

图 3.9–1

（1）点击“文件”选项卡，点击左下角“选项”按钮，见图 3.9–2。

图3.9-2

（2）在“PowerPoint选项”对话框中，点击“保存”选项卡，勾选“将字体嵌入文件”选项，见图3.9-3。

图3.9-3

（3）若该文档只需要发布，选择“仅嵌入演示文稿中使用的字符”选项即可；若该文档还需要其他人员继续编辑，则选择“嵌入所有字符”选项。

（4）这样配置后，在文档保存时，字体就会被嵌入到文件中，在其他电脑上打开字体也就能正常显示了。

Tips：还有一种方法，可以将文本框复制，然后粘贴为图片也可实现效果，但文字将不再可编辑。

3.10 字体的选用上有什么技巧?

字体本身也是一种艺术图形，不同的字体有不同的性格，有的可爱、有的古典、有的现代、有的粗犷、有的气质。根据场合选择合适的字体，可以给PowerPoint文档带来协调与提升。字体的挑选没有标准，只有相对来说适合不适合，可以根据日常中的网页、海报广告中获取灵感，作为参考。不同的字体传达出的感觉和信息是完全不同的。

1. 字体的性格特质

（1）粗犷有力。粗犷类的字体比较大气，一般用于标题、口号等，常见的有微软雅黑bold、思源黑体bold、庞门正道粗书体、站酷酷黑、汉仪尚巍手书、汉仪锐智、叶根友行书繁、方正吕建德体等，见图3.10–1。

图3.10–1

（2）气质。气质类的字体比较纤细，能给人高贵、细腻的感觉，常见的有微软雅黑light、方正兰亭细黑、思源黑体light等，见图3.10–2。

图3.10–2

（3）文艺。文艺类的字体能给人清新文艺范，常见的有方正清刻本悦宋、方正苏新诗柳楷简体、站酷文艺体、优设标题黑等，见图3.10–3。

图3.10–3

（4）古典。古典类的字体应用在标题和中国风的页面比较多，常见的有汉仪尚巍手书、叶根友行书繁、方正吕建德体、庞门正道粗书体、楷体等，见图3.10–4。

图3.10–4

（5）现代。现代类的字体主要应用在科技类、时尚类的页面，常见的有腾讯体、庞门正道标题体、思源黑体、站酷高端黑、胡晓波真帅体等，见图3.10–5。

图3.10–5

（6）卡通。卡通类的字体更多用在儿童类或比较轻松的页面，常见的有华康海报体、方正卡通体、站酷快乐体等，见图3.10–6。

图3.10–6

2.字体应用的注意点

（1）一个文档中的字体选择和使用一般不超过三种。

（2）正文避免使用风格复杂的字体，应选择易识别、阅读的。

（3）一般不使用宋体，宋体是衬线字体，本身笔画纤细，排版和某些投影设备展示会出现影响，可选择一些艺术类的宋体（如方正小标宋、思源宋体 CN Heavy等）用于标题等场景。

（4）字体字号方面，如需投影展示，标题字体大小可根据情况调整，正文字体建议不能小于14号，最好控制在18~22号。

扫一扫

3.11 怎样制作立体字？

一说到立体字，很多人就会想到要使用3DsMAX等专业软件来制作，其实选用PowerPoint就能简单制作。

（1）点击“插入”选项卡，在“文本”选项组中点击“文本框”按钮，插入一个文本框，输入文字内容，并设置字体颜色、字体及大小，见图3.11–1。

我是立体字

图3.11–1

（2）鼠标右键点击文本框，选择“设置形状格式”选项，见图3.11-2。

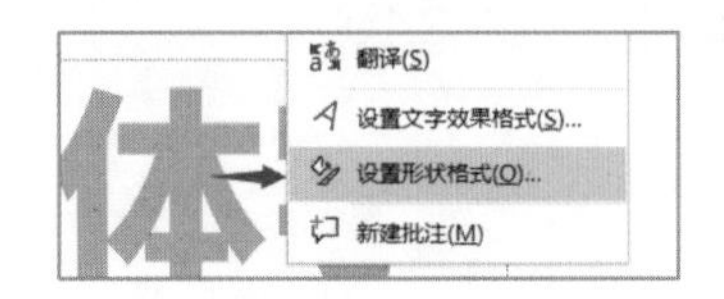

图3.11-2

（3）在“设置形状格式”对话框中，点击“文本选项”选项卡，点击“文字效果”图标，见图3.11-3。

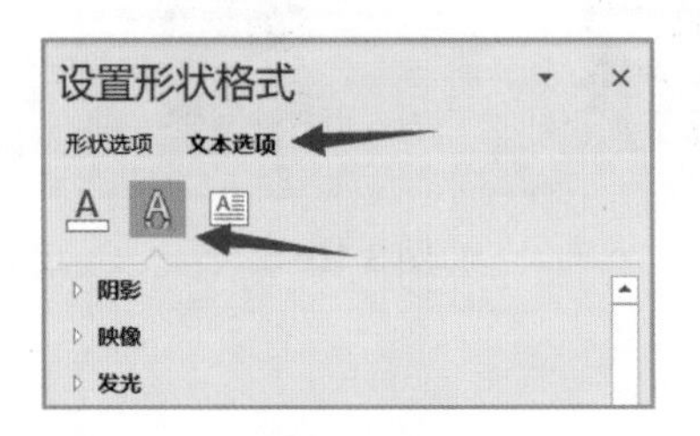

图3.11-3

（4）点击“三维旋转”选项，在“预设”项目中，选择“角度”中的第一个图标，见图3.11-4。

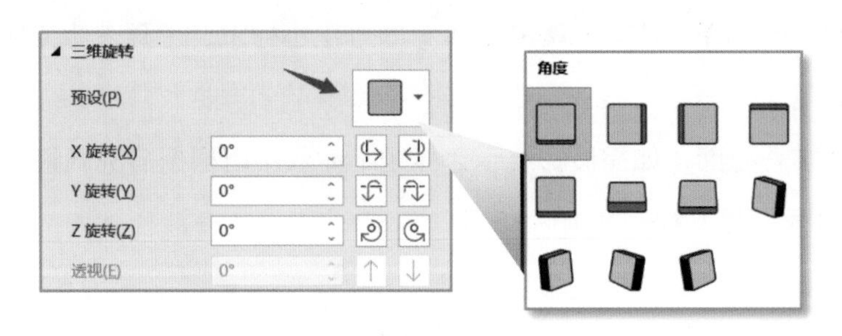

图3.11-4

（5）此时“三维旋转”的“透视”参数可配置，将参数调整为120°，见图3.11-5。

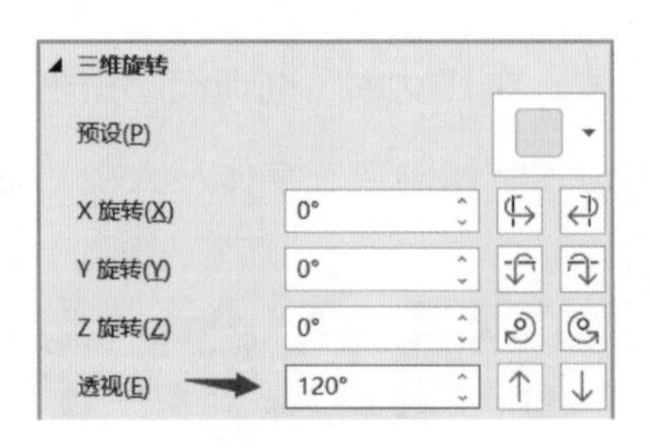

图3.11-5

（6）点击“三维格式”选项，将“深度”设置为60磅，颜色设置成“深灰色”，“材料”设置为“标准塑料”效果，将“光源”设置为“柔和”效果（此参数仅为本案例设置，可根据实际需要调整），见图3.11–6。

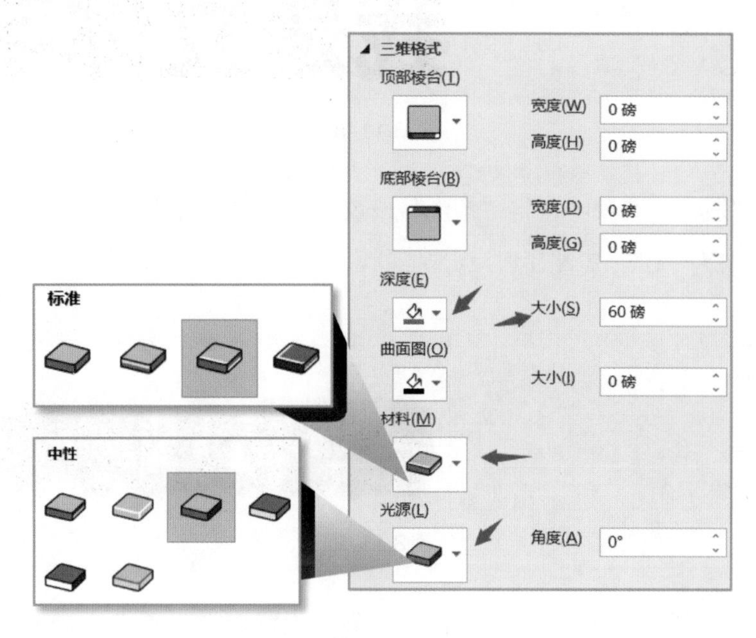

图3.11–6

（7）此时，文字就已经变为立体了，若要对立体字进行旋转，在“三维旋转”的“X旋转”“Y旋转”“Z旋转”参数中设置即可。

图3.11–7

（8）复制并粘贴已经制作好的立体字文本框，将“文字颜色”设置为“浅灰色”，在“设置形状格式”对话框中，点击“文本选项”选项卡，点击“文字效果”图标 ，在“三维格式”选项中将“深度”设置为“0磅”，即可制作立体字的阴影效果，见图3.11–8。

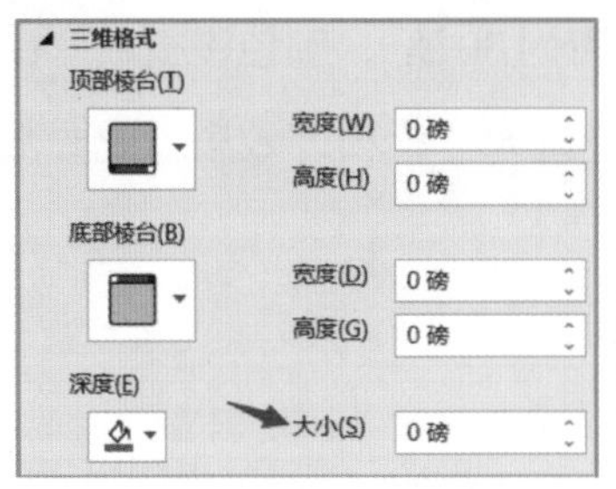

图3.11-8

（9）在“发光”选项中，将“颜色”设置为“浅灰色”，“大小”设置为“20磅”，“透明度”设置为“0”，见图3.11-9。

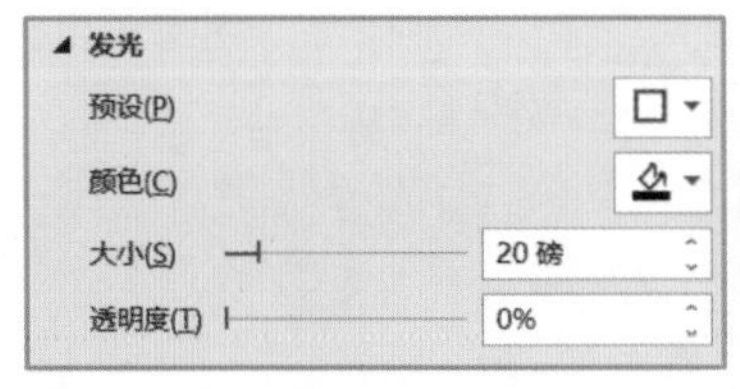

图3.11-9

（10）在“三维旋转”选项中，将“Y旋转”设置为“300°”，此时文字阴影就制作好了，见图3.11-10。

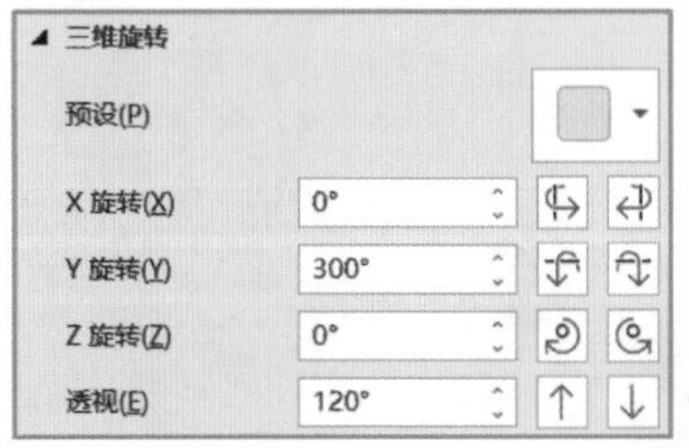

图3.11-10

（11）调整阴影文字的大小，鼠标右键点击阴影文字，选择“置于底层”选项，将立体字移动到阴影上方位置即可完成，见图3.11-11。

图3.11-11

3.12 怎样制作描边字?

在很多海报中，都会应用到很好看的描边字。说到描边字，有人就会想到，直接用文本轮廓不就可以了么？但文本轮廓只能简单解决描边问题，要做好看就不行了，而且仔细观察图 3.12-1 的案例，其实是描了 2 个边，1 个白色边，1 个橙色边。那这个案例是怎样制作的？

我是好看的描边字

图 3.12-1

（1）点击“插入”选项卡，在“文本”选项组中点击“文本框”按钮，插入一个文本框，输入文字内容，设置字体颜色为橙色，字体及大小根据需求设置，并将该文本框复制并粘贴 2 个，见图 3.12-2。

我是好看的描边字
我是好看的描边字
我是好看的描边字

图 3.12-2

（2）鼠标右键点击第一个文本框，选择“设置形状格式”选项，见图 3.12-3。

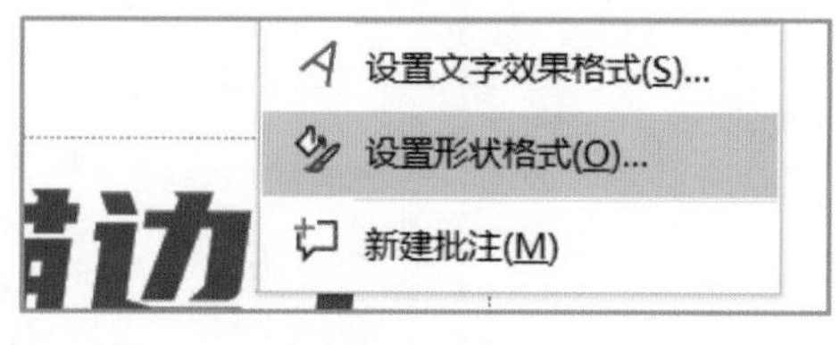

图 3.12-3

在“设置形状格式对话框”中，点击“文本选项”选项卡，点击“文字填充与轮廓”图标，见图 3.12-4。

设置形状格式

形状选项　文本选项

图 3.12-4

（3）将“文本填充”设置为“纯色填充”，“颜色”设置为“橙色”；将“文本轮廓”设置为“实线”，“颜色”设置为“橙色”，“宽度”设置为“13 磅”，见图 3.12–5。

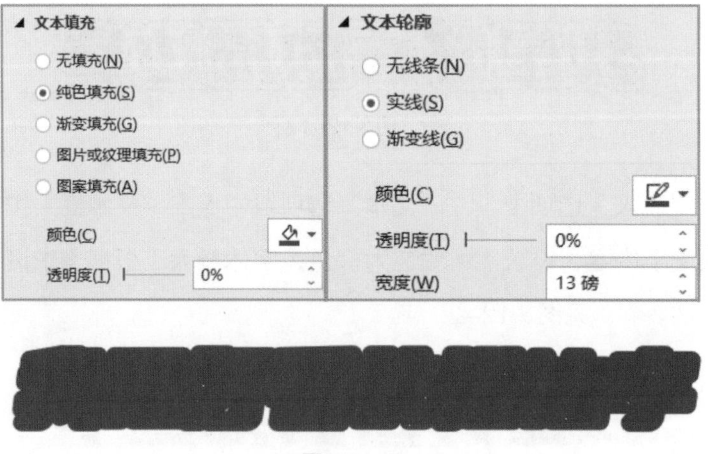

图 3.12–5

（4）点击第二个文本框，同样操作方式，将“文本填充”设置为“纯色填充”，“颜色”设置为“橙色”；将“文本轮廓”设置为“实线”，“颜色”设置为“白色”，“宽度”设置为“8 磅”，见图 3.12–6。

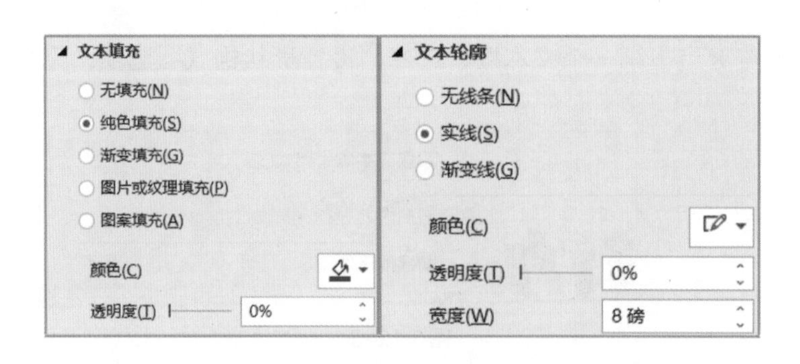

图 3.12–6

（5）按Shift键鼠标点击三个文本框选中，点击“开始”选项卡，在“绘图”选项组中点击“排列”按钮，见图3.12–7。

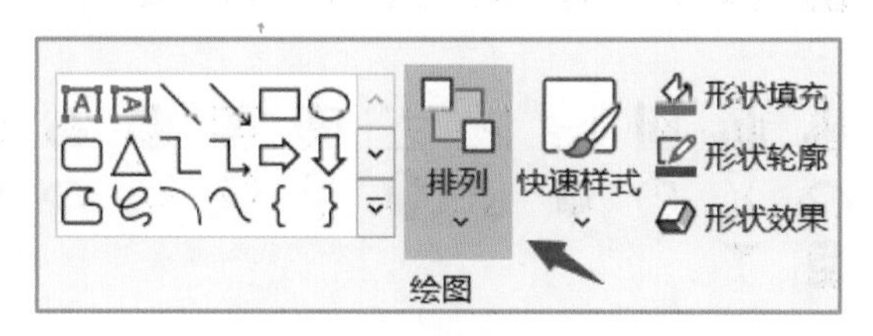

图3.12–7

（6）在弹出的菜单中选择“对齐”选项，分别选择“水平居中”和“垂直居中”项目，这样描边字就好了。若没出现预设效果，只需调整3个文本框“置于顶层”或“置于底层”顺序，见图3.12–8。

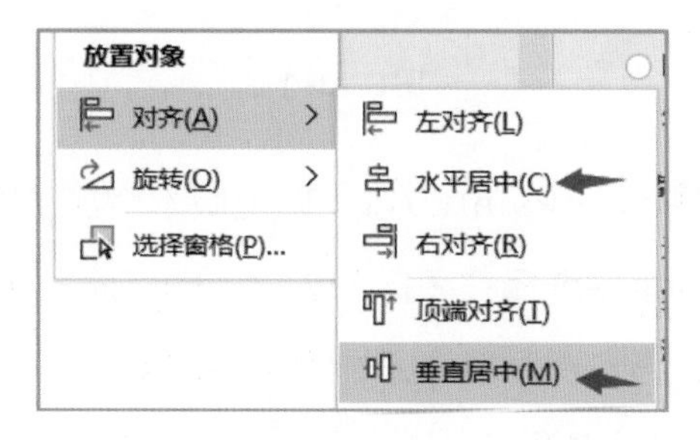

图3.12–8

3.13 怎样使用图标来美化PowerPoint?

扫一扫

图标是有较高符号特征的元素，是文字的视觉体现，能通过其象形属性传达含义，现在广泛应用于手机App、网页上的导航等。图形是人类世界最畅通的语言，如看到相机图标就知道是照相的，看到日历图标就知道是查看日期的。在我们的脑海中有很多这样的对应关系，以至于不需要文字的补充说明就能立刻知道其代表的含义。图标的应用一方面可以避免版面只有文字的单调感，另一方面可以让版面的层次更鲜明。

1. 图标的获取

（1）PowerPoint自带图标库，见图3.13–1。

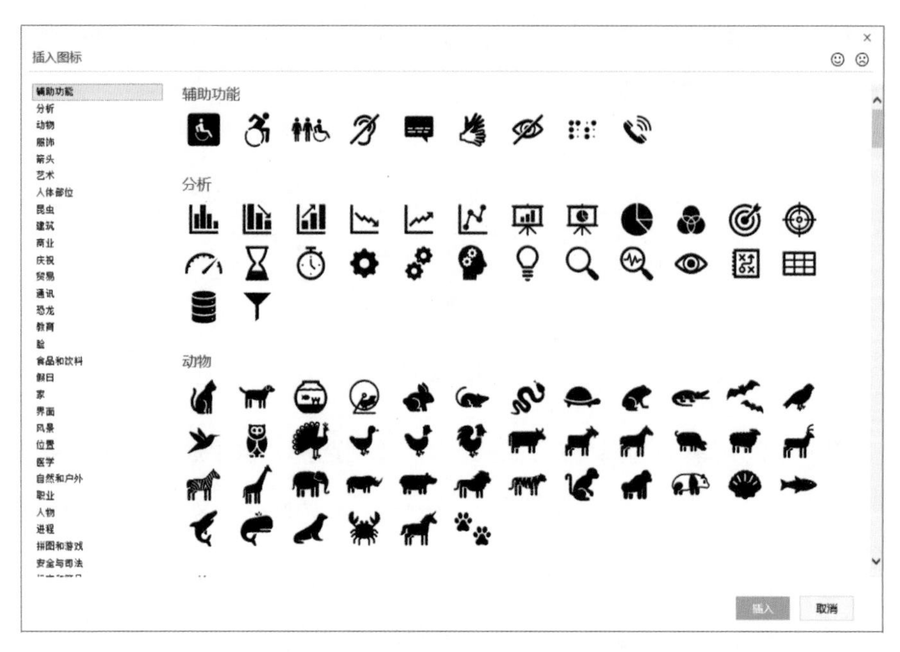

图 3.13–1

Microsoft365（或PowerPoint2019）以上版本增加了图标功能，点击“插入”选项卡，在“插图”选项组中选择“图标”选项，即可插入软件预设的各种图标。图标的大小可以直接拉拽，色彩在图形格式选项卡中调整。

Tips：该功能必须联网才能使用。

（2）PowerPoint 自带的符号图标。

1）PowerPoint 所有版本均支持该操作，点击“插入”选项卡，在“文本”选项组中点击“文本框”，在页面空白处插入文本框，然后点击“插入”选项卡，在“符号”选项组中点击“符号”按钮，见图 3.13–2。

图 3.13–2

2）在“符号”对话框中，选择字体 Webdings、Windings、Windings2、Windings3 中的任一项，即可看到各类图标，选择需要的图标后点击“插入”按钮，见图 3.13–3。

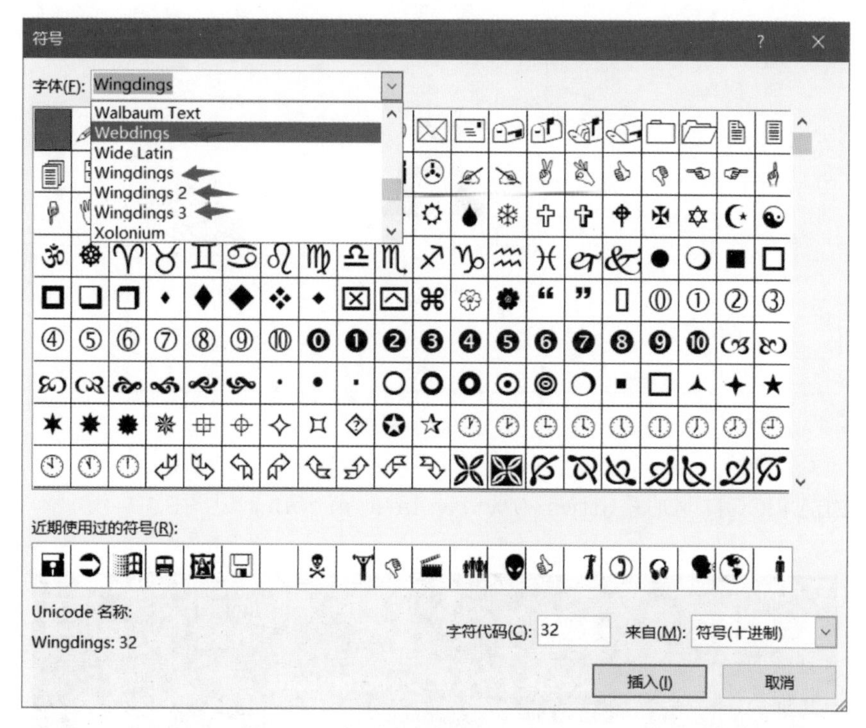

图 3.13–3

3）在字体大小及字体颜色中调整和修改图标的大小和颜色。

（3）通过其他专业网站获取。

1）阿里巴巴矢量图标库：https://www.iconfont.cn。见图 3.13–4。

图 3.13–4

2）Easyicon 网站：http://www.easyicon.net。见图 3.13–5。

图3.13-5

3）FLATICON网站：https://www.flaticon.com。见图3.13-6。

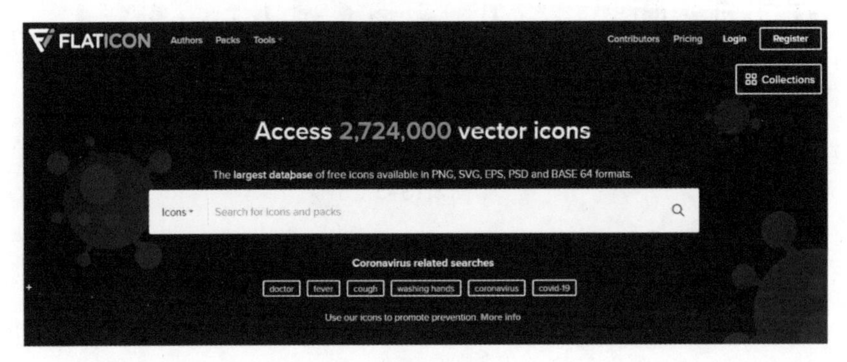

图3.13-6

2. 图标使用标准

（1）图标要符合主题，要和文字匹配，表达的意思容易理解。

（2）图标风格特征要统一，包括复杂度、形状和线条粗细等。

（3）要统一图标的大小，必要情况下，添加形状作为容器，统一大小。

扫一扫

3.14 怎样制作卡片式排版?

卡片式排版是近段时间比较流行的一种PowerPoint排版方式，其优点主要有：

（1）主题突出。需要的主题信息突出，体现出页面上的层次关系。

（2）便于理解。不同的内容通过卡片式结构分成了不同的组，降低了理解成本。

（3）制作简单。只需把内容分组，分别用卡片式结构承载，排版简化，且能方便增加和减少版块。

（4）视觉效果好。卡片结构留白区域会给画面增加呼吸感，若采用图片铺满还可以增大图片的展示范围，从而提升视觉效果。

以图3.14–1效果为例，简要介绍下卡片式排版制作方式。

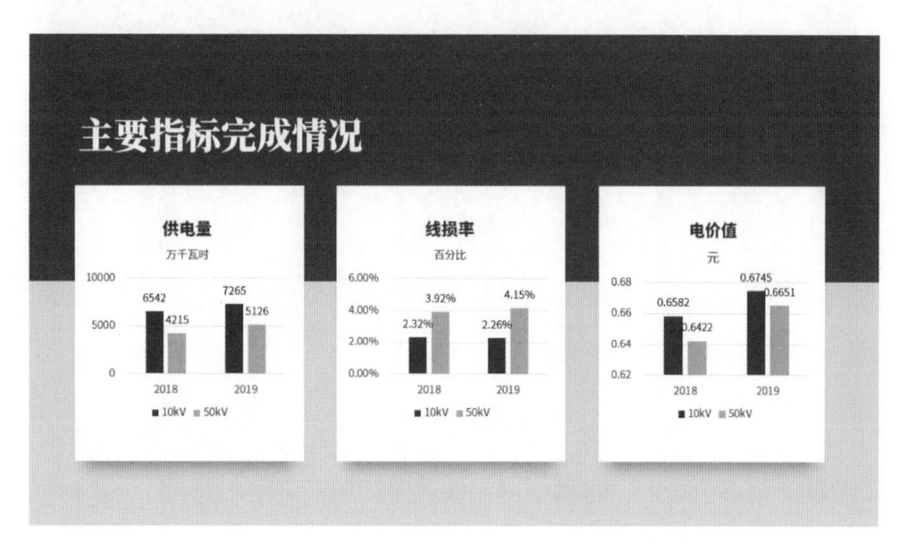

图3.14–1

（1）制作在页面上需要展示的元素，见图3.14–2。

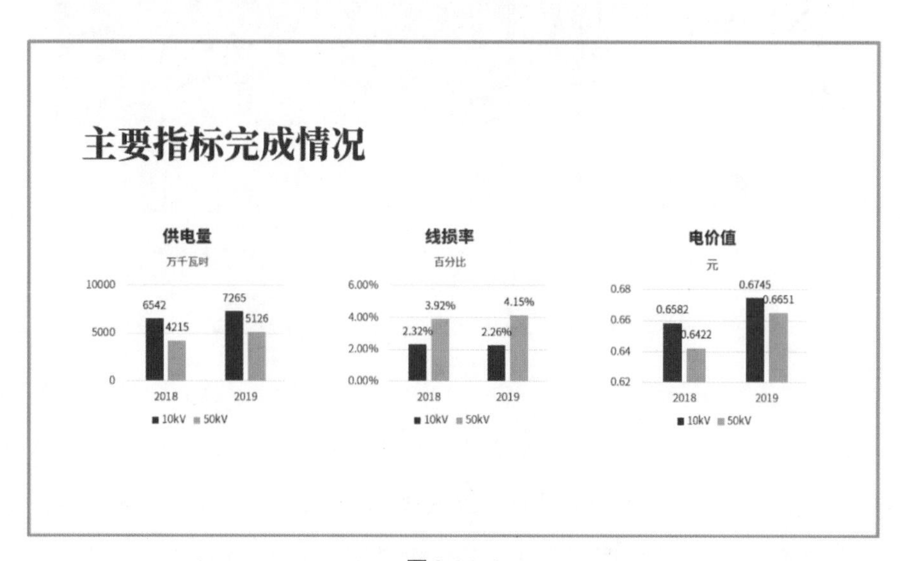

图3.14–2

（2）将幻灯片背景色改为灰色，绘制一个矩形图形，将图形“形状轮廓”设置为

“无轮廓”，将“形状填充”设置为“蓝色”，图形大小调整成页面一半大小，并置于底层；将“主要指标完成情况”文字设置为白色，见图3.14-3。

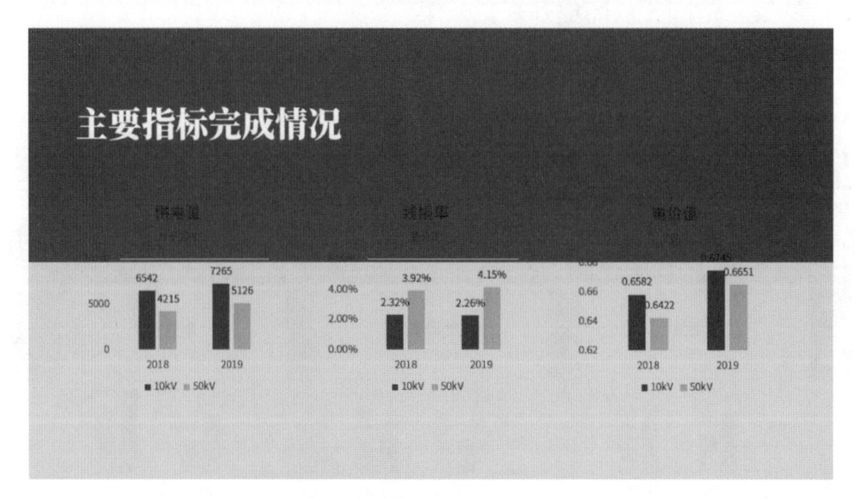

图3.14-3

（3）绘制一个白色矩形，将供电量图表置于顶层，见图3.14-4。

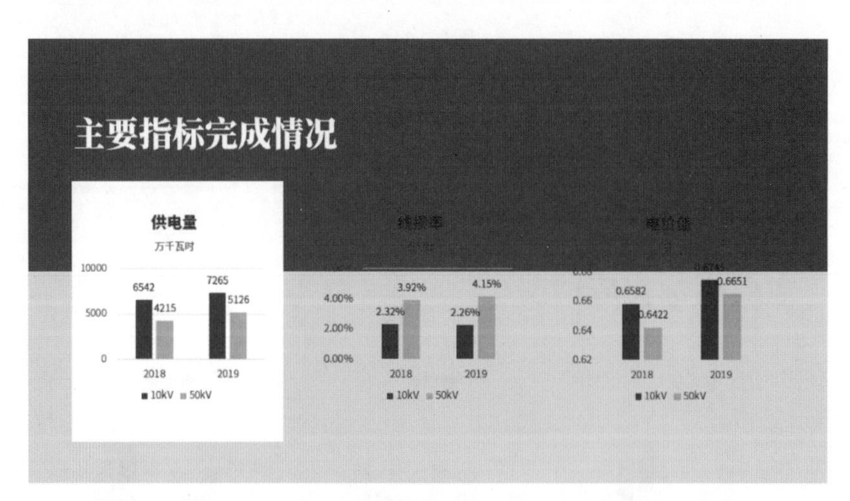

图3.14-4

（4）鼠标右键点击白色矩形，选择“设置形状格式”选项，在“设置形状格式”对话框中，点击“形状选项”选项卡中的效果图标，在“阴影”选项中，将“颜色”设置为“蓝色”，具体数据可根据实际需求微调，见图3.14-5。

（5）调整完成后，好看的卡片阴影就出现了，复制并粘贴2个此白色矩形，调整下排版，卡片式排版页面就制作好了，见图3.14-6。

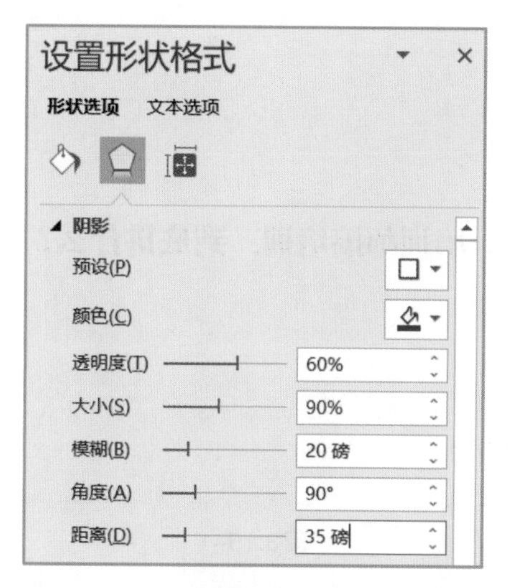

图 3.14–5

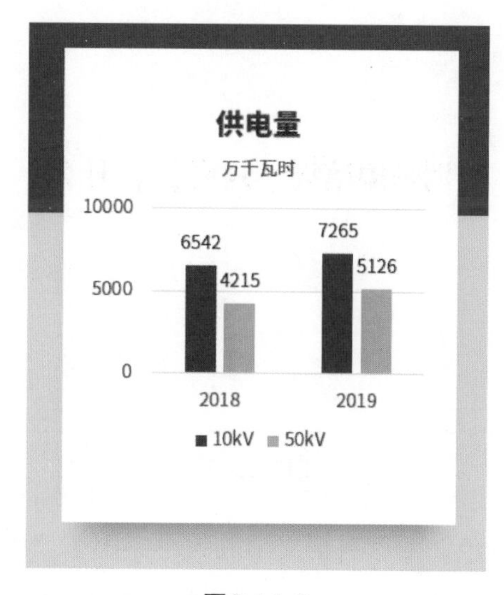

图 3.14–6

3.15 只有一句话的 PowerPoint 页面怎样排版?

制作PowerPoint时，有时文稿只有一句话，没有任何配图，以图3.15–1为例，怎样让页面不单调？这时可使用形状图形进行辅助。

将“讲”字先删除，中间添加空格区域，然后绘制一个正圆形，填充为红色，将“讲”字放置在圆形里面，并将图形放置在文字空格区域；再添加一个文本框，输入“讲”字，将其字号设置很大，颜色设置为灰色，置于底层。见图3.15–2。

培训师搞培训，到底讲什么？

图 3.15–1

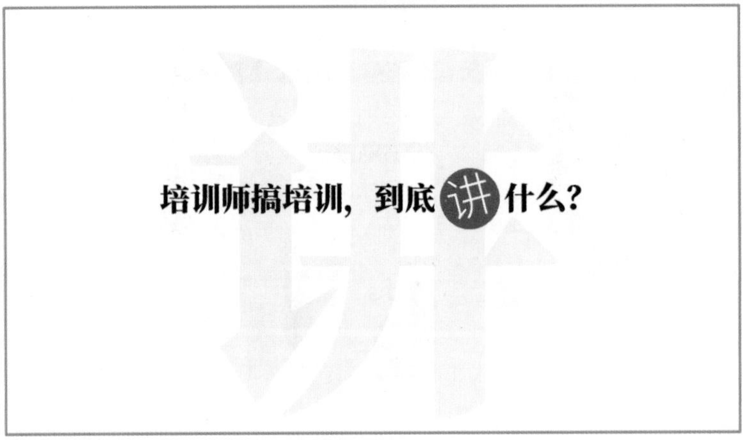

培训师搞培训，到底讲什么？

图 3.15–2

这样的制作，通过颜色、图形甚至文字的大小突出了“讲”。

除了这样制作，还可以使用全图背景、图标等辅助信息应用，即可丰富只有一句话页面。

扫一扫

3.16 PowerPoint 文字太多怎样排版？

PowerPoint的应用场景一般分两种情况，一种是讲义式的PowerPoint，上面会把老师的授课内容全部展示，另外一种是演讲发布式的PowerPoint，也就是目前主要应用的场景。作为演讲发布式的PowerPoint，本身就是一种辅助演讲发布的工具，但有的人在制作的时候，还是制作成了讲义式的PowerPoint，就是一个放大版的Word，那针对文字太多的材料，怎样在PowerPoint上排版呢？

（1）提炼文字。将文字材料反复精简，只提取关键性的词语、数据、短句等信息，在幻灯片上展示即可。

（2）多分页。若遇到大段文字必须要展示的时候，可将段落文字拆成多页展示，而不是一页必须装下所有的内容。

（3）划分好层次结构，要有对比关系。根据文字内容划分，需要强调的关键词可以提取出来强调展示，说明性文字可字号缩小，要善于利用色彩、文字大小、字体等方式，结合图标、形状等元素，体现出对比关系，展示出层次结构。

总的来说，一定要保证页面要有充足的留白区域，保证画面有呼吸感、通透感。

扫一扫

3.17 PowerPoint页面图片太多怎样排版?

方法一：使用Smartart工具

（1）将图片插入到PowerPoint页面。

（2）点击“图片格式”选项卡，在“图片样式”选项组中点击“图片版式”按钮，选择样式，见图3.17–1。

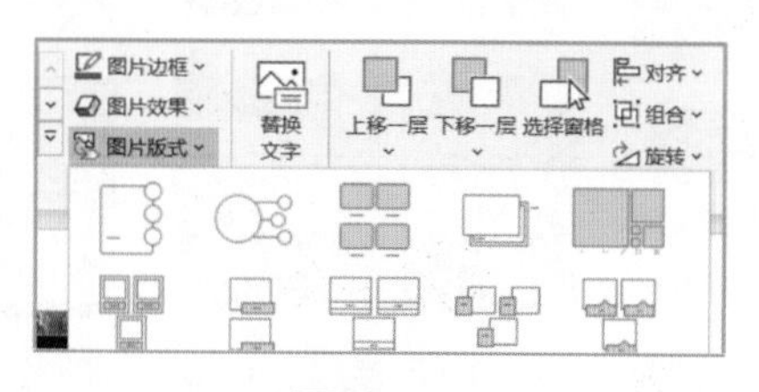

图3.17–1

（3）可根据实际需要调整图片形状，鼠标右键点击图片，选择“更改形状”，见图3.17–2。

图3.17–2

方法二：使用设计灵感工具

（1）将图片插入到PowerPoint页面。

（2）点击“设计”选项卡，在“设计器”选项组中点击“设计灵感”按钮，见图3.17–3。

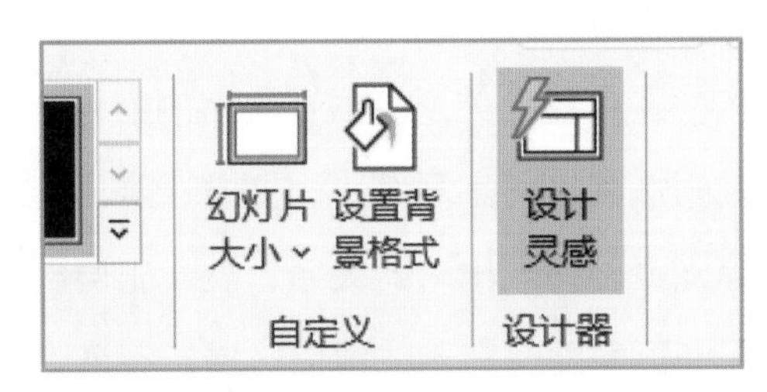

图3.17–3

（3）在弹出的“设计理念”对话框中，会自动生成排版，只需点击选择即可应用，见图3.17–4。

图3.17–4

3.18 PowerPoint有没有既好看又傻瓜式的排版？

扫一扫

PowerPoint2016及以上版本增加了一个智能化的工具——设计灵感（2016版本称之为设计理念）。该功能在3.17“PowerPoint页面图片太多怎样排版？”中介绍过，可以对图片和文字自动排版。

（1）新建一个PowerPoint文件，插入必要的图片和文字，见图3.18-1。

图3.18-1

（2）点击“设计”选项卡，在“设计器”选项组中点击“设计灵感”按钮，见图3.18-2。

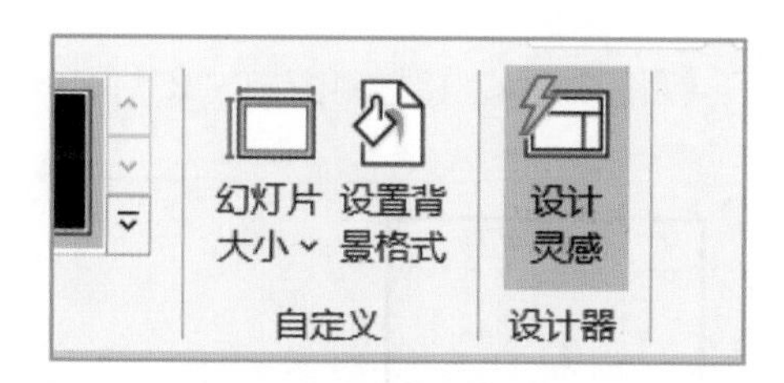

图3.18-2

（3）在弹出的“设计理念”对话框中，会自动生成排版，只需点击选择即可应用，见图3.18-3。

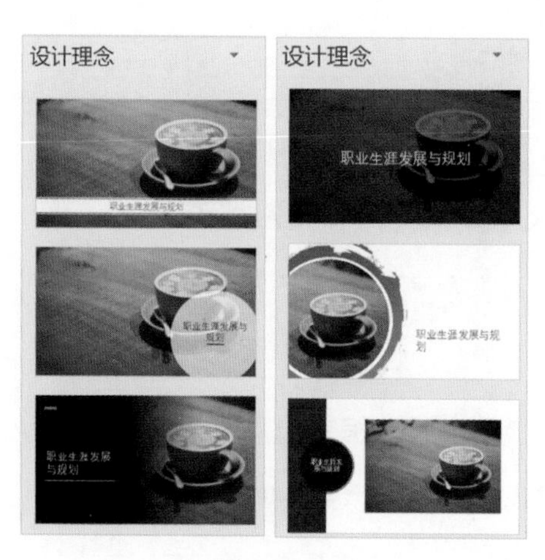

图3.18-3

3.19 怎样让PowerPoint每页都有LOGO?

在制作企业用途PowerPoint文档时，怎样让每页都有LOGO？此处将用到母版。母版是对PowerPoint文档中需要重复的对象或图文版式的管理，只需要在母版修改，所有关联的页面会自动变化。

（1）点击“视图”选项卡，在“母版视图”选项组中，点击“幻灯片母版”按钮，进入“幻灯片母版”视图，见图3.19-1。

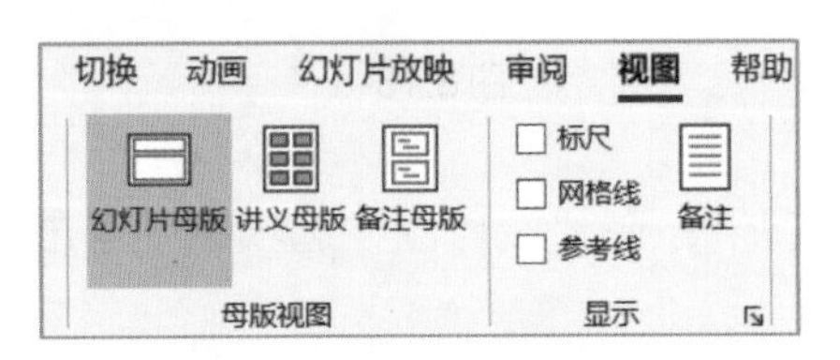

图3.19-1

（2）在“幻灯片母版”视图中，点击左侧窗口“幻灯片母版”，见图3.19-2。

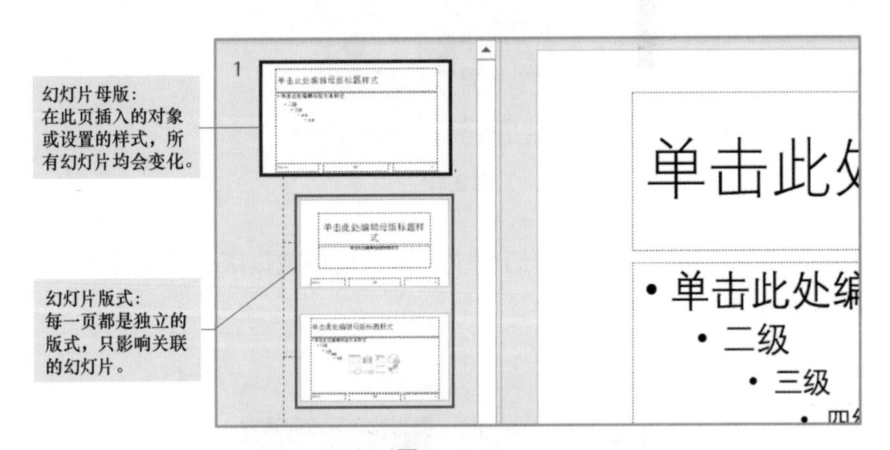

图3.19-2

（3）在右侧页面插入LOGO图片，见图3.19-3。

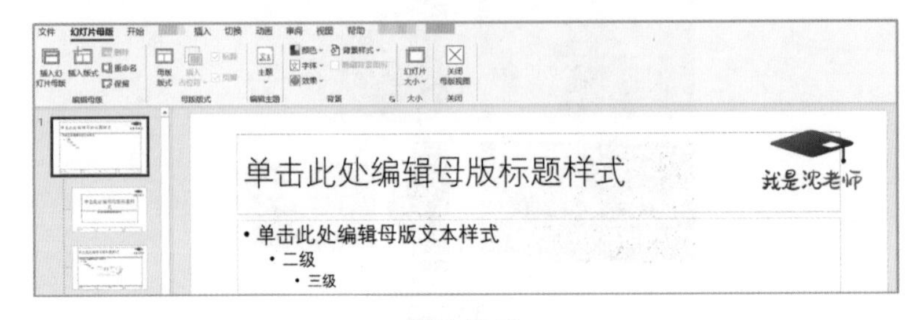

图3.19-3

（4）可见左侧下方所有版式均自动添加上LOGO图片，点击“幻灯片母版”选项卡，选择“关闭母版视图”按钮，即可退出幻灯片母版视图。所有页面均自动加上了LOGO图片，见图3.19-4。

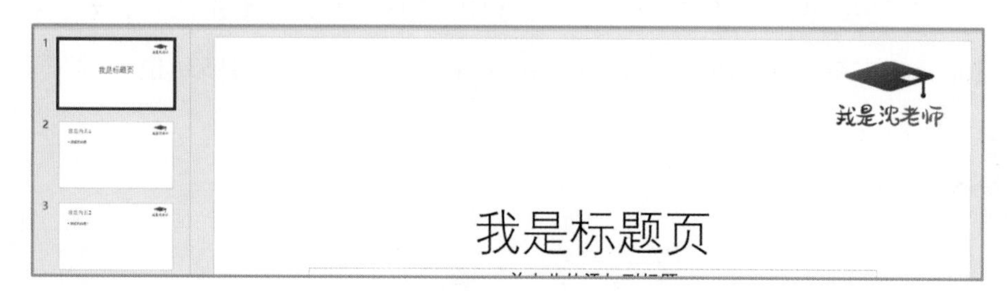

图3.19-4

扫一扫

3.20 渐变色是怎样使用的？

渐变色已经应用很多年了，能带来高级感和灵动感，这两年无论是在平面设计领域还是工业设计，都占据了主流地位。

1. 在PowerPoint中设置渐变色

以矩形为例，鼠标右键点击矩形，选择“设置形状格式”选项，在“设置形状格式”对话框中，选择“形状选项”选项卡，点击填充与线条图标，在“填充”选项中选择“渐变填充”，见图3.20-1。

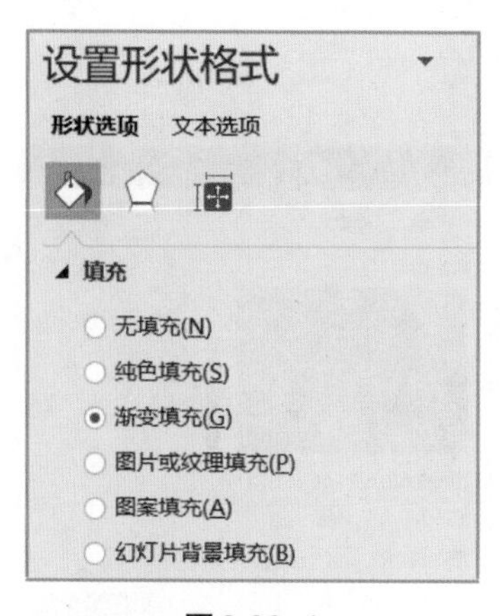

图3.20-1

（1）类型可选择线性、射线、矩形和路径，不同的类型渐变会有不同的效果。

（2）方向和角度的设置是相似的，都是设置渐变颜色的方向角度。

（3）渐变光圈是详细调整渐变色彩的地方，默认至少有2个句柄，点击句柄后，选择颜色即可更换颜色，若要增加句柄，只需在渐变光圈上单击即可，若要删除句柄，只需鼠标左键点击句柄不放，向外拖动即可删除。句柄的移动也就调整了其位置，每个句柄还可以单独设置透明度和亮度。

具体操作见图3.20–2。

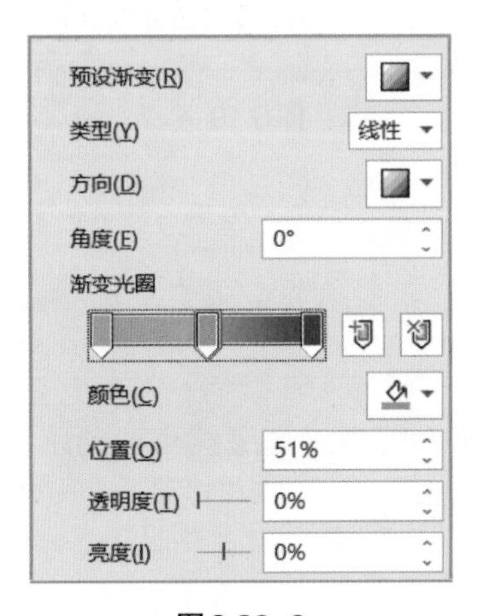

图3.20–2

2. 渐变色搭配推荐

有很多提供渐变色搭配的网站，只需要从中选择一个的渐变色，只需将页面上的色彩编码（如#6a3093）复制后，粘贴到PowerPoint“其他填充颜色”的“十六进制”中，见图3.20–3。

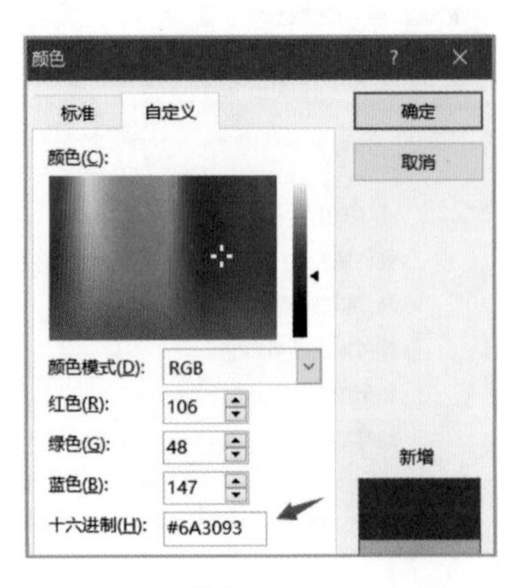

图3.20–3

推荐两个渐变色搭配网站：

（1）https://uigradients.com/。见图3.20-4。

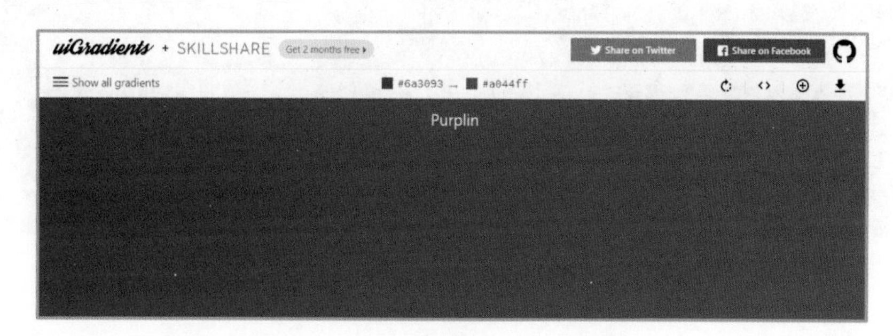

图3.20-4

（2）https://webgradients.com/。见图3.20-5。

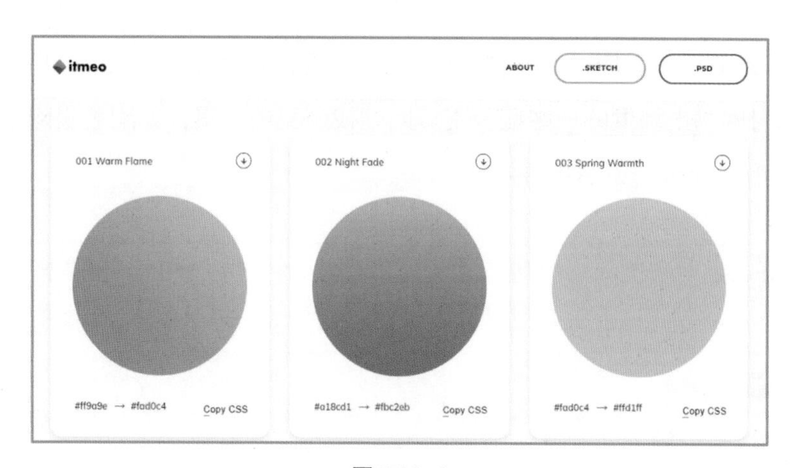

图3.20-5

扫一扫

3.21 有什么比较好的配色技巧？

1. 确定主题色彩

主题色一般只有一种，且会贯穿电子幻灯的始终，主题色的选择一般可以从两方面考虑：

（1）企业VI主题色。如果是涉及企业的PowerPoint文档，可借用企业VI视觉识别系统中涉及中使用的颜色，最简单的做法就是从企业LOGO中取色，将取色作为主题色，见图3.21-1。

图3.21-1

（2）自定义色彩应用。如果想通过色彩表现出活泼、典雅、稳重、气质等感觉，可以通过网络上提供的一些配色工具网站找到配色方案，如配色表网站https://www.peisebiao.cn/，见图3.21-2。

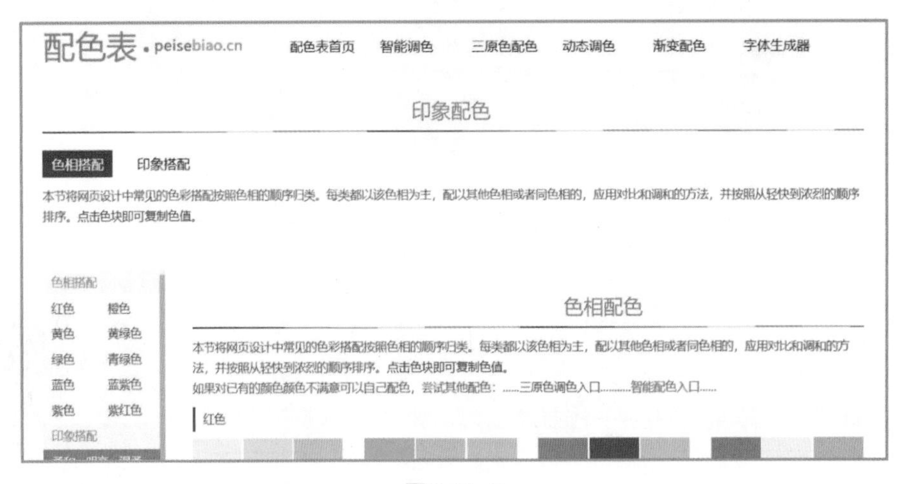

图3.21-2

2. 确定配色方案

幻灯片的主题色确定后，为了避免页面的单调，就需要为其选择配色，从而构成一套配色方案。这里需要用到一个工具——色环，见图3.21-3。

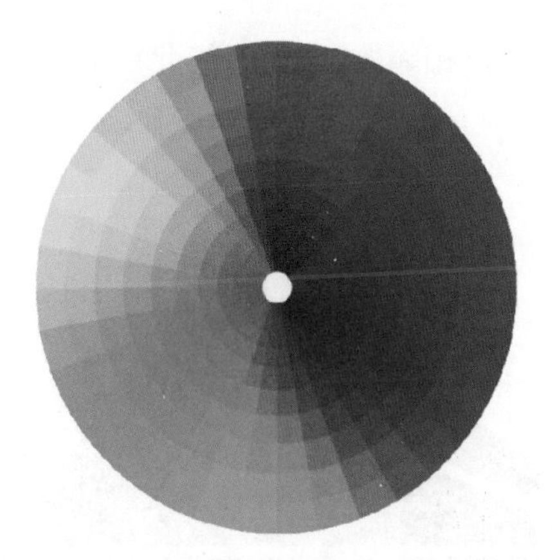

图 3.21–3

点击任一形状，选择“形状格式”选项卡，在“形状填充”工具中选择“其他填充颜色”，即可看到色环。色环是在彩色光谱中所见的长条形的色彩序列，只是将首尾连接在一起，形成环状，实现色彩循环。

（1）相似色配色。相似色配色其实就是单色系色调一致。红色，根据饱和度、明暗关系变化，会形成暗红色、浅红色、鲜红色等，这一些色彩的色相均为红色，这些颜色可以在同一个PowerPoint文档中相互搭配，构成一套配色方案，见图 3.21–4。

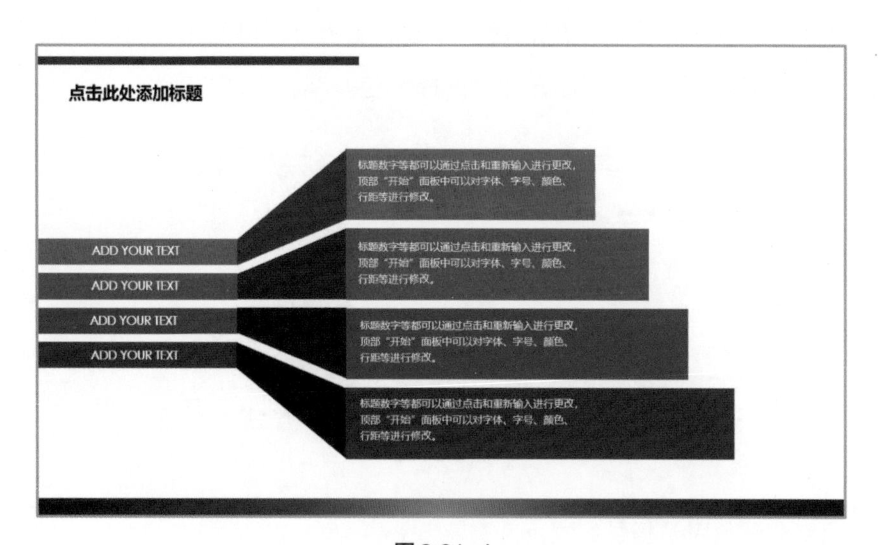

图 3.21–4

注 本图来源：www.officeplus.cn。

（2）相邻色配色。如果想让文档的色彩方案更多样化，可以采用相邻色配色方法。观察色环，如红色和黄色是相邻的，党政风格的PowerPoint文档就是采用的红黄配色；黄色、绿色和蓝色是相邻的，2008年北京奥运会就采用了这个配色方案，地球也正好是这个配色方案，见图3.21–5。

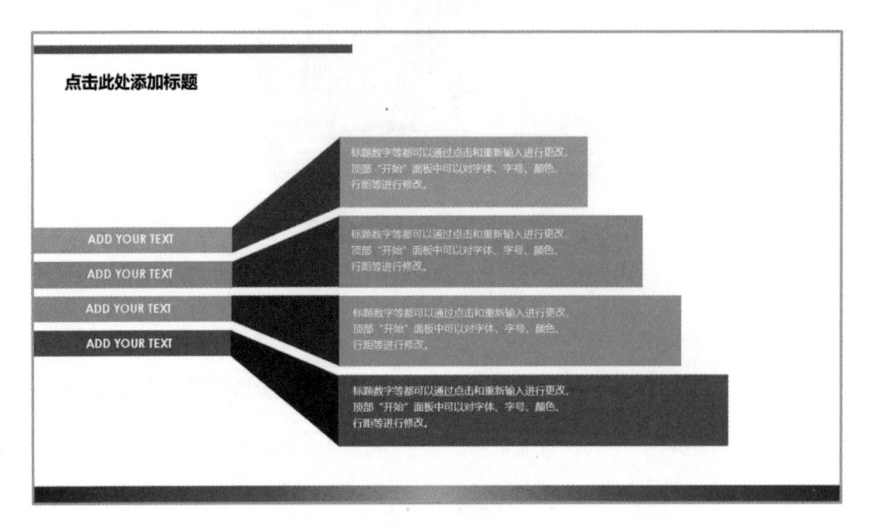

图3.21–5

注 本图来源：www.officeplus.cn。

3. 使用PowerPoint自带配色方案

在PowerPoint中，已经提供了各种参考的配色方案供使用，点击“设计”选项卡，在“变体”选项组中的▫图标，即可选择配色方案，见图3.21–6。

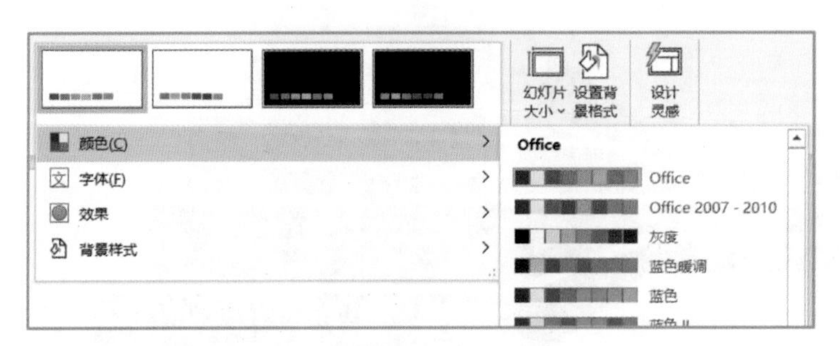

图3.21–6

4. 使用专业配色网站提供的配色方案

（1）AdobeColor：https://color.adobe.com。Adobe公司提供的专业配色网站，可选择色彩规则，在拉动色环句柄时，会提供参考的配色方案，见图3.21–7。

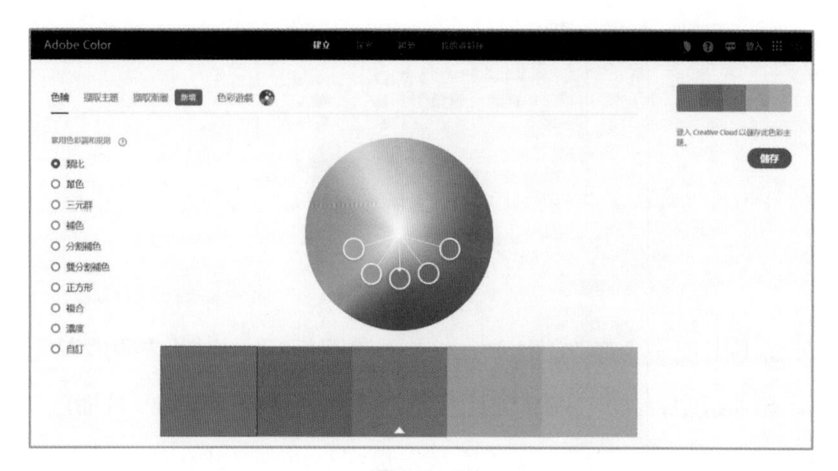

图3.21–7

（2）Flatuicolors：https://flatuicolors.com。Flatuicolors网站提供了近年来比较流行的配色方案，可直接点击方案，复制色彩编码后使用，见图3.21–8。

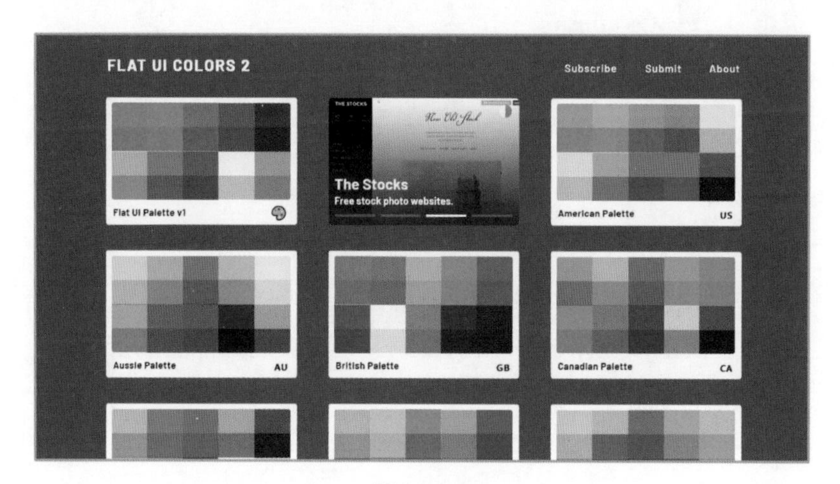

图3.21–8

扫一扫

3.22 怎样将背景音乐贯穿PowerPoint?

有时制作的PowerPoint文档需要配背景音乐，但默认音乐插入到某一个页面后，当切换到下一页时音乐就停止了。怎样才能将背景音乐贯穿PowerPoint?

方法一：让一首音乐贯穿PowerPoint

（1）点击“插入”选项卡，在“媒体”选项组中点击“音频”按钮，选择“PC上的音频”选项，选择需要的音乐后，点击“插入”按钮，见图3.22–1。

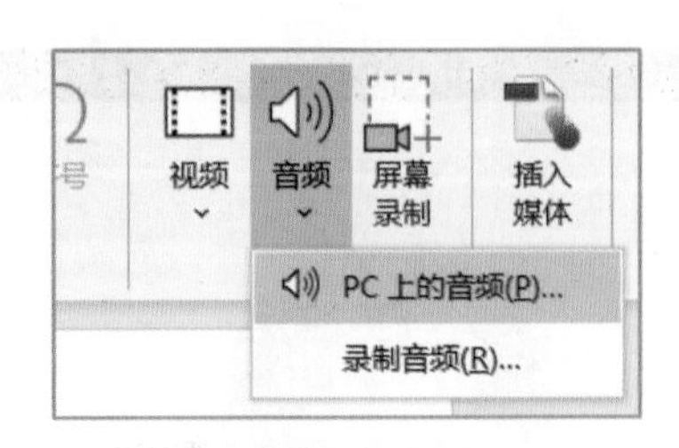

图 3.22-1

（2）页面上出现一个喇叭图标，点击该图标后，选择“播放”选项卡，在“音频选项”选项组中，将“开始”设置为“自动”，勾选“跨幻灯片播放”选项，勾选“放映时隐藏”选项，即可实现背景音乐贯穿PowerPoint。若勾选“循环播放，直到停止”选项，可实现音乐一直播放。见图3.22–2。

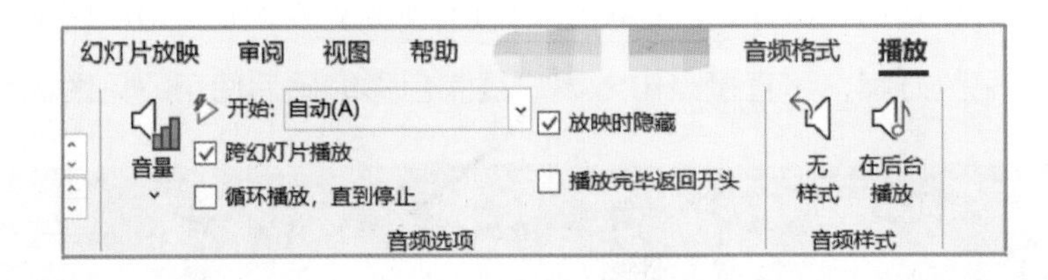

图 3.22-2

方法二：一个PowerPoint里有多个背景音乐

（1）在需要开始播放音乐的幻灯片页面上点击“插入”选项卡，在“媒体”选项组中点击“音频”按钮，选择“PC上的音频”选项，选择需要的音乐后，点击“插入”按钮，见图3.22–3。

图 3.22-3

（2）页面上出现一个喇叭图标，点击该图标后，选择“播放”选项卡，在“音频选项”选项组中，勾选“放映时隐藏”选项。

（3）点击“动画”选项卡，在“高级动画”选项组中点击“动画窗格”，见图3.22–4。

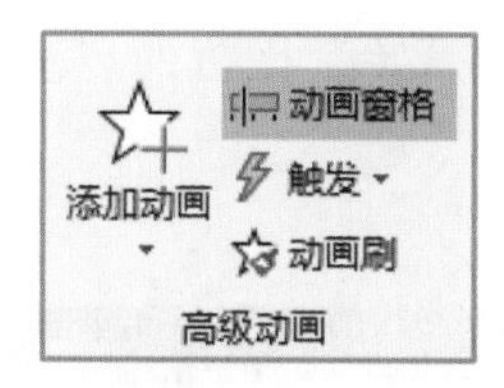

图 3.22–4

（4）在“动画窗格”对话框，鼠标右键点击列表中音频文件，选择“效果选项”选项，见图 3.22–5。

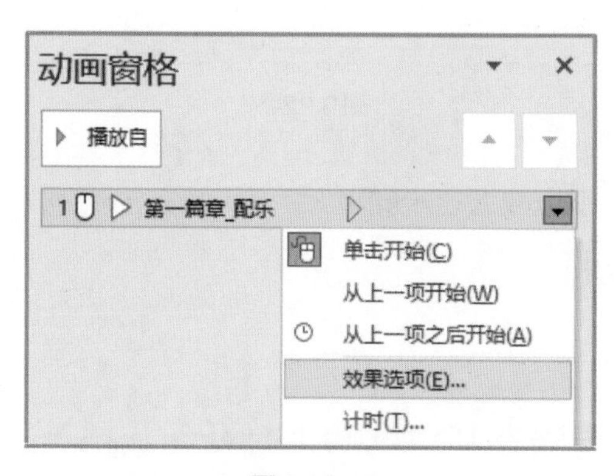

图 3.22–5

（5）在“播放音频”对话框中，在“效果”选项卡中，“停止播放”设置为“在 × 张幻灯片之后”（根据实际需要停止的页数设置），见图 3.22–6。

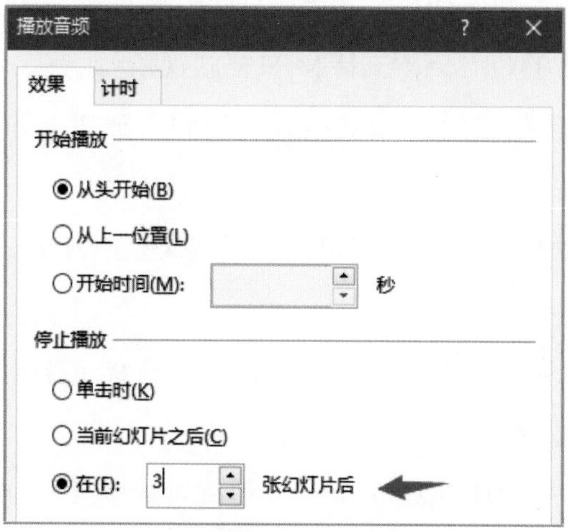

图 3.22–6

（6）在“计时”选项卡中，“开始”设置为“与上一动画同时”选项，即可实现音乐自动播放，见图3.22-7。

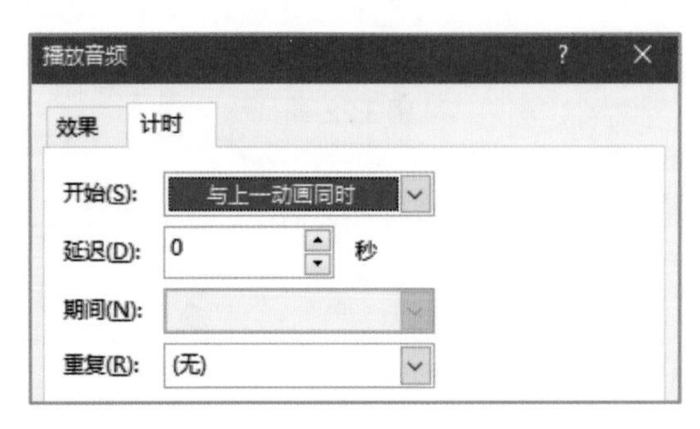

图3.22-7

（7）其他页面的音乐也按上述步骤设置后即可，这样就可以实现一个PowerPoint文档中设置多个背景音乐。

3.23 为什么插入的视频在其他电脑上打开无法播放？

1. 视频文件编码方式的原因

常见的视频文件有WMV、MP4、MPG等格式，不用的格式是有不同的编码方式的，如H.264、H.265、DivX等，因此，需要计算机安装有对应的视频解码器（一般视频播放器自带）才能正常播放。如果在其他电脑上无法播放，可能是该电脑上没有安装解码器（低版本的Office不支持MP4格式视频）。

只需要先将视频转化成为WMV格式后再插入到PowerPoint后即可解决此问题。

WMV格式是微软制定的视频文件格式，其解码器Windows自带，因此该视频格式是兼容性最强的。

Tips：推荐使用免费格式转换软件“格式工厂”将视频转化为WMV格式。

2. PowerPoint版本原因

PowerPoint软件自2010版本开始，支持视频直接嵌入到文件，若低于2010版本的PowerPoint软件打开高版本制作的文档时，嵌入的视频将无法播放。解决方法有以下两种：

（1）将需要播放的电脑PowerPoint软件升级为高版本。

（2）在制作PowerPoint文档插入视频时，采用链接方式。

1）将视频文件和PowerPoint文档放在同一文件夹中。

2）点击“插入”选项卡，在“媒体”选项组中点击“视频”按钮，选择“PC上的视频”选项，见图3.23-1。

图3.23-1

3）在插入“视频文件”对话框中选择好要插入的视频文件后，点击“插入”按钮旁的小箭头▾，选择“链接到文件”选项，见图3.23-2。

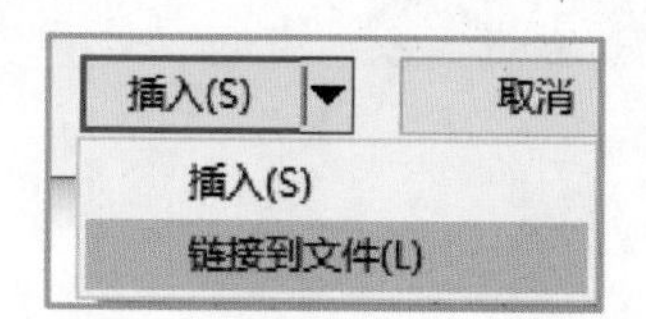

图3.23-2

（3）这样只需将PowerPoint文档和视频一并拷贝到其他电脑上，就能轻松播放。

3.24 怎样用PowerPoint快速剪辑出视频中的其中一段内容？

扫一扫

在将视频添加到PowerPoint文档时，很多时候只需要视频文件的其中一段内容，如果用专门的剪辑软件又很麻烦，有没有快速简便的方法？

（1）将视频插入到PowerPoint文档中。

（2）点击“播放”选项卡，在“编辑”选项组中点击“剪辑视频”按钮，见图3.24-1。

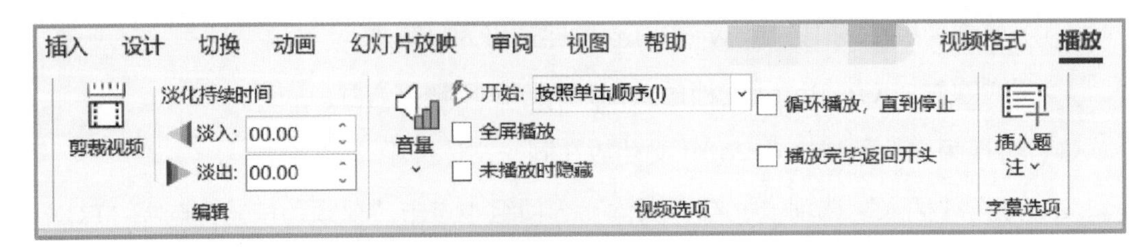

图3.24-1

（3）在“剪辑视频”对话框，可以输入或拉拽句柄设置视频的开始时间和结束时间，见图3.24-2。

图3.24-2

（4）PowerPoint默认以视频第一帧画面作为视频封面图，若要封面图平滑过渡到视频或结束播放到封面图，可在“播放”选项卡的“编辑”选项组中设置“淡化持续时间”。

（5）若要修改视频封面图，点击“视频格式”选项卡，在“调整”选项组中点击“海报框架”按钮，选择图片，见图3.24-3。

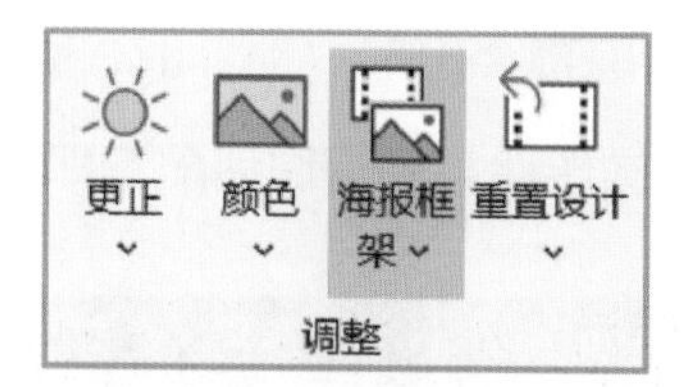

图3.24-3

Tips：音频文件也可采用类似的操作进行剪辑。

3.25 怎样录制屏幕操作视频?

扫一扫

在制作一些计算机操作演示的视频时，需要录制屏幕操作，甚至需要一边录制一边配音，这时很多人总想到用一些复杂的录屏软件，其实PowerPoint完全能满足录屏需求。

（1）点击“插入”选项卡，在“媒体”选项组中选择“屏幕录制”选项，见图3.25-1。

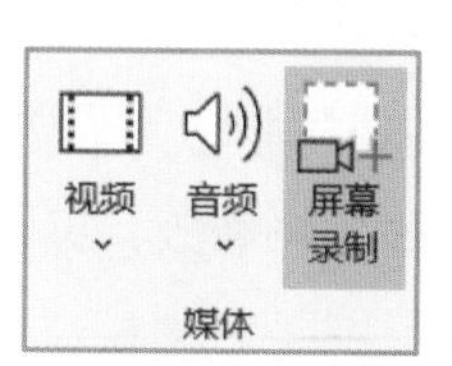

图3.25-1

（2）此时PowerPoint窗口会最小化，屏幕会变为半透明色，屏幕上方会出现“录制控制面板”，鼠标会变成+字形状，鼠标左键不放拖拽，可拉出录制区域，见图3.25-2。

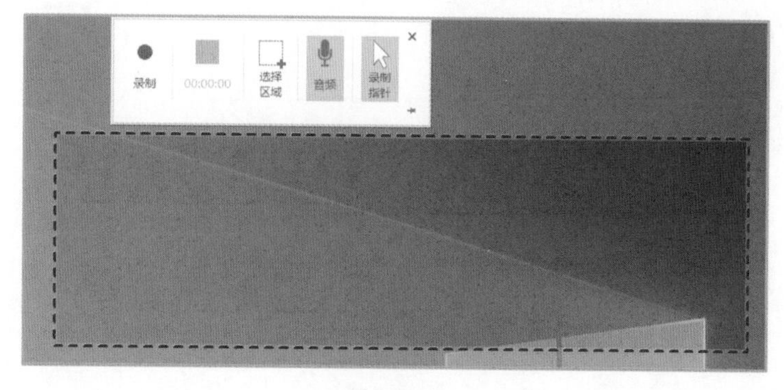

图3.25-2

（3）点击“录制”按钮，屏幕会出现“倒计时3秒”，录制控制面板会隐藏在屏幕上方，然后开始录制，正常操作计算机和说话配音即可，见图3.25-3。

图3.25-3

（4）若要暂停录制，可按快捷键Win+Shift+R暂停，再次按快捷键Win+Shift+R可继续录制，若要停止录制，可按快捷键Win+Shift+Q，这样一个屏幕录制的视频就存放在PowerPoint页面上，可直接使用，也可鼠标右键点击该屏幕视频，选择“将媒体另存为”选项，即可将视频存储在计算机上。

（5）PowerPoint默认会根据计算机设置声音输入设备作为音频录制源，若要取消录制音频，可在“录制控制面板”中点击“音频”按钮。若要修改计算机默认的声音输入设备，只需在Windows的设置中修改，见图3.25-4。

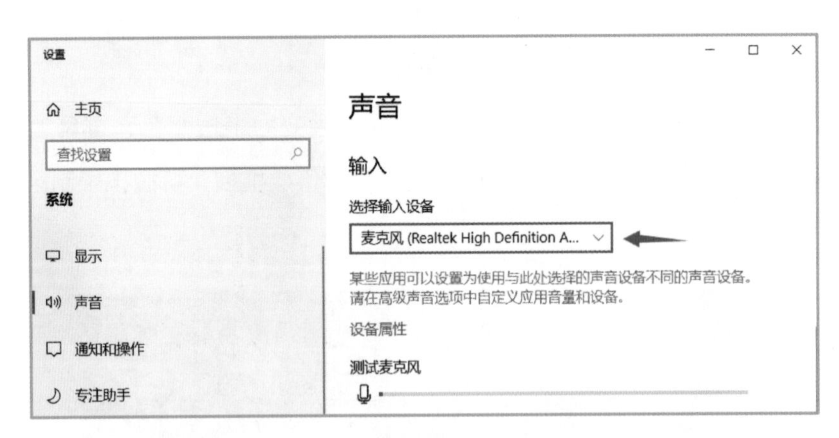

图3.25-4

扫一扫

3.26 掌握PowerPoint动画制作有什么技巧?

1. PowerPoint的动画效果

（1）进入：即幻灯片中的元素从没有到有的动画效果，常见的效果有淡入、飞入、浮入、劈裂、擦除、形状等，见图3.26–1。

图3.26–1

（2）强调：即幻灯片中的元素有各种形状或色彩等方式的变化动画效果，常见的效果有跷跷板、放大缩小、陀螺旋、补色等，见图3.26–2。

图3.26–2

（3）退出：和进入效果正好相反，即幻灯片中的元素从有到消失的动画效果，见图3.26–3。

图3.26–3

（4）动作路径：即元素在幻灯片页面上移动的动画效果，常见的效果有直线、弧形、转弯、形状、循环、自定义路径等，见图3.26-4。

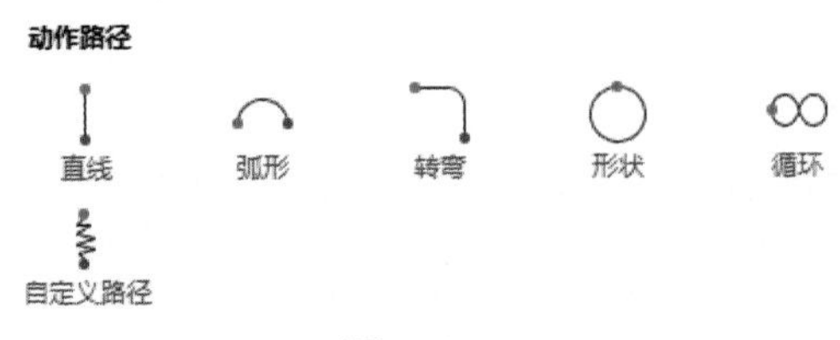

图3.26-4

绝大部分动画效果均有详细的动画效果选项，点击“动画”选项卡，选择动画效果后，点击右侧的“效果选项”按钮即可详细配置，见图3.26-5。

图3.26-5

2. 动画的控制方式

PowerPoint提供了完善的动画控制方式。设置动画时，应先点击“动画”选项卡，在“高级动画”中选择“动画窗格”选项，见图3.26-6。

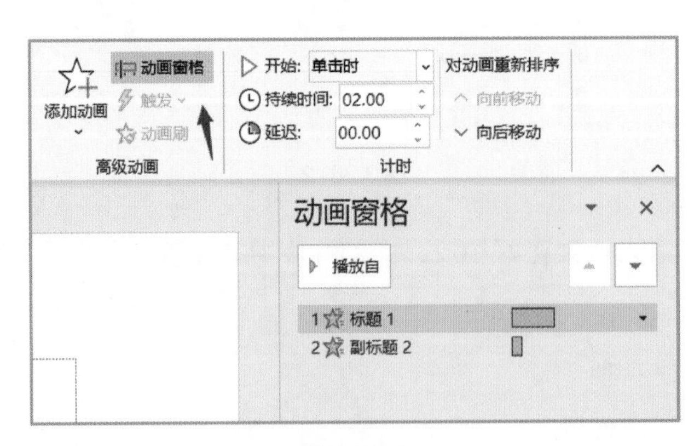

图3.26-6

“动画窗格”如同歌曲播放软件的播放列表一样，只要设置了动画的元素均会在动画窗格中排列，动画项目将由上至下的顺序播放。所有元素动画效果的播放控制有三种方式：单击时、与上一动画同时、上一动画之后，见图3.26-7。

开始:
单击时
持续时
延迟:
单击时
与上一动画同时
上一动画之后
动画窗格

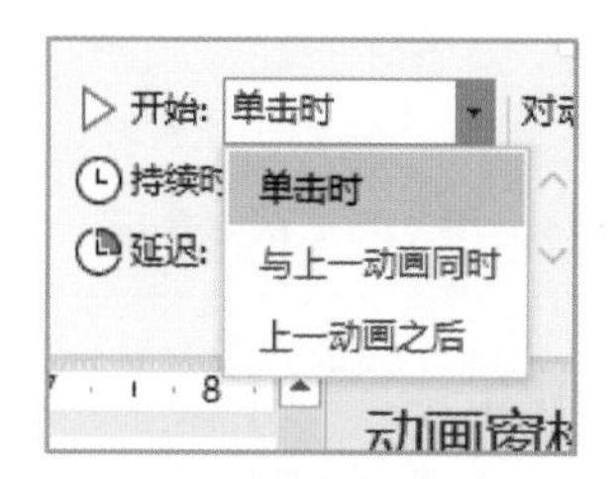

图3.26-7

（1）单击时：即当鼠标点击或键盘敲击后动画效果开始播放。

（2）与上一动画同时：即上一元素动画效果在播放时，本元素的动画效果同时播放。

（3）上一动画之后：即上一元素动画效果播放后，本元素的动画效果才开始播放。

这三种控制方式均可设置持续时间，还可以设置延迟时间，比如在“与上一动画同时”中，可以设置上一元素动画效果播放2秒后，本元素的动画效果才开始播放。以上设置均在动画选项卡的“计时”选项组中设置。

在“动画窗格”对话框中，各元素动画效果播放顺序只需要鼠标拖拽即可调整顺序，鼠标右键点击元素动画效果，选择“效果选项”或“计时”选项，均有更详细的效果设置或是设置动画重复、速度等。见图3.26-8。

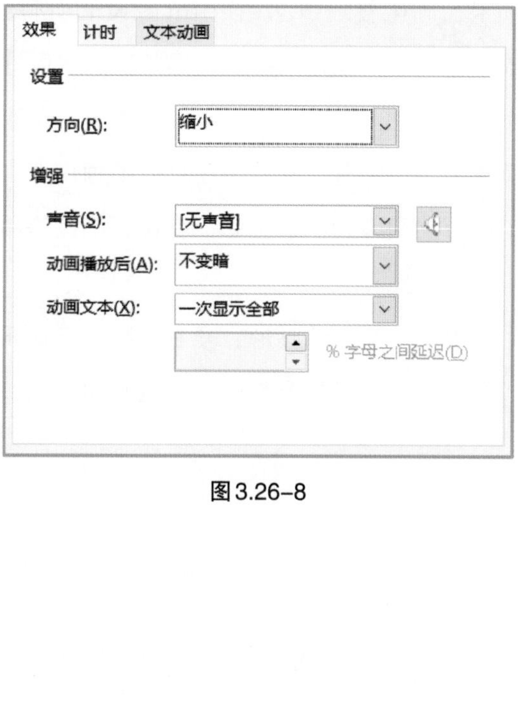

效果
计时
文本动画
设置
方向(R):
缩小
增强
声音(S):
[无声音]
动画播放后(A):
不变暗
动画文本(X):
一次显示全部
% 字母之间延迟(D)

图3.26-8

扫一扫

3.27 PowerPoint怎样制作出更洋气的动画?

PowerPoint文档除了页面内的动画制作外，若要让文档更洋气，可以使用到PowerPoint的幻灯片切换动画，见图3.27-1。

细微

无 平滑 淡入/淡出 推入 擦除 分割 显示 切入 随机线条 形状 揭开
覆盖 闪光

华丽

跌落 悬挂 帘式 风 上拉帷幕 折断 压碎 剥离 页面卷曲 飞机 日式折纸
溶解 棋盘 百叶窗 时钟 涟漪 蜂巢 闪耀 涡流 碎片 切换 翻转
库 立方体 门 框 梳理 缩放 随机

动态内容

平移 摩天轮 传送带 旋转 窗口 轨道 飞过

图3.27-1

点击“切换”选项卡，即可看到PowerPoint预设的所有幻灯片切换动画效果，软件版本越高，切换效果越丰富，通过幻灯片切换效果，可以让幻灯片动画更加丰富起来。

此处推荐一种切换效果——平滑。该效果在其他动画软件中叫补间动画，即可以实现同一元素在不同幻灯片之间因大小、色彩、旋转、位置等属性不同而产生自然变化的动画效果。

（1）第1页幻灯片绘制一个蓝色的圆形，复制并粘贴该圆形在第2页幻灯片，将该圆形移动到右下角，并调整其形状为椭圆形，颜色改为橙色，见图3.27-2。

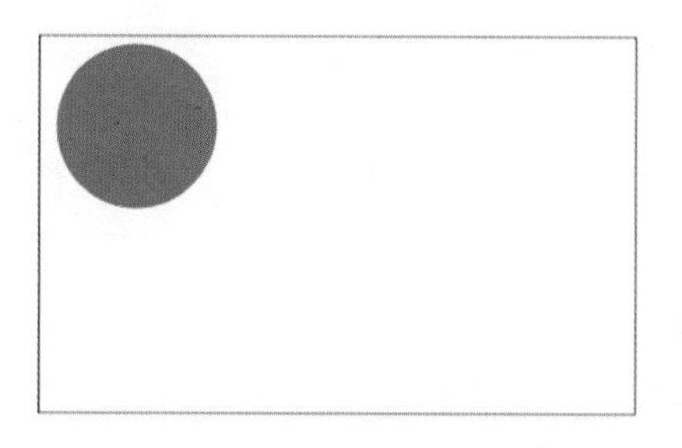

第1页幻灯片

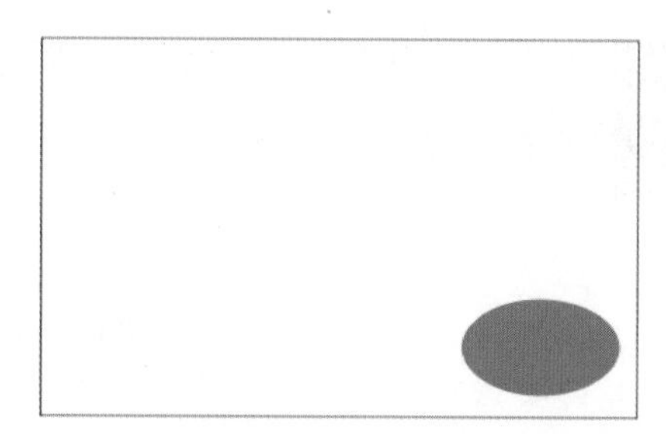

第2页幻灯片

图3.27-2

（2）在第2页幻灯片上点击“切换”选项卡，在“切换到此幻灯片”选项组中选择“平滑”，在“效果选项”中选择“对象”，见图3.27-3。

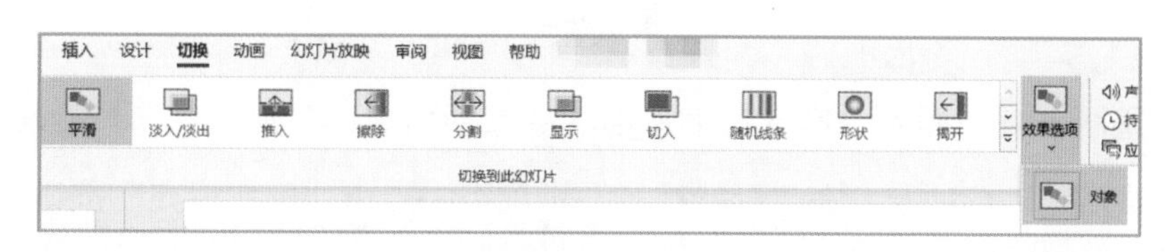

图3.27-3

（3）这样，一个补间动画即可完成，当幻灯片播放切换时，会有图3.27-4的变化效果。

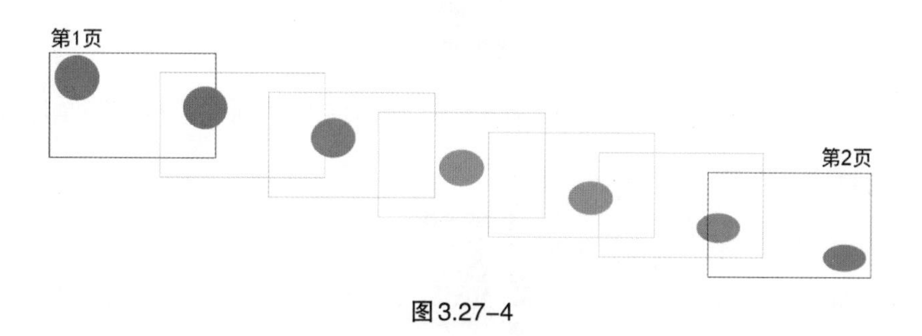

图3.27-4

（4）利用好平滑效果，结合PowerPoint的元素，即可制作出多种变化。

扫一扫

3.28 PowerPoint怎样制作简单的交互式动画?

将图3.28-1页面的识图题制作四个不同颜色卡套，每个卡套上分有一个动物（狗、鸭、鸡、兔）图标，卡套内分别有一张卡片，卡片上要有开心或不开心的图标。

当幻灯片放映时，点击任一卡套，卡片就会弹出，给予“是家禽”（即开心图标）或是“不是家禽”（即不开心图标）的提示。

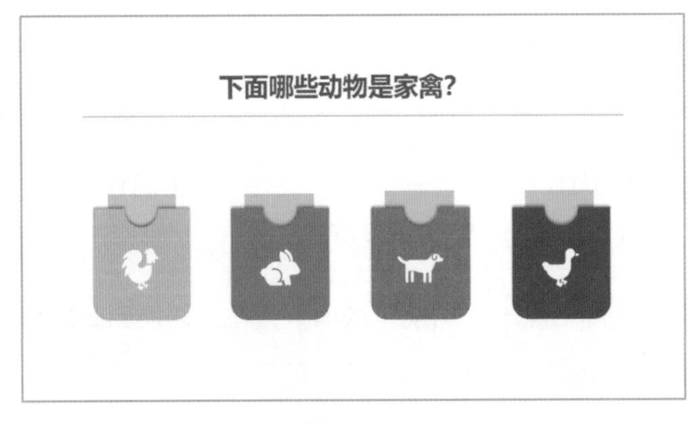

图3.28-1

（1）绘制卡套，插入“形状”工具中的“圆顶角矩形”形状，将其旋转180°，点击“形状格式”选项卡，在“形状样式”选项组中点击“形状填充”按钮，设置为黄色，形状轮廓设置为无轮廓，见图3.28-2。

图3.28-2

（2）插入“形状”中的“椭圆”形状，按住Shift键绘制为正圆形，放置在步骤1矩形的上方居中位置，见图3.28-3。

图3.28-3

（3）按住Shift键先点击矩形，再点击圆形，然后点击“形状格式”选项卡，在“插入形状”选项组中点击“合并形状”按钮，点击“剪除”选项，点击“形状样式”选项组中的“形状效果”按钮，选择“阴影”中的“外部—偏移：上”选项，这样一个卡套就做好了，见图3.28-4。

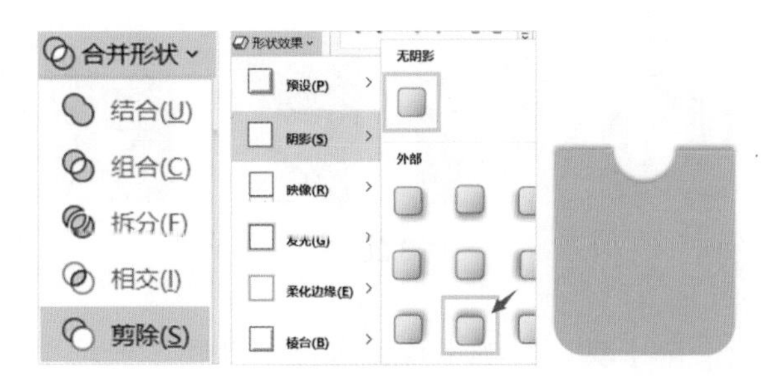

图 3.28-4

（4）点击该卡套，快捷键Ctrl+D再制3个卡套，色彩分别设置为橘色、绿色、蓝色。点击“插入”选项卡，选择“图标”选项，勾选鸡、狗、兔、鸭四个图标后点击“插入”，将四个动物图标分别放在四个卡套上，并将其图形填充改为白色，分别选择图标和卡套，快捷键Ctrl+G将其组合。注意，此处一定要按顺序从左至右一个一个组合，见图3.28-5。

图 3.28-5

（5）绘制卡片。插入“形状”中的“矩形”形状，形状填充为灰色，插入“图标”选项中的开心脸图标和不开心图标，将其图形填充改为白色，分别与矩形组合（此处一定要按顺序从左至右一个一个组合），然后放置在卡套上方，见图3.28-6。

图 3.28-6

（6）分别将卡片移动到和卡套重叠，然后鼠标右键点击卡片选择“置于底层”选项，见图3.28-7。

图3.28-7

（7）鼠标点击第一个卡套下方的卡片，选择“动画”选项卡，点击“高级动画”选项组中的“添加动画”按钮，选择“动作路径”中的“直线”选项，点击“效果”选项，选择“上”，见图3.28-8。

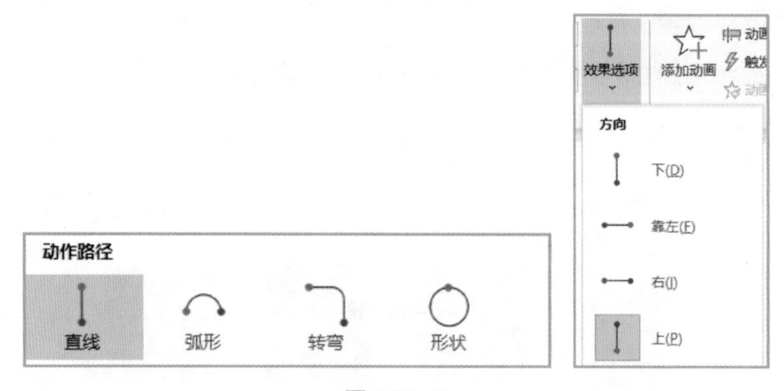

图3.28-8

（8）点击“高级动画”选项组中的“触发”按钮，选择“通过单击”选项中的“组合××”（注意，此处组合编号的由小到大的顺序是和上文第六步和第七步组合的顺序是一致的，因此只需根据编号顺序可判断对应的组合元素），其他卡片动画操作一致，见图3.28-9。

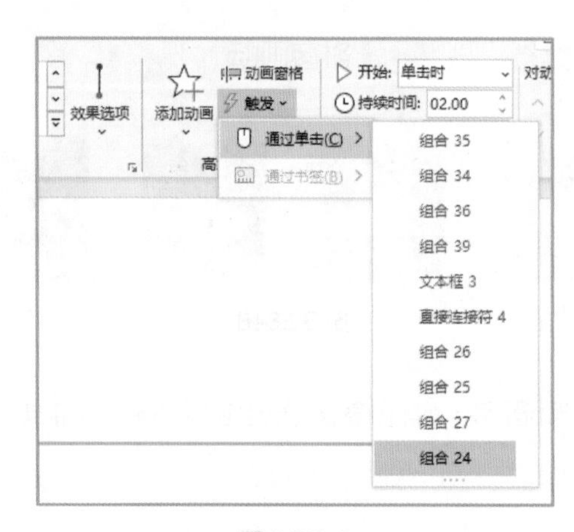

图3.28-9

这样，在播放PowerPoint时，就可以实现点击一个卡套弹出一张卡片的交互式效果了。

3.29 怎样实现PowerPoint全自动播放？

（1）PowerPoint文档要实现页面自动切换，只需选择“切换”选项卡，在“计时”选项组中勾选“设置自动换片时间”，并设置时间即可，此处的时间指该页面停留的时间，见图3.29-1。

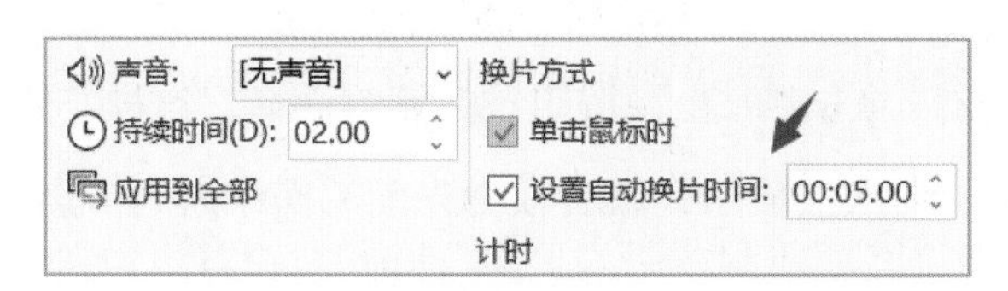

图3.29-1

（2）如果文档有配音或配乐，要根据配音的卡点来切换的话，手动设置自动换片时间就很麻烦了，这时就要用到“录制幻灯片演示”功能。

（3）将PowerPoint文档所有页面制作完成。

（4）点击“幻灯片放映”选项卡，在“设置”选项组中，点击“录制幻灯片演示”按钮，根据情况选择“从当前幻灯片开始录制”或“从头开始录制”选项，见图3.29-2。

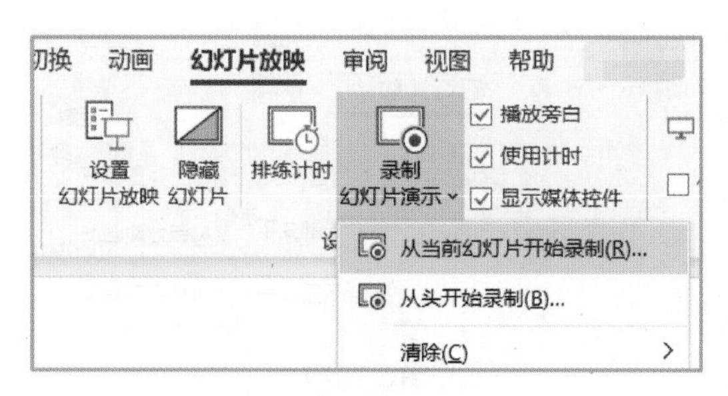

图3.29-2

（5）在弹出的“录制”对话框中，点击左上角的“录制”按钮即可开始录制。接下来就可以按照实际需要演示的时间顺序人工点击播放，见图3.29-3。

图 3.29-3

（6）录制完成后，点击“停止”按钮，关闭对话框，这样，所有页面都会自动加上“自动换片时间”，再次播放时，就会根据先前的操作时间卡点自动切换播放了。

扫一扫

3.30 怎样快速取消 PowerPoint 所有动画？

制作了很多动画效果的 PowerPoint 文档，在某些播放场景时要求不能使用任何动画，若要一个个删除会很麻烦，有没有一键取消 PowerPoint 文档所有动画的操作？

（1）点击“幻灯片放映”选项卡，在“设置”选项组中点击“设置幻灯片放映”按钮，见图 3.30-1。

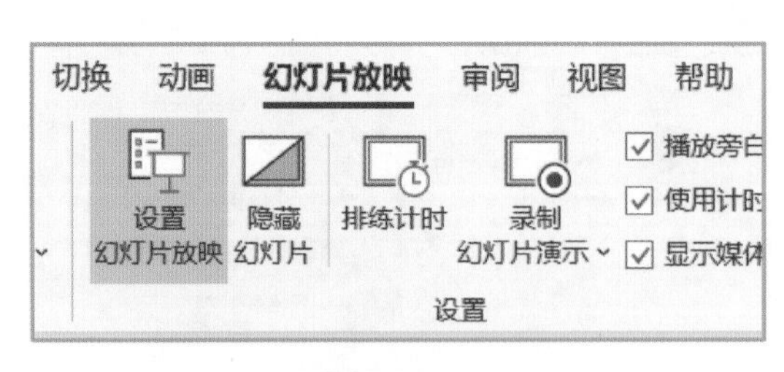

图 3.30-1

（2）在“设置放映方式”对话框中，勾选“放映时不加动画”，见图 3.30-2。

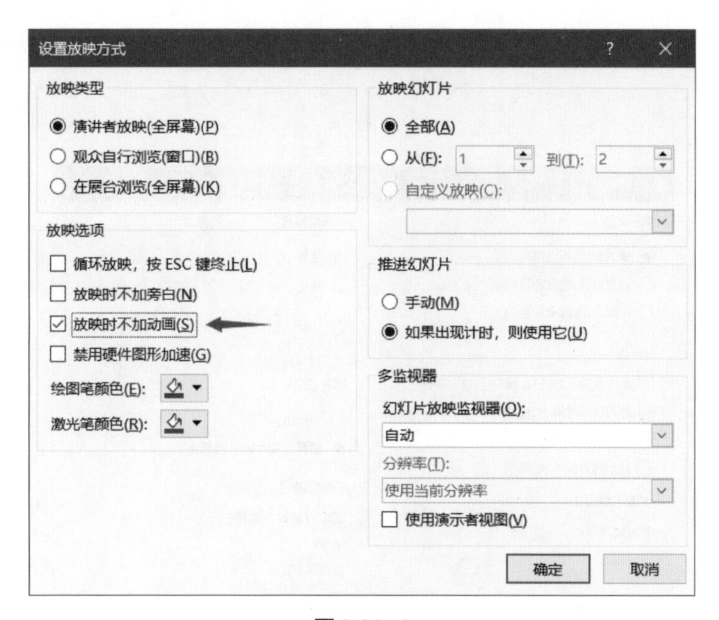

图 3.30–2

扫一扫

3.31 如何让 PowerPoint 一直循环播放?

有些PowerPoint在播放时需要一直循环播放，而不是到了最后一页后出现图3.31–1的提示，怎样设置?

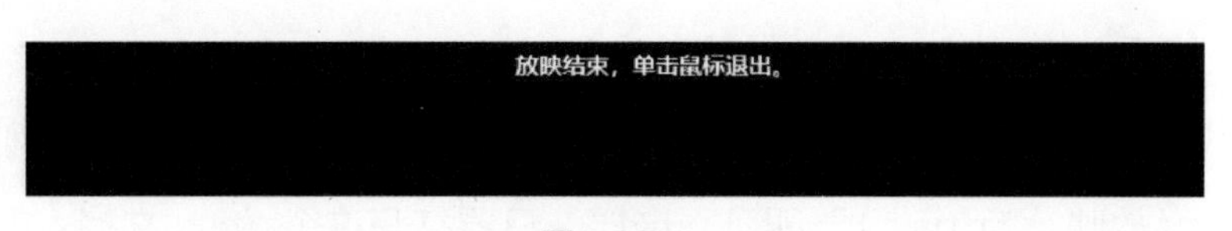

图 3.31–1

（1）点击“幻灯片放映”选项卡，在“设置”选项组中点击“设置幻灯片放映”按钮，见图3.31–2。

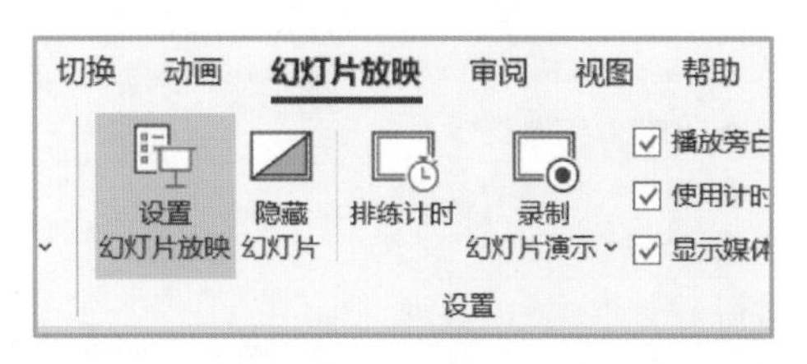

图 3.31–2

（2）在“设置放映方式”对话框中，勾选“循环放映，按ESC键终止”，见图3.31–3。

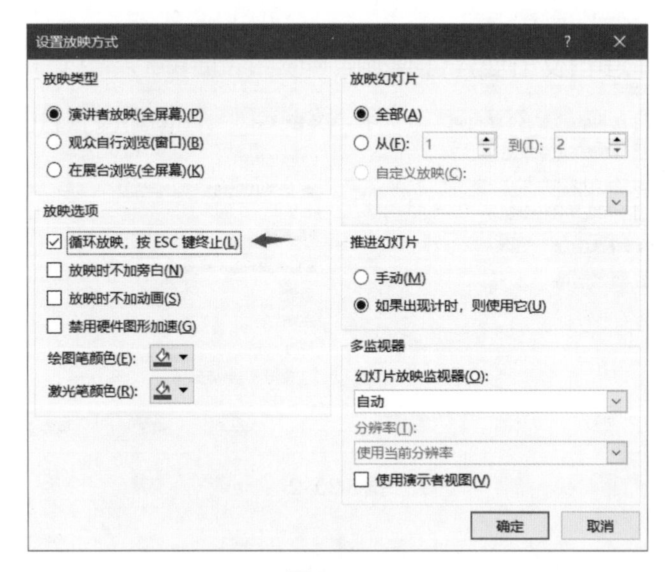

图3.31–3

扫一扫

3.32 怎样让PowerPoint一打开就直接全屏播放？

每次演示PowerPoint，需要打开PowerPoint后再按F5键或点击 等方式才能全屏播放，能否一打开PowerPoint就自动全屏？

点击“开始”选项卡，选择“另存为”选项，在选择保存文件类型列表中选择“PowerPoint放映（*.ppsx）”即可。这样，只要打开这个ppsx文档，就可自动全屏播放，见图3.32–1。

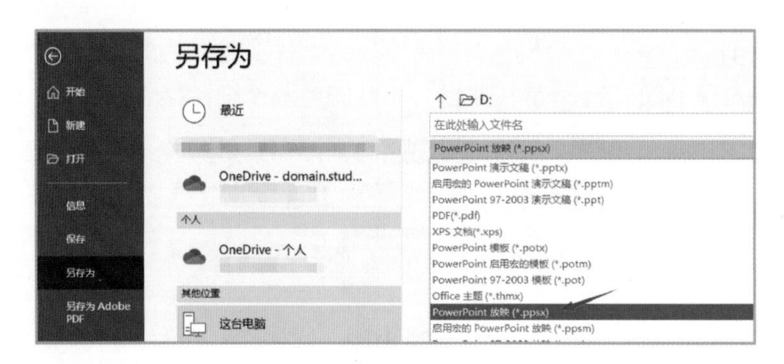

图3.32–1

3.33 在PowerPoint播放模式下，怎样快速跳转到指定页面？

扫一扫

在编辑状态时，左侧的对话框中会显示每个幻灯片的编号，可将该编号记录在讲稿或其他方便备注的地方，见图3.33–1。

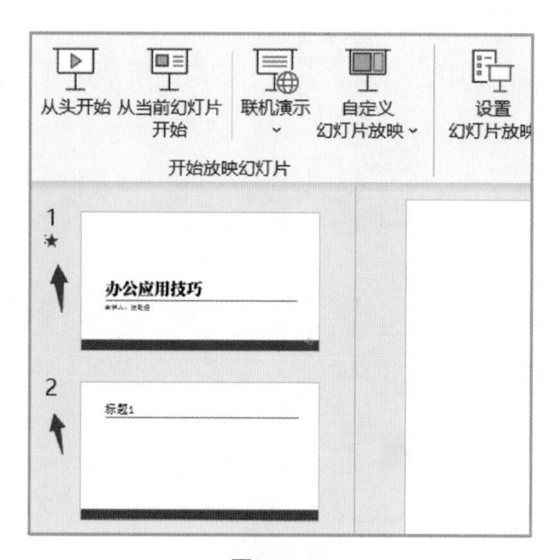

图3.33–1

在PowerPoint文档全屏播放时，若要切换到指定页，只需要键盘输入“幻灯片编号”后按回车键。如，第5页，只需键盘输入 5后按回车键；第12页，只需键盘分别输入1和2后按回车键。

3.34 在PowerPoint播放模式下，有哪些快捷键能方便应用？

扫一扫

（1）F5键。按F5键，PowerPoint从头开始播放。

（2）Shift+F5键。按Shift+F5键，PowerPoint从当前页面开始播放。

（3）W或B键。在PowerPoint播放模式下，按W键幻灯片白屏、按B键黑屏，再按一次取消。

（4）Ctrl+P键。在PowerPoint播放模式下，Ctrl+P键打开绘制笔，按E键可擦除，按ESC键可取消。

（5）Ctrl+鼠标左键。在PowerPoint播放模式下，Ctrl+鼠标左键不放手，会出现激光笔效果。

扫一扫

3.35 怎样实现一页纸打印多张PowerPoint页面？

（1）快捷键Ctrl+P打开“打印”对话框。

（2）在“打印”对话框中，点击“设置”中箭头所示选项，见图3.35-1。

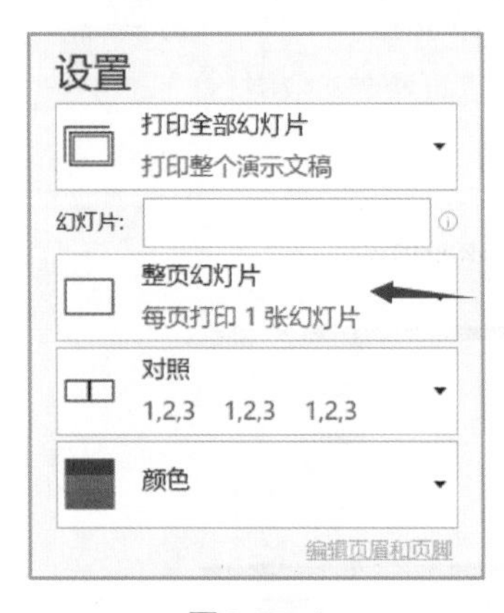

图3.35-1

（3）根据实际需求选择对应选项，见图3.35-2。

打印版式
整页幻灯片
备注页
大纲
讲义
1 张幻灯片
2 张幻灯片
3 张幻灯片
4 张水平放置的幻灯片
6 张水平放置的幻灯片
9 张水平放置的幻灯片
✓ 打印讲义上的幻灯片编号
✓ 幻灯片加框(F)
✓ 根据纸张调整大小(S)
高质量
打印批注
打印墨迹
办公应用技巧
标题1
标题2

图3.35-2

| 第 4 章 |

辅助 Office 应用的小工具

扫一扫

4.1 演示时怎样局部放大屏幕?

Zoomit是一款非常实用的演示辅助软件。它源自Sysinternals公司，后被微软收购。ZoomIt体积小巧、完全免费、使用方便。

下载地址：https://docs.microsoft.com/sysinternals/downloads/zoomit。

运行软件后，会自动最小化到屏幕右下角，见图4.1–1。

图4.1–1

软件既然是作为演示辅助使用，那么就完全是以快捷键的方式运行：

（1）Ctrl+1键。以鼠标位置为中心点将屏幕局部放大，鼠标滚轮可以调整放大或缩小倍数，点击鼠标左键后屏幕锁定，鼠标变成笔，可在屏幕进行标注。

（2）Ctrl+2键。鼠标变成笔，可在屏幕上进行绘制标注。

（3）Ctrl+3键。启动计时器功能。

（4）Ctrl+4键。纯放大镜功能，以鼠标位置为中心点将屏幕局部放大，屏幕可以任意操作，若要取消再按Ctrl+4即可。

以上各类具体参数和快捷键修改均可鼠标右键点击屏幕右下角图标，选择Options选项，进入配置页面配置，见图4.1–2。

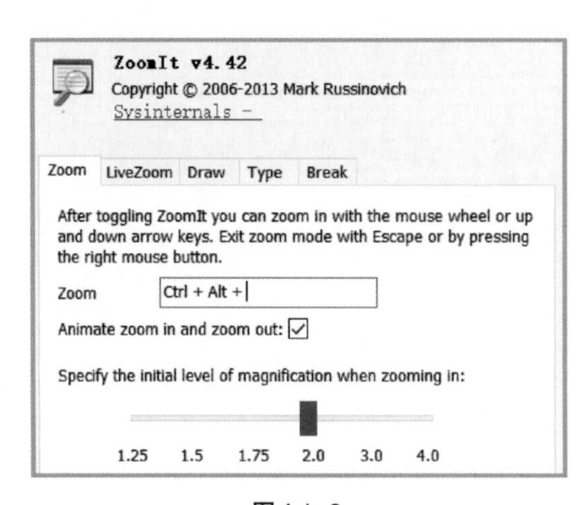

图4.1–2

4.2 怎样快速制作物品贴图的素材图片？

在制作 Word 或 PowerPoint 文档时，有时会需要图片或是 LOGO 在显示器、手机甚至衣服、口袋上展示出的效果图，如果要使用专业软件去做会很麻烦，本书推荐 smartmockups 网站，能免费且快速地制作出各种物品贴图制作。

网址：https://smartmockups.com。见图 4.2–1。

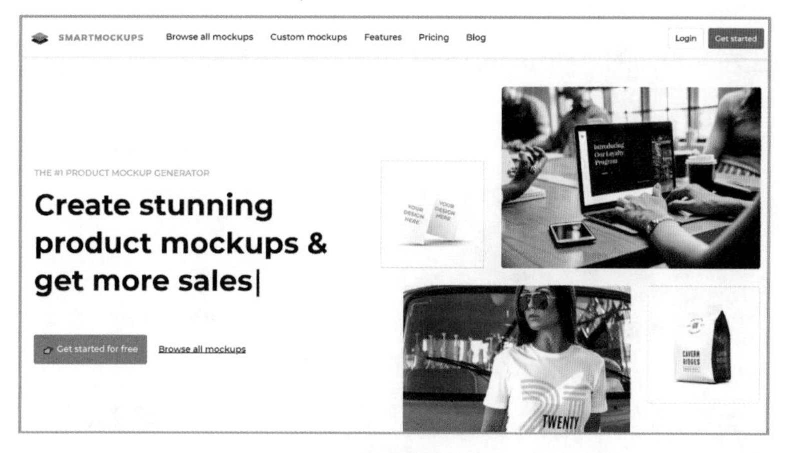

图 4.2–1

（1）点击顶部菜单“Browseallmockups”选项，可选择需要贴图的项目，本案例选择 Apparel，见图 4.2–2。

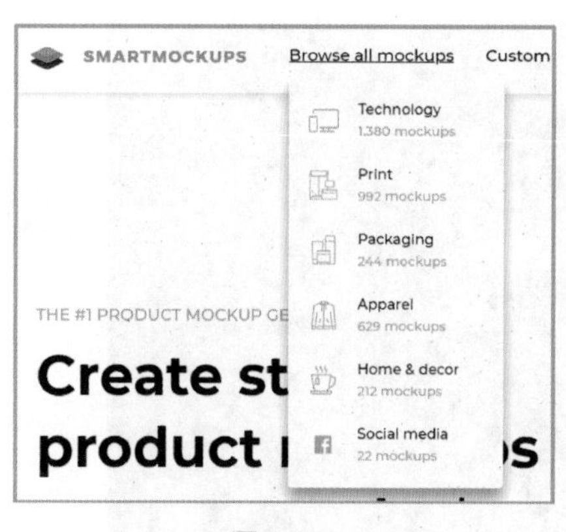

图 4.2–2

（2）在网页中选择一个需要贴图的样式，点击即可，见图 4.2–3。

图 4.2–3

（3）点击左侧界面的“Uploadfrom”按钮，选择需要上传的贴图，见图 4.2–4。

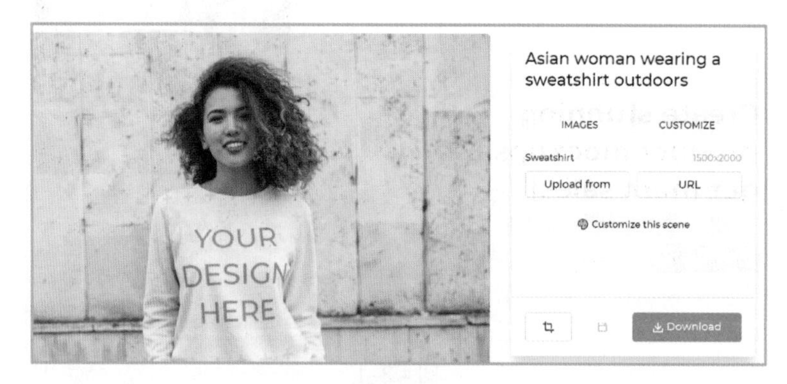

图 4.2–4

（4）在调整页面对图片调整大小、位置等参数，右侧可预览效果，完成后点击“Crop and continue”按钮，见图 4.2–5。

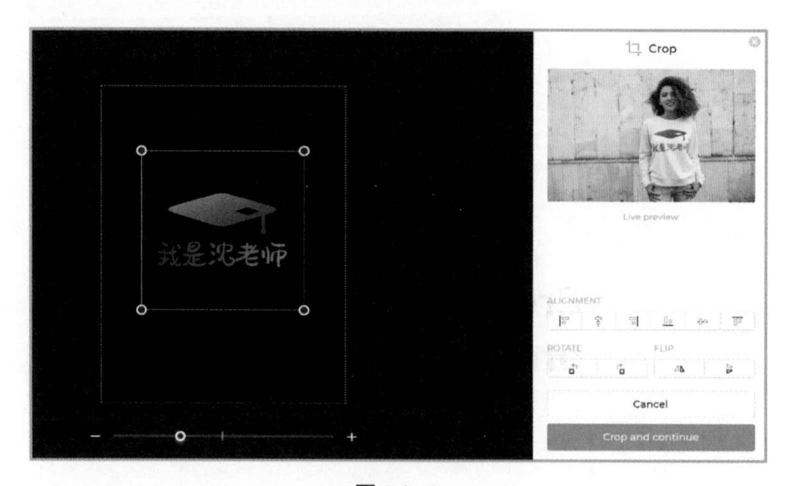

图 4.2–5

（5）点击右侧“ Download ”按钮即可下载该图，见图4.2–6。

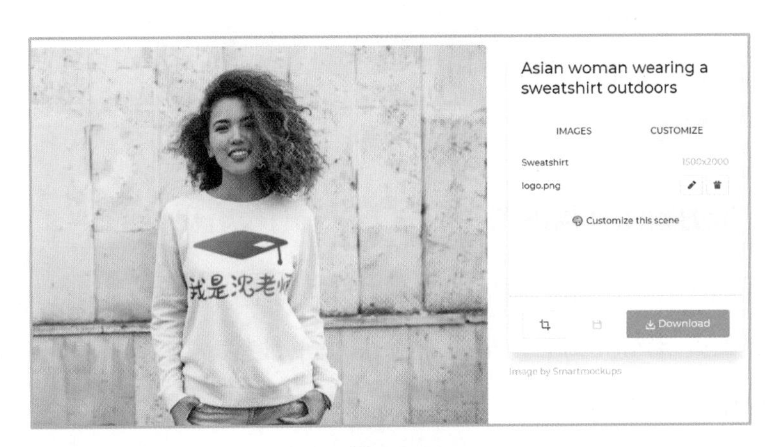

图4.2–6

该网站还有很多贴图样式，见图4.2–7。

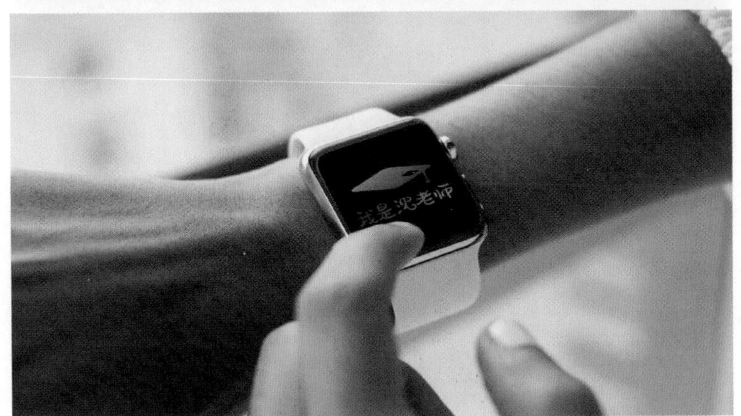

图4.2–7

类似功能的网站还有：

https://dimmy.club

https://mockuphone.com

4.3 Office自带的删除背景抠图不够完美，还有没有更好的方法?

扫一扫

使用PowerPoint自带的“删除背景”功能进行抠图，这个工具简单方便，但抠图效果一般，如果用Photoshop难度又太大，本书推荐一个自动抠图的工具。

网址：https://www.remove.bg/zh，见图4.3-1。

图4.3-1

点击remove.bg网站的“上传图片”按钮，选择图4.3-2的猫咪图片，图片自动上传，见图4.3-3。

图4.3-2

图 4.3–3

稍等片刻，猫咪便被抠出来了，点击“下载”按钮，见图 4.3–4。

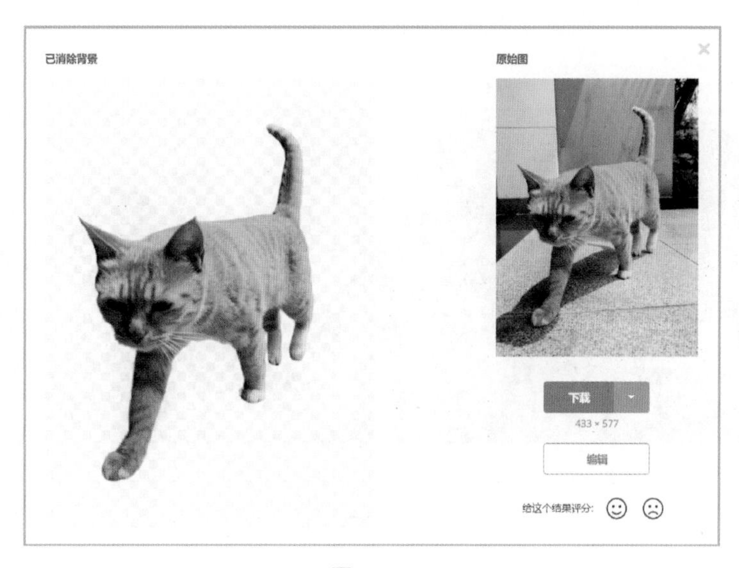

图 4.3–4

最终效果见图 4.3–5。

图 4.3–5

4.4 临时需要使用 Office，电脑上又没有安装软件怎么办？

当计算机上没有安装Office等软件，网上盗版的又怕病毒或只是临时为了打开文档并不经常用等，可使用微软免费的Web版本Office，只要电脑能上网就行。

网址：https://www.office.com。

如果没有Office账户，只需点击“注册免费版的Office”，如果已有账户，仅需点击“登录”，见图4.4-1。

图 4.4-1

登录成功后，点击左侧的图标按钮，就可以进入相应的Web版本Office，见图4.4-2。

图 4.4-2

接下来就可以直接在浏览器中编辑Word文档、制作PowerPoint文档或是利用Excel进行统计分析了。

Tips：除了Microsoft Office的在线版本，还可以使用腾讯文档https://docs.qq.com/，也是免费且好用的。

4.5 在哪里能找到免费的Office文档模板?

（1）在启动软件的首页，新建列表中右下角有“更多模板”选项，见图4.5-1。

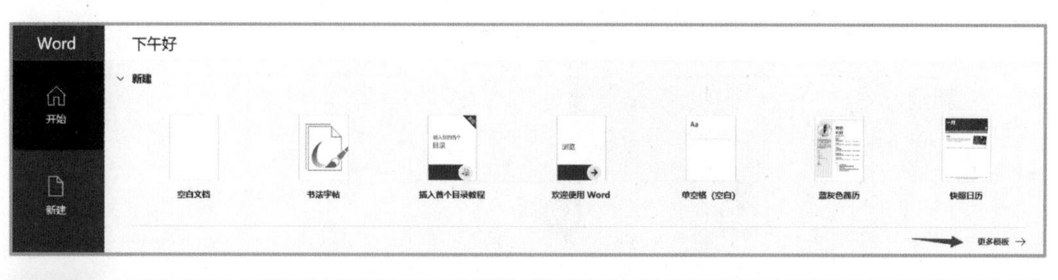

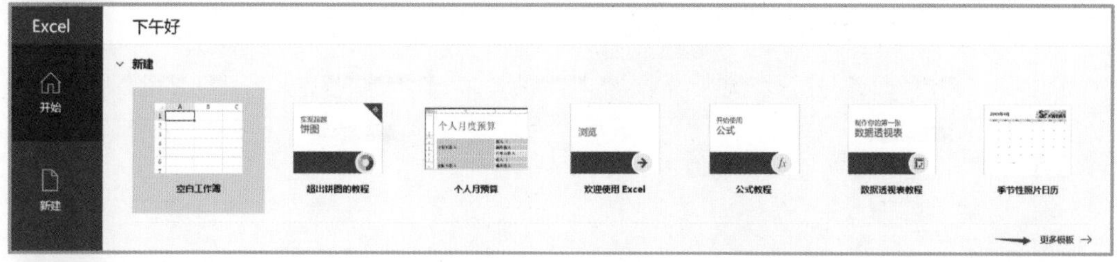

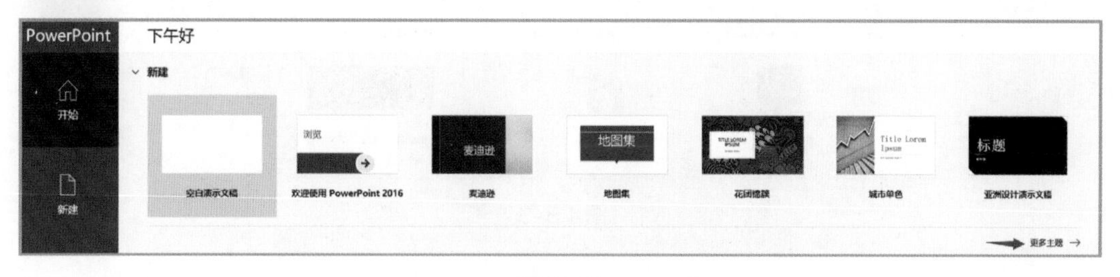

图4.5-1

（2）点击“更多模板（或更多主题）”选项后，在“搜索框”中输入需要的模板关键词，见图4.5-2。

图4.5-2

（3）在弹出的搜索内容列表中选择需要的模板即可编辑，见图4.5-3。

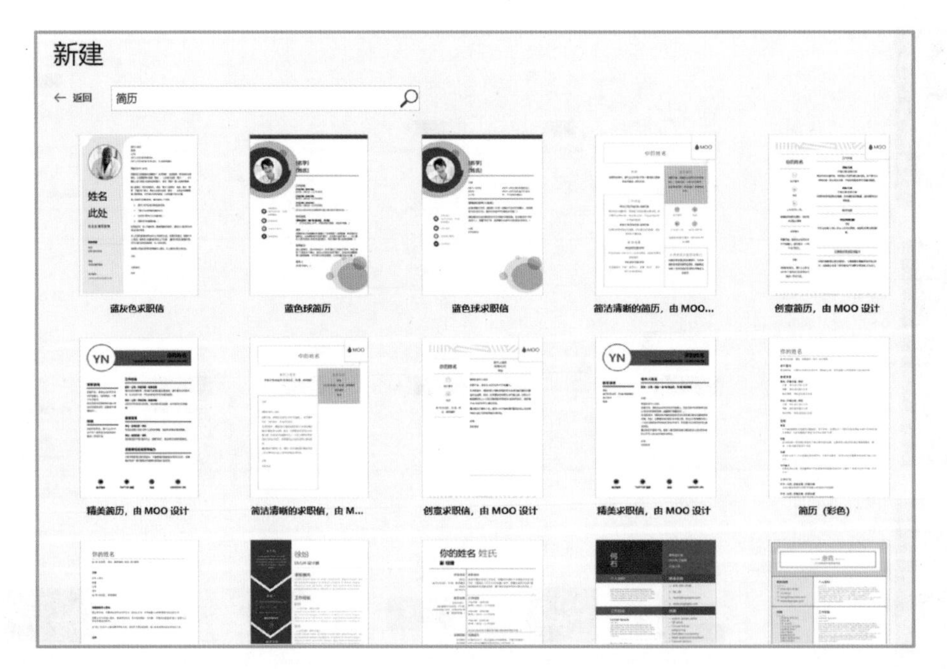

图4.5-3

（4）也可以直接访问微软官方提供的免费模板库，下载更多模板文件。

1）https://www.officeplus.cn。见图4.5-4。

2）https://templates.office.com。见图4.5-5。

OfficePLUS.cn | Microsoft
输入您想要的模板
热门搜索：商务报告 PPT图表 求职简历 总结
PPT模板
Word文档
Excel图表
年终总结报告
内含年终总结模板、汇报范文和汇报小技巧
立即下载

图 4.5–4

Microsoft
Office
模板
支持
购买 Microsoft 365
所有 Microsoft
使用 Microsoft 模板创建更多内容
你今天想做什么?

图 4.5–5